C000050405

Studienreihe Informatik

Herausgegeben von W. Brauer und G. Goos

Frank Puppe

Einführung in Expertensysteme

Zweite Auflage
Mit 86 Abbildungen

Springer-Verlag
Berlin Heidelberg New York
London Paris Tokyo
Hong Kong Barcelona
Budapest

Frank Puppe
Universität Karlsruhe, Institut für Logik,
Komplexität und Deduktionssysteme
Postfach 6980, D-7500 Karlsruhe 1

Die Deutsche Bibliothek – CIP-Einheitsaufnahme
Puppe, Frank: Einführung in Expertensysteme / Frank Puppe. – 2. Aufl. – Berlin; Heidelberg; New York; London; Paris; Tokyo; Hong Kong; Barcelona; Budapest: Springer, 1991
  (Studienreihe Informatik)

ISBN-13: 978-3-540-54023-6   e-ISBN-13: 978-3-642-76621-3
DOI: 10.1007/978-3-642-76621-3

45/3140-54321 – Printed on acid-free paper

Vorwort zur zweiten Auflage

Wenige Bereiche der Informatik erwecken so hohe Erwartungen und stoßen zugleich auf so viel Skepsis wie Expertensysteme, das bisher erfolgreichste Anwendungsgebiet der Künstlichen Intelligenz. Ziel dieses Buches ist es, dem Leser/der Leserin[1] eine realistische Einschätzung der derzeitigen Möglichkeiten und Beschränkungen von Expertensystemen zu vermitteln. Dazu werden die Methoden und Erfahrungen auf einer relativ detaillierten, aber nicht programmiersprachlichen Ebene beschrieben.

Eine besondere Herausforderung für das Schreiben eines Expertensystembuches ist die rasche Entfaltung des Gebietes. Neuere Entwicklungen gehen weit über die etablierte Verwendung von Regeln und Frames hinaus und umfassen z.B. Constraints, Techniken zum nicht-monotonen und temporalen Schließen, höhere Problemlösungsstrategien für die Diagnostik, Konstruktion und Simulation, die Repräsentation kausaler Modelle des Anwendungsbereiches, die Entwicklung entsprechender Expertensystemwerkzeuge und die Integration verschiedener Techniken. Nicht zuletzt wegen des zunehmenden Einsatzes von Expertensystemen werden weiterhin Methoden und Werkzeuge zur Vereinfachung des Wissenserwerbs immer wichtiger. Ein zentrales Anliegen des Buches ist es daher auch, den aktuellen Stand der Forschung und Technik aufzuarbeiten. In der 2. Auflage wurden neben allgemeinen Korrekturen und Aktualisierungen vor allem neue Abschnitte zur fallbasierten Diagnostik, zu erfahrungsbasierten Konstruktionsmethoden, zur Unterscheidung zwischen Einphasen- und Mehrphasensimulation, zur tutoriellen Nutzung von Expertensystemen, zur Charakterisierung geeigneter Anwendungsgebiete und zur Projektplanung mit Sollbruchstellen hinzugefügt.

Die Breite des Gebietes läßt sich mit Hilfe von Beispielsystemen nicht mehr darstellen. Daher verwenden wir hier eine systematische Gliederung, die sich an dem Weg vom Problem zum Expertensystem orientiert: Einteilen konkreter Probleme in Problemklassen, Beschreiben von Problemlösungsstrategien für Problemklassen und Realisieren der Problemlösungsstrategien mit Wissensrepräsentationen und zugehörigen Ableitungsstrategien.

Der erste Teil des Buches gibt eine allgemeine Einführung und eine Charakterisierung von Expertensystemen. Ihr Hauptmerkmal ist die klare Trennung zwischen Problemlösungsstrategien und Wissen. Wegen dieser Trennung können Wissensinhalte leicht geändert und die Ergebnisse durch Angabe des benutzten Wissens erklärt werden. Beide Eigenschaften begünstigen das Testen und Verbessern von Prototypen und sind deshalb für das Erstellen von Programmen in „diffusen" Anwendungsgebieten besonders wichtig. Diffuse Anwendungsbereiche zeichnen sich dadurch aus,

---

[1]   Ausschließlich aus Gründen der Einfachheit wird im folgenden von „dem Leser" oder „dem Experten" gesprochen.

daß gute algorithmisierbare Theorien oder präzise Programmspezifikationen fehlen, wie sie zur Anwendung der klassischen Software-Engineering-Methoden benötigt werden.

Im zweiten Teil werden die für Expertensysteme gebräuchlichen Grundtechniken der Wissensrepräsentation und zugehörige Ableitungsstrategien beschrieben: Logik als Bezugspunkt für die übrigen Techniken, Regeln mit Vorwärts- und Rückwärtsverkettung, Frames mit Vererbung und zugeordneten Prozeduren, Constraints mit lokaler Propagierung, probabilistisches Schließen mit Evidenzwerten, nicht-monotones Schließen mit Abhängigkeitsnetzen und temporales Schließen mit Zeitdatenbanken.

Der dritte Teil befaßt sich mit der Anwendung der Grundtechniken und behandelt spezialisierte Problemlösungsstrategien und Wissensrepräsentationen für die drei Hauptproblemklassen Diagnostik (Klassifikation), Konstruktion und Simulation. Insbesondere wird auf heuristische, kausale und fallvergleichende Diagnostik, auf Strategien zur Planung, Konfigurierung und Zuordnung sowie auf die qualitative Einphasen- und Mehrphasensimulation eingegangen.

Während Wissensrepräsentation und Problemlösungsstrategie den Kern eines Expertensystems bilden, werden im vierten Teil die übrigen Aspekte zur Entwicklung von Expertensystemen dargestellt, zu denen Vorgehensweisen zum Wissenserwerb, die Erklärungs- und die Dialogfähigkeit sowie ein Vergleich einiger Expertensystem-Werkzeuge gehören. Das mittelfristige, in Ansätzen schon erreichte Ziel der Expertensystemforschung besteht darin, durch komfortable Programmierumgebungen den direkten Wissenserwerb durch den Wissensträger zu ermöglichen; das langfristige Ziel in einer Unterstützung des automatischen Wissenserwerbs.

Rahmenbedingungen des betrieblichen Einsatzes und Beispielsysteme aus dem medizinischen und technischen Bereich werden im fünften Teil diskutiert. In der Praxis am erfolgreichsten sind derzeit „eingebettete" Expertensysteme, die ihre Daten von Meßgeräten oder Dateien beziehen und keinen Dialog mit dem Benutzer erfordern.

Schließlich werden im sechsten Teil die vielfältigen Wechselwirkungen von Expertensystemen mit anderen Bereichen, Grenzen der derzeitigen Technologie und Entwicklungstrends diskutiert. Insbesondere wird gezeigt, daß die Verdrängung von Experten durch Expertensysteme nicht zu erwarten oder zu befürchten ist, sondern letztere eher für gut verstandene Routineaufgaben oder zur Qualitätssicherung nützlich sind. Bisher völlig ungelöste Probleme sind die schnelle Datenerfassung eines Computers durch Sehen oder Hören, die holistische Informationsverarbeitung (im Sinne von Dreyfus) und die Integration von Allgemeinwissen. Die Erfolgsaussichten von Ansätzen zur Behandlung dieser Probleme lassen sich heute noch nicht abschätzen.

Dieses Buch basiert auf regelmäßigen dreistündigen Vorlesungen über Expertensysteme an der Universität Karlsruhe. Bei der Konzeption und auch den Verbesserungen zur zweiten Auflage haben mir die Reaktionen und Anregungen der Studenten sehr geholfen. Für vielfältige wertvolle Hinweise zur Überarbeitung des ersten Manuskriptes danke ich vor allem Prof. Gerhard Goos, Ute Gappa und Norbert Lindenberg. Weiterhin gilt mein besonderer Dank Annette Meinl, die den Text in die endgültige Form brachte.

Karlsruhe, im Februar 1991   *Frank Puppe*

Inhaltsverzeichnis

Teil I

Einführung

1. Charakterisierung, Nutzen und Geschichte

1.1 Charakterisierung von Expertensystemen

Expertensysteme sind Programme, mit denen das Spezialwissen und die Schlußfolgerungsfähigkeit qualifizierter Fachleute auf eng begrenzten Aufgabengebieten nachgebildet werden soll. Dabei gehen wir vorläufig von der Vorstellung aus, daß Experten ihre Problemlösungen aus Einzelkenntnissen zusammensetzen, die sie selektieren und in passender Anordnung verwenden. Expertensysteme benötigen daher detaillierte Einzelkenntnisse über das Aufgabengebiet und Strategien, wie dieses Wissen zur Problemlösung benutzt werden soll. Um ein Expertensystem zu bauen, muß das Wissen also *formalisiert*, im Computer *repräsentiert* und gemäß einer Problemlösungsstrategie *manipuliert* werden. Da es jedoch kaum Leute gibt, die sowohl über detailliertes Fachwissen als auch über die notwendigen Programmierkenntnisse verfügen, ist eine Arbeitsteilung wünschenswert. Sie könnte z.B. so aussehen, daß ein Experte und ein Informatiker sich auf eine gemeinsame Wissensrepräsentation einigen, der Experte sein Wissen entsprechend formalisiert und der Informatiker die Problemlösungsstrategien dazu programmiert. Dabei kann jeder seine Fähigkeiten optimal einbringen. Vielleicht noch wichtiger ist, daß eine klare Schnittstelle zwischen dem anwendungsspezifischen Wissen und den allgemeinen Problemlösungsstrategien geschaffen wird, die ein Expertensystem im Vergleich zu den meisten konventionellen Programmen wesentlich änderungsfreundlicher macht. Diese Trennung zwischen Wissen und Problemlösungsstrategie ist in vielen Anwendungsbereichen möglich und für die Architektur von Expertensystemen charakteristisch (s. Abb. 1.1).

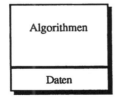

konventionelle Programme   Expertensysteme

Abb. 1.1 Das grundlegende Organisationsprinzip von Expertensystemen ist die Trennung zwischen Wissen und Problemlösungsstrategie.

Eine Wissensrepräsentation, die diese Trennung begünstigt, sind Regeln der Form „Wenn X dann Y". Abb. 1.2 veranschaulicht den Unterschied zwischen dem traditionellen anweisungsbasierten und dem in Expertensystemen häufig verwendeten regelbasierten Programmierstil.

1. anweisungsbasierter Programmierstil:
    Programm = Sequenz von Befehlen und Abfragen

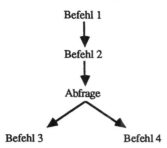

Der Programmierer legt fest, was getan und in welcher Reihenfolge es getan wird.

2. regelbasierter Programmierstil:
    Programm = Menge von Regeln und Regelinterpretierer

> Regel 1: Wenn Situation X1, dann Aktion Y1.
> Regel 2: Wenn Situation X2, dann Aktion Y2.
> Regel 3: Wenn Situation X3, dann Aktion Y3.

Der Experte legt fest, was getan wird, die Reihenfolge bestimmt der Regelinterpretierer.

Abb. 1.2   Unterschied zwischen anweisungs- und regelbasiertem Programmierstil

Während beim anweisungsbasierten Programmierstil primitive Operationen in einer vom Programmierer fest vorgegebenen Reihenfolge sequentiell abgearbeitet werden, legt der Experte beim regelbasierten Programmierstil nur fest, was in einer bestimmten Situation getan werden soll. In welcher Reihenfolge die Regeln zur Problemlösung verwendet werden, entscheidet der Regelinterpretierer. Während bei anweisungsbasierten Programmen der Kontrollfluß übersichtlich, aber starr ist, weisen regelbasierte Programme gerade die umgekehrten Eigenschaften auf.

Da fast jeder Experte auf Anhieb einige Regeln aus seinem Fachbereich nennen kann und durch die Verknüpfung schon relativ weniger Regeln oft eine erstaunliche Leistungsfähigkeit erreicht wird, ist der regelbasierte Programmierstil für Expertensysteme sehr populär geworden. Ein Nachteil ist jedoch der unübersichtliche Kontrollfluß, der große Regelsysteme schwer handhabbar macht („Regelspaghetti"). Daher wird häufig auch eine andere Wissensrepräsentation in Expertensystemen benutzt, bei der nicht Regeln, sondern Objekte im Vordergrund stehen.

Jedes Fachgebiet hat seine eigene Fachsprache, in der alle wichtigen Objekte und Zustände des Anwendungsgebietes benannt sind. Beim Wissenserwerb werden diese Begriffe gesammelt und ihre Definitionen und Beziehungen zueinander formalisiert. Von hier aus ist es nur noch ein kleiner Schritt zum objektbasierten Programmierstil, bei dem die Objekte und Zustände des Anwendungsbereichs als Agenten betrachtet werden, die Nachrichten empfangen und an andere Objekte und Zustände verschicken können. Beispielsweise könnte man sich ein Diagnostik-Expertensystem so vorstellen, daß die Symptome und Diagnosen als Agenten repräsentiert sind, die sich wechselseitig Nachrichten über ihre Existenz schicken. Wenn eine Diagnose genügend viele positive Nachrichten von ihren Symptomen erhalten hat, etabliert sie sich und schickt selbst Nachrichten an andere Diagnosen und Symptome.

Von einem höheren Standpunkt aus kann man die regel- und die objektbasierte Wissensrepräsentation als zwei Sichtweisen desselben zugrundeliegenden Netzwerks von Objekten und Beziehungen auffassen, bei dem einmal die Kanten und einmal die Knoten als das „Wichtigere" angesehen werden.

Wir haben Expertensysteme bisher durch ihr Ziel, die Simulation von Experten, und durch ihre Methodik, die Trennung von Wissen und Problemlösungsstrategie charakterisiert. Der regel- und objektbasierte Programmierstil sind Beispiele für die Realisierung einer solchen Trennung. Wir wollen nun diese Charakterisierung durch Vergleiche mit anderen Programmtypen und Wissensträgern vertiefen. Die Trennung von anwendungsspezifischen Details und allgemeinen Ablaufstrategien ist in der Informatik nicht unbekannt, sondern wird auch zur Entwicklung von Systemsoftware wie z.B. Compiler-Compiler oder Entwurfssprachen für Betriebssysteme praktiziert. Jedoch sind die dort zugrundeliegenden „Wissensrepräsentationen" und „Problemlösungsstrategien" extrem anwendungsspezifisch und für mit dem Computer vertraute Informatiker entworfen. Außerdem unterscheiden sich diese exakten und klar definierten Anwendungsbreiche beträchtlich von den „diffusen" Bereichen von Expertensystemen:

1. Das Wissen bzw. die Daten in den Anwendungsbereichen von Expertensystemen sind meist unsicher, unvollständig oder zeitabhängig.
2. Expertensysteme werden typischerweise für Problembereiche geschrieben, für die zumindest zu Beginn des Projektes noch kein klares Verständnis vorliegt.

Expertensysteme unterscheiden sich von Datenbanken dadurch, daß ihr Wissen nicht nur wie Daten abgefragt, sondern auch zur Lösung verschiedenartiger Probleme benutzt werden kann. Wir grenzen „Wissen" also dadurch von „Daten" ab, daß es mit von einem Computer interpretierbaren Anleitungen über seine Verwendung gekoppelt ist. Daraus folgt natürlich, daß der Übergang von Daten zu Wissen fließend ist.

Eine andere Form der Charakterisierung von Expertensystemen ist die Aufzählung von notwendigen Eigenschaften. Dazu gehören:

Transparenz:	Expertensysteme können ihre Problemlösung durch Angabe des benutzten Wissens erklären.
Flexibilität:	Einzelne Wissensstücke können relativ leicht hinzugefügt, verändert oder gelöscht werden.
Benutzerfreundlichkeit:	Der Umgang mit Expertensystemen erfordert kein programmiersprachliches Vorwissen (weder für den Endbenutzer noch für den Experten).
Kompetenz:	Expertensysteme verfügen über eine hohe Problemlösungsfähigkeit in ihrem Anwendungsbreich.

Abb. 1.3 faßt die verschiedenen Charakterisierungen von Expertensystemen zusammen. Während jede Charakterisierung für sich relativ vage ist, glauben wir, daß ihre Kombination doch ein hinreichend klares Bild bietet und eine Abgrenzung gegen

andere Programme ermöglicht. Ein einfacher Test, ob ein Programm ein Experten-system sein kann, besteht darin, seine Eigenschaften zu überprüfen, d.h. die Kompetenz des Systems mit einem „normalen" (von Experten routinemäßig lösbaren) Problem zu testen, sich die Problemlösung erklären zu lassen und kleine Änderungen in der Wissensbasis vorzunehmen.

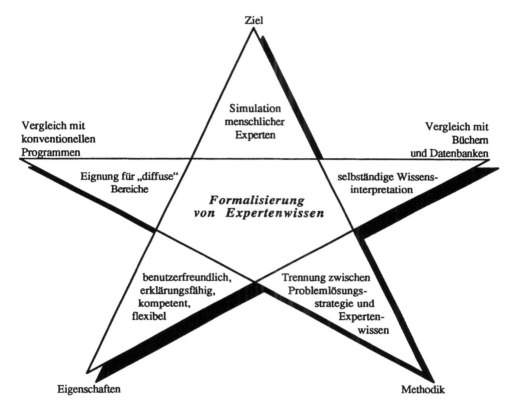

Abb. 1.3   Zusammenstellung der verschiedenen Charakterisierungen von Expertensystemen

1.2   Nutzen von Expertensystemen

Der praktische Nutzeffekt von Expertensystemen für die Industrie besteht in der Möglichkeit, Experten bei Routinetätigkeiten zu entlasten bzw. einfache Probleme auch ohne Experten zu lösen. Die nach fünfzehn Jahren intensiver Expertensystem-forschung immer noch bestehende Diskrepanz zwischen hohen Erwartungen und der Tatsache, daß relativ wenige „echte" Expertensysteme im Routineeinsatz sind, zeigt allerdings deutlich, daß die Schwierigkeiten der Entwicklung expertenähnlicher Systeme grob unterschätzt wurden bzw. häufig noch werden.

Dies wird durch einen Blick auf die Fähigkeiten eines Experten illustriert, die er besitzen muß, um einen Kunden bei der Lösung eines Problems zu beraten. Dazu gehören:

- das Problem verstehen,
- das Problem lösen,
- die Lösung erklären,
- Randgebiete überblicken,
- seine Kompetenz bei der Problemlösung einschätzen und
- neues Wissen erwerben und strukturieren.

Die derzeitigen Expertensysteme können dagegen „nur" Probleme lösen und ihre Lösungen in begrenztem Umfang erklären. Die anderen oben erwähnten Fähigkeiten eines Experten sind zur Ausübung seiner Tätigkeit aber im allgemeinen genauso wichtig. So würde man z.B. einen „Pseudo-Experten", der Randgebiete seines Spezialwissens nicht überblickt und seine Wissenslücken nicht beurteilen kann, nach dem ersten darauf beruhenden Fehler nicht mehr vertrauen.

Die vielleicht größte Schwierigkeit eines Expertensystems liegt im Verstehen des Problems. Während Experten über umfassende sensorische und verbale Fähigkeiten verfügen, um aus der Fülle der Daten die problemrelevanten Umstände herauszufiltern, vorzuinterpretieren und auf Glaubwürdigkeit zu testen, erfordern Expertensysteme eine streng formalisierte Eingabe, deren Korrektheit kaum überprüft werden kann, die aber die Qualität der Problemlösung entscheidend mitbestimmt.

Daher eignen sich Expertensysteme vor allem zum Einsatz in solchen Gebieten, bei denen (s. auch Abb. 17.2):

1. *die Datenerfassung wenig fehleranfällig ist und*
2. *das Expertensystem keine endgültigen Entscheidungen trifft, sondern in einen redundanten Entscheidungsprozeß eingebettet ist.*

Die heute praktisch eingesetzten Systeme erfüllen in der Regel beide Kriterien, z.B.:

- XCON (R1), das die Rechner von DEC entsprechend den Kundenanforderungen an CPU, Plattenplatz, usw. konfiguriert, hat eine klar formalisierte Problemstellung, und die von XCON erstellte Lösung wird von Technikern routinemäßig überprüft.
- PUFF, das im Pacific Medical Center in San Francisco Lungenfunktionstests auswertet, bekommt „harte" Labordaten als Eingabe. Die Diagnose mit den zugehörigen Befunden wird graphisch übersichtlich ausgedruckt und vom zuständigen Arzt kontrolliert.
- IXMO, das bei Daimler-Benz für defekte Motoren auf dem Prüfstand Fehlerursachen und Reparaturvorschläge bestimmt, bekommt als Eingabe Meßwerte und subjektive Beobachtungen in einem Fehlercode. Die Korrektheit der Lösungsvorschläge wird bei der Reparatur automatisch überprüft.

Das große Interesse der Industrie an Expertensystemen muß auch dem dringenden Bedarf nach Werkzeugen zum Umgang mit Wissen zugeschrieben werden, das immer mehr als Produktionsfaktor in der Wirtschaft anerkannt wird (vgl. z.B. [Feigenbaum 88]). Die beste Art, das Potential von Expertensystemen richtig einzuschätzen, ist, sie als ein neues Wissensmedium neben dem traditionellen Buch zu sehen. Während Bücher nur von Menschen interpretiert werden können, wenden Expertensysteme ihr Wissen selbständig auf neue Probleme an. Vor diesem Hintergrund sind Expertensysteme allgemeine Hilfsmittel zur Wissensverarbeitung.

Während die Benutzung der gängigen Werkzeuge noch die Hilfe von „Wissens-ingenieuren" erfordert, die die Experten befragen und das gewonnene Wissen geeignet formalisieren, ist es das mittelfristige Ziel, die Werkzeuge so komfortabel und problemadäquat zu gestalten, daß die Experten ihr Wissen selbständig formalisieren und austesten können. Solche Werkzeuge würden den Umgang mit Wissen in den jeweiligen Anwendungsgebieten erheblich verändern, da das bisher weitgehend private Expertenwissen, das nur durch Erfahrungen in der Praxis erworben werden kann, in Programmen explizit dargestellt und damit leichter erlernt und auch überprüft werden könnte.

1.3 Geschichte von Expertensystemen

Die Geschichte der Problemlösungsprogramme kann man als eine Entwicklung von universellen zu bereichsspezifischen Problemlösern betrachten. Die Such- und Spiel-programme der sechziger Jahre [Barr 81, Kapitel 2] versuchten, meist klar formulierte Suchprobleme zu lösen, wie z.B. das Beweisen mathematischer Sätze oder Schach-probleme. Dazu wurden allgemeine, effiziente Suchstrategien entwickelt, wie z.B.:

- die Means-Ends-Analysis (Differenzenanalyse) im „General Problem Solver" [Newell 72], die auch beim Planen (s. Kapitel 11) benutzt wird,
- die Alpha-Beta-Strategie in Spielen, bei der nur solche Züge und Gegenzüge berücksichtigt werden, die vorteilhafter bzw. nachteiliger als die bereits analysierten Züge sein können [Nilsson 82, Kapitel 3.4],
- der A*-Algorithmus zur heuristischen Suche, bei dem eine Abschätzung des jeweils noch notwendigen Aufwandes zur Erreichung des Zieles in die Bewertungsfunktion zur Auswahl des nächsten Schrittes eingeht [Nilsson 82, Kapitel 2.4],
- spezielle Resolutionsmethoden zum Beweisen von Theoremen (s. Kapitel 3).

Für Expertensysteme spielen diese Strategien aber gerade wegen ihrer Allgemeinheit eine eher untergeordnete Rolle. Diese Erkenntnis wurde erst während der siebziger Jahre allgemein akzeptiert, was sich in dem von Goldstein und Papert beschriebenen Paradigmenwechsel ausdrückt: „Das fundamentale Problem zum Verständnis von Intelligenz ist nicht die Identifikation von wenigen mächtigen Techniken, sondern eher die Frage, wie sehr viel Wissen repräsentiert werden muß, um seinen effektiven Gebrauch und Interaktionen zu ermöglichen. (...) Wir sehen also in der Künstlichen Intelligenz einen Wechsel von einer rechenintensiven (power-based) Strategie zu einem wissensbasierten Ansatz." (zitiert nach [Duda 83, S. 220]).

Die ersten Programme, die die Überlegenheit der Kodierung von bereichsspezifi-schem Wissen über allgemeine Problemlösungsstrategien zeigten, waren MACSYMA, das algebraische Ausdrücke vereinfacht, und DENDRAL, das Moleküle mittels Massenspektrogrammen identifiziert, die beide heute im routinemäßigen Einsatz sind. Als „Großvater" der Expertensysteme wird jedoch meist das an der Stanford University entwickelte Expertensystem MYCIN zur Diagnose und Therapie von bakteriellen Infektionskrankheiten des Blutes und Meningitis bezeichnet. Es zeichnet sich durch seine methodische Klarheit, insbesondere in seiner Trennung zwischen Wissensrepräsentation und Problemlösungsstrategie, und durch seine Erklärungs-

komponente aus. Aufgrund dieser Vorzüge ist es das Vorbild für viele Nachfolge-
systeme geworden. Weitere „berühmte" Expertensysteme sind:

– HEARSAY II zum Verstehen gesprochener Sprache mit einem Wortschatz von
  1.000 Wörtern und einer einfachen Grammatik, das die „Blackboard-Architektur"
  zur übersichtlichen Koordination verschiedener Wissensquellen populär machte,
– PROSPECTOR, das geologische Formationen identifiziert, für die sich Probebohrungen nach Bodenschätzen lohnen, und das ein Molybdän-Vorkommen im Wert
  von $150.000.000 richtig vorhersagte (allerdings hätte man auch ohne
  PROSPECTOR Probebohrungen vorgenommen),
– INTERNIST zur Diagnose von ca. 75% der Krankheiten in der Inneren Medizin,
  das sich durch die Größe seiner Wissensbasis auszeichnet und demnächst als
  elektronisches Nachschlagebuch QMR (Quick Medical Reference, s. Kapitel 18)
  vermarktet werden soll.

Die Erfahrungen mit den Expertensystemen der ersten Generation schlugen sich rasch
Ende der siebziger Jahre in Werkzeugen nieder, die die Entwicklungszeit neuer
Systeme erheblich verkürzen. Das erste Werkzeug war EMYCIN, das die Vorgehens-
weise und die Wissensrepräsentation von MYCIN beibehalten hat, aber auch mit
anderen Wissensbasen aus medizinischen und nicht-medizinischen Bereichen kombi-
niert werden kann. Ein Beispiel dafür ist das in Kapitel 1.1 erwähnte PUFF, das in
EMYCIN implementiert wurde und nur ca. fünf Personenjahre Entwicklungszeit im
Vergleich zu den zwanzig Personenjahren bei MYCIN benötigte. Mit optimalen
Werkzeugen erscheinen heute Implementierungszeiten von etwa einem Personenjahr
für einen leistungsfähigen Feldprototyp in günstigen Fällen realistisch (s. Kap. 17.2
"Projektplanung").

Die ersten Expertensystemwerkzeuge verallgemeinerten vor allem den Regelformalismus. Inzwischen haben sich hybride Werkzeuge durchgesetzt, die mehrere
Wissensrepräsentationen bzw. Programmierstile kombinieren, wozu außer den Regeln
vor allem objektbasierte Darstellungen gehören. Die neuere Forschung hat einen
Schwerpunkt in der Entwicklung angepaßter Werkzeuge. Dazu gehören „Shells", die
versuchen, den immer noch enormen Aufwand zur Entwicklung und Wartung von
Expertensystemen dadurch zu verringern, daß sie sich auf einen Problemlösungstyp
spezialisieren, wie z.B. die Diagnostik oder die Konfigurierung und eine möglichst
graphische Wissenseingabe ermöglichen.

Heute sind weit über hundert Expertensystemwerkzeuge aller Preisklassen und
Qualitätsstufen auf dem Markt, mit denen in der Industrie und Forschung viele
Experimente durchgeführt werden. Wir erwarten, daß sich in den nächsten Jahren die
Evolution der Werkzeugsysteme durch Mutation (Werkzeug-Neuentwicklungen) und
Selektion (durch Erfahrungen bei der Anwendung von Werkzeugen) rasch fortsetzen
wird.

2. Methodik und Architektur

Expertensysteme umfassen ein breites Feld sehr unterschiedlicher Anwendungsbereiche wie die medizinische Diagnostik, die Konfigurierung von Computern, die Überwachung von Autolackieranlagen, das Planen molekulargenetischer Experimente, die Analyse von Schaltkreisen usw. Die Expertensystemforschung basiert auf der Annahme, daß die Unterschiede zwischen den einzelnen Bereichen hauptsächlich in den Wissensinhalten liegen, während die jeweiligen Wissensrepräsentationen und Problemlösungsstrategien viele Ähnlichkeiten aufweisen. Eine Methodik von Expertensystemen sollte daher eine Klassifikation von ähnlichen Problembereichen gemäß den zur Verfügung stehenden Techniken und Expertensystemwerkzeugen ermöglichen. Während noch vor wenigen Jahren eine solche Klassifikation weitgehend fehlte und neue Expertensysteme meist in Analogie zu existierenden Systemen entwickelt werden mußten, ist dieses Gebiet heute sehr viel besser verstanden, so daß zumindest eine grobe Klassifikation möglich ist. Ihre Präzisierung oder Verbesserung bleibt allerdings ein vordringliches Forschungsproblem. Einen Rahmen zur Einordnung von Expertensystemtechniken, der in den beiden Unterkapiteln 2.1 und 2.2 grob und in den folgenden Kapiteln 3 – 12 detaillierter beschrieben wird, zeigt Abb. 2.1.

---

1. Einteilung der konkreten Probleme in Problemlösungstypen.
2. Zuordnung der Problemlösungstypen zu Problemlösungsstrategien.
3. Abbildung der Problemlösungsstrategien in Wissensrepräsentationen und zugehörige Kontrollstrategien.
4. Implementierung der Wissensrepräsentation und der Kontrollstrategien.

Abb. 2.1   Rahmen zur Einordnung von Expertensystemtechniken

Die verschiedenen Komponenten eines Expertensystems werden in dem Unterkapitel 2.3 und in den Kapiteln 13 – 15 diskutiert.

2.1 Problemlösungstypen von Expertensystemen

Ein erster Ansatz zur Einteilung konkreter Probleme findet sich in [Stefik 82]. Dort werden folgende Problemtypen unterschieden:

- Interpretation: Ableitung von Situationsbeschreibungen aus Sensordaten.
- Diagnostik: Ableitung von Systemfehlern aus Beobachtungen.
- Überwachung: Vergleich von Beobachtungen mit Sollwerten.
- Design: Konfigurierung von Objekten unter Berücksichtigung besonderer
                               Anforderungen.
- Planung: Entwurf einer Folge von Aktionen zum Erreichen eines Zieles.
- Vorhersage: Ableitung von möglichen Konsequenzen gegebener Situationen.

Diese Einteilung ist jedoch für eine Zuordnung zu Problemlösungsstrategien nicht
optimal, da verschiedene Problemtypen mit denselben Strategien gelöst werden können. So besteht das Ziel bei der Interpretation, Diagnose und Überwachung meist
darin, ein bekanntes Muster wiederzuerkennen, d.h. ein Objekt, einen Fehler oder
einen Alarmzustand zu identifizieren. Dabei wird die Lösung aus einer Menge von
vorgegebenen Alternativen ausgewählt. Im Gegensatz dazu wird beim Design und bei
der Planung die Lösung aus kleinen Bausteinen zusammengesetzt, da es zu viele
Kombinationen gibt, als daß eine Auswahl aus Alternativen möglich wäre. Diese Bau-
steine sind bei der Planung Handlungen und beim Design Komponenten des zu
entwerfenden Objektes, was jedoch für die Problemlösungsstrategie meist weniger
wichtig ist. Wir schlagen daher vor, Probleme in die beiden Typen Diagnostik
(Synonyme sind: Auswahl, Selektion und Klassifikation) und Konstruktion (dazu
gehören: Konfigurierung, Design und Planung) einzuteilen. Die Simulation (Vorhersage) unterscheidet sich von der Diagnostik und Konstruktion dadurch, daß kein
vorgebenes Ziel erreicht werden soll, sondern nur die Auswirkungen von Handlungen
oder Ereignissen simuliert werden. Abb. 2.2 gibt eine Übersicht über die drei
wichtigsten Problemlösungstypen.

Diagnostik: Die Lösung wird aus einer Menge vorgegebener Alternativen ausgewählt.

Konstruktion: Die Lösung wird aus kleinen Bausteinen zusammengesetzt.

Simulation: Aus dem Ausgangszustand werden Folgezustände hergeleitet.

Abb. 2.2   Übersicht über die drei wichtigsten Problemlösungstypen

In den Kapiteln 10 – 12 stellen wir Probleme, Strategien und Beispielsysteme für die
drei Problemlösungstypen aus Abb. 2.2 vor. Eine detaillierte Diskussion der
Problemlösungstypen findet sich in [Puppe 90].

Eine andere Einteilung von Problemlösungstypen wurde von Clancey [85] vorgeschlagen. Sie beinhaltet zwar eine Verfeinerung unseres Schemas, aber auch dort fehlt
wie bei Stefik [82] eine Zuordnung der Typen zu den einzelnen Problemlösungsstrategien (s. Abb. 2.3)[1].

---

1   Die Entsprechungen von Abb. 2.2 und Abb. 2.3 sind Diagnostik = Erkennen, Konstruktion =
Konstruktion und Simulation = Vorhersage.

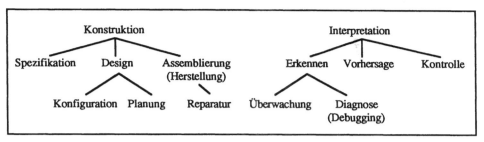

Abb. 2.3 Einteilung der Problemlösungstypen nach Clancey

2.2 Wissensrepräsentationen in Expertensystemen

Bei der Implementierung von Problemlösungsstrategien für die einzelnen Problemlösungstypen stellt man fest, daß es viele Gemeinsamkeiten gibt, die vor allem die
Grundtechniken der Wissensrepräsentation und ihre zugeordneten Ableitungsstrategien umfassen. Dazu gehören in erster Linie Regeln und objektorientierte Darstellungen. Eine weitere häufig benutzte Grundtechnik sind Constraints, welche Randbedingungen repräsentieren, die von der Lösung eingehalten werden müssen.
Constraints unterscheiden sich von Regeln dadurch, daß keine Ableitungsrichtung
vorgegeben ist. Wegen der Unsicherheit, Unvollständigkeit und Zeitabhängigkeit der
Daten bzw. des Wissens in vielen Problembereichen gehören zu den Grundtechniken
auch Repräsentationen für probabilistisches, nicht-monotones und temporales
Schließen.

Die verschiedenen Grundtechniken haben für die einzelnen Problemlösungstypen
natürlich nicht dieselben Bedeutungen. So ist z.B. für die Konstruktion probabilistisches Schließen weit weniger wichtig als für die Diagnostik. Abb. 2.4 zeigt eine
grobe Zuordnung von Problemlösungstypen zu Grundtechniken der Wissensrepräsentation und -verarbeitung.

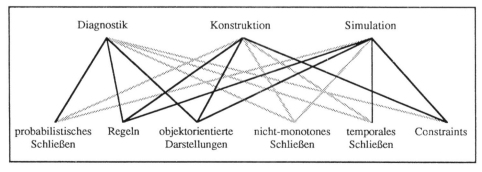

Abb. 2.4 Grobe Zuordnung von Problemlösungstypen zu Grundtechniken der Wissensrepräsentation und -verarbeitung.

Da Wissen nach unserer Definition immer Angaben über seine Anwendung enthalten muß, läßt sich die Wissensrepräsentation nicht von den mit ihr assoziierten Ableitungsstrategien trennen[2]. Die Grundtechniken der Wissensrepräsentation mit ihren Ableitungsstrategien werden in den Kapiteln 3 – 9 diskutiert.

2.3 Architektur von Expertensystemen

Unter der Architektur eines Expertensystems verstehen wir seine Außenansicht, d.h. die verschiedenen Programmmodule und ihre Beziehungen zueinander. Die funktionale Trennung zwischen dem Expertenwissen und den Problemlösungsstrategien spiegelt sich bei der Architektur in den beiden Hauptmodulen Wissensbasis und Steuersystem wieder.

Das Steuersystem enthält Programmcode für die Problemlösungsstrategien und für die Benutzerschnittstelle, wobei sich letztere in die drei relativ eigenständigen Teile für den Benutzerdialog, für die Generierung von Erklärungen und für den Wissenserwerb aufteilen läßt. Daraus ergeben sich folgende Untermodule:

- Die *Problemlösungskomponente* interpretiert das Expertenwissen zur Lösung des vom Benutzer spezifizierten Problems.
- Die *Interviewerkomponente* führt den Dialog mit dem Benutzer und/oder liest automatisch erhobene Meßdaten ein. Falls kein Benutzerdialog stattfindet, nennt man das Expertensystem auch *eingebettetes System,* ansonsten *interaktives System.*
- Die *Erklärungskomponente* macht die Vorgehensweise des Expertensystems transparent. Sie hilft sowohl dem Benutzer, der für die vorgeschlagene Problemlösung eine Begründung oder Rechtfertigung sucht, als auch dem Experten, der Fehler in der Wissensbasis lokalisieren will.
- Die *Wissenserwerbskomponente* ermöglicht es dem Experten, sein Wissen in das Expertensystem einzugeben und später zu ändern. Je nach der Qualität der Wissenserwerbskomponente muß der Experte dabei durch einen Wissensingenieur unterstützt werden, oder er kann durch Lerntechniken, die z.B. Falldatenbanken auswerten, entlastet werden.

Auch die Wissensbasis besteht aus verschiedenen Teilen. Je nach Herkunft des Wissens unterscheidet man dabei zwischen *bereichsbezogenem Wissen* von Experten, *fallspezifischem Wissen* von Benutzern und *Zwischen- und Endergebnissen,* die von der Problemlösungskomponente hergeleitet worden sind. Eine andere Unterteilung des Wissens orientiert sich am Gebrauch des Wissens. Die daraus resultierenden Wissensarten sind *Faktenwissen, Ableitungswissen* und *Steuerungs- oder Kontrollwissen.* Während Ableitungswissen (z.B. Regeln) den Gebrauch des Faktenwissens steuert, steuert das Kontrollwissen (z.B. sog. Meta-Regeln) den Gebrauch des Ableitungswissens. Fallspezifisches Wissen vom Benutzer und Zwischen- und Endergebnisse sind typischerweise Faktenwissen, während das Expertenwissen sowohl aus Faktenwissen (z.B. Katalogwissen) als auch aus Ableitungs- und Kontrollwissen besteht. In der Zusammenfassung der Architektur eines Expertensystems in Abb. 2.5 werden nur die nach ihrer Herkunft unterschiedlichen Teile der Wissensbasis aufgeführt.

---

[2]   Wir gebrauchen daher „Wissensrepräsentation" oft als Abkürzung für „Wissensrepräsentation und –verarbeitung".

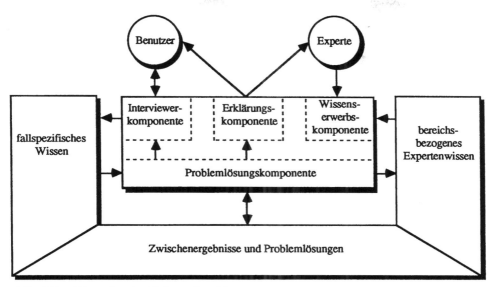

Abb. 2.5   Allgemeine Architektur eines Expertensystems

Abb. 2.5 deutet auch die verschiedenen Gruppen an, die mit einem Expertensystem umgehen:

- die Entwickler des Steuersystems,
- die Experten, die geeignete Steuersysteme zum Aufbau und Testen von Wissensbasen benötigen und
- die eigentlichen Benutzer, die mit Hilfe eines Expertensystems Probleme lösen wollen.

Das Steuersystem wird oft *Expertensystem-Shell* oder auch *Expertensystem-Kern* genannt. Expertensystem-Shells setzen den generellen Trend in der Informatik fort, immer höhere, d.h. problemnähere Programmiersprachen zu entwickeln, bei denen sich der Programmentwickler immer weniger um die konkrete Ausführung des Programmes kümmern muß, sondern sich mehr auf die logische Struktur und den abstrakten Kontrollfluß des Problems konzentrieren kann. Die jeweiligen Entsprechungen der Begriffe bei Expertensystem-Shells und Programmierumgebungen zeigt Abb. 2.6.

Mit Expertensystem-Shells scheint es auch bei komplexeren Programmen realistisch zu werden, daß die Wissensträger selbständig mit dem Computer umgehen und zu Programmentwicklern werden, anstatt auf einen Programmierer als „Dolmetscher" angewiesen zu sein. Dieses Prinzip ist z.B. bei Tabellenkalkulationsprogrammen und Textsystemen schon üblich. Das Endziel dieser Entwicklung ist die Programmierung auf der „Wissensebene" [Newell 82], bei der die Problemlösungskomponente intelligent genug ist, alles verfügbare Wissen unabhängig von seiner Repräsentation auf der „Symbolebene" optimal zur Problemlösung zu nutzen.

Expertensystem-Shell	Programmierumgebung
Wissensrepräsentation	Syntax und Semantik
Wissensbasis	Programm
Wissenserwerbskomponente	Editor, Compiler und Debugger
Problemlösungskomponente	Programminterpreter oder Compiler
Interviewerkomponente	Ein/Ausgabe-Funktionen
Erklärungskomponente	Tracer

Abb. 2.6 Gegenüberstellung von Begriffen bei Expertensystem-Shells und Programmierumgebungen

2.4   Zusammenfassung

Wir unterscheiden zwei aufeinander aufbauende Hauptebenen bei Expertensystemen: Die eher *problemorientierte Einteilung* in die Problemlösungstypen Diagnostik, Konstruktion und Simulation mit zugeordneten Problemlösungsstrategien und die eher *implementationsorientierte Einteilung* in Grundtechniken der Wissensrepräsentation mit Regeln, Frames, Constraints, probabilistischem, nicht-monotonem und temporalem Schließen. Die entsprechenden Typen von Expertensystem-Werkzeugen für die beiden Ebenen sind Shells, die auf Problemlösungstypen spezialisiert sind, und allgemeine Werkzeuge, die eine oder mehrere der Basiswissensrepräsentationen anbieten. Ein vollständiges Expertensystem besteht aus einer Wissensbasis und einem Steuersystem, welches sich aus der Problemlösungs-, der Interviewer-, der Erklärungs- und der Wissenserwerbskomponente zusammensetzt.

Teil II

Grundtechniken der Wissensrepräsentation

3. Logik

Die theoretisch am besten untersuchte Wissensrepräsentation und häufig verwendeter Bezugspunkt für andere Wissensrepräsentationen ist die Prädikatenlogik erster Ordnung. Da ihre praktische Bedeutung für Expertensysteme jedoch relativ gering ist, benutzen wir sie vor allem als Einführung in Fragestellungen von Wissensrepräsentationssystemen und als Motivation für die Entwicklung anderer Formalismen. Ausführliche Einführungen in die Prädikatenlogik enthalten z.B. [Bibel 87], [Bläsius 87], [Charniak 85], [Genesereth 87], [Lloyd 87], [Nilsson 82], [Schöning 87].

Um das Ziel von Expertensystemen, die Nachbildung des Spezialwissens und der Schlußfolgerungsfähigkeit qualifizierter Fachleute zu erreichen, muß man den intuitiven Schlußfolgerungsbegriff formalisieren. Dabei sollen subjektive Assoziationen, die mit einzelnen Begriffen verbunden sind, keine Rolle spielen, sondern alles relevante Wissen muß explizit formuliert werden. Ableitungen dürfen nur nach definierten Regeln vorgenommen werden.

3.1 Prädikatenlogik

Aus der gleichen Zielsetzung heraus entwickelte sich die Idee eines Kalküls, in dem man Objekte oder Zustände der realen Welt durch Aussagen des Kalküls beschreiben und daraus mit allgemeingültigen Ableitungsregeln andere Aussagen herleiten kann, die dann wieder auf Objekte oder Zustände der Welt bezogen werden. Die vorgegebenen Aussagen des Kalküls heißen Axiome, Fakten oder Annahmen, die abgeleiteten Aussagen Theoreme oder Schlußfolgerungen. Ein besonders einfacher Kalkül basiert auf der *Aussagenlogik*. Die Grundbegriffe bestehen nur aus einfachen Aussagen wie z.B. „es regnet" oder „die Bauchschmerzen sind stark" (meist dargestellt mit Großbuchstaben A, B). Verknüpft werden diese Aussagen mit „und", „oder", „Negation" und „Implikation" ($\wedge$, $\vee$, $\neg$, $\rightarrow$). Die wichtigste Ableitungsregel ist der Modus Ponens, der es erlaubt, aus den beiden Aussagen A und A $\rightarrow$ B die Aussage B herzuleiten[1]. Mit der Aussagenlogik lassen sich konkrete Aussagen über die Welt formulieren. Sie reicht jedoch nicht zur Beschreibung allgemeiner Gesetzmäßigkeiten aus, wie z.B. in folgender Situation:

Faktum 1: Alle Menschen sind sterblich.
Faktum 2: Sokrates ist ein Mensch.
Schlußfolgerung: Sokrates ist sterblich.

---

[1] Weiterhin gehören zu einem Kalkül für die Aussagenlogik gewisse allgemeingültige Aussagen (logische Axiome), z.B. A $\rightarrow$ (B $\rightarrow$ A), (A $\rightarrow$ (B $\rightarrow$ C)) $\rightarrow$ ((A $\rightarrow$ B) $\rightarrow$ (A $\rightarrow$ C)) und $\neg\,\neg$A $\rightarrow$ A .

Dazu muß man die Aussagenlogik zu der *Prädikatenlogik* erster Ordnung erweitern, indem man statt der einfachen Aussagen Prädikate (z.B. mensch) verwendet und als Argumente der Prädikate Individuen (z.B. Sokrates) zuläßt[2]. Individuen können außer durch Konstanten oder Variablen auch durch Funktionsausdrücke dargestellt werden, die man sich als komplexe Art der Referenz von Objekten vorstellen kann, z.B. referenziert (+ 3 4) bzw. (Lehrer_von Plato) das Objekt 7 bzw. Sokrates. Existenz- und Allaussagen über Individuen werden durch die Quantoren „es gibt" (∃) und „für alle" (∀) beschrieben (z.B. (∀ x ((mensch x) → (sterblich x)))). Weiterhin kommen beim Übergang von der Aussagen- zur Prädikatenlogik zwei Axiome und eine Regel zum Modus Ponens und den aussagenlogischen Axiomen hinzu. Das erste Axiom ist das Spezialisierungsaxiom: (∀ x p (x)) → p (t), das es erlaubt, allquantifizierte Variablen durch konkrete Einträge zu ersetzen[3]. Abb. 3.1 gibt eine vollständige Übersicht der Syntax eines Kalküls zur Prädikatenlogik erster Ordnung[4].

Symbole:	• Konstanten	A, B, C
	• Variablen	x, y, z
	• Prädikatssymbole	p, q
	• Funktionssymbole	f, g
	• Konnektionssymbole	∧ , ∨, ¬, →
	• Quantoren	∀, ∃
Terme:	• Konstanten	A, B
	• Variablen	x, y
	• Funktionssymbole, angewendet auf die korrekte Anzahl von Termen	
		z.B. (f x (f B B))
Formeln:	• Prädikatssymbole, angewendet auf die korrekte Anzahl von Termen	
	(atomare Formeln)	z.B. (p x y (f x B))
	• Wenn r und s Formeln sind, dann sind auch (r ∧ s), (r ∨ s), (¬ r) und	
	(r → s) Formeln.	
	• Wenn x eine Variable und p eine Formel ist, dann sind auch	
	(∃ x p) und (∀ x p) Formeln.	
Axiome:	• aussagenlogische Axiome, Spezialisierungsaxiom, „Quantoren-Shift-Axiom"	
Ableitungsregeln:	• Modus Ponens und Generalisierungsregel.	

Abb. 3.1   Syntax für einen Kalkül zur Prädikatenlogik erster Ordnung

Während in der Prädikatenlogik erster Ordnung All- und Existenzaussagen nur über Individuen getroffen werden können, z.B. (∀ x (p x)), sind in der Prädikatenlogik zweiter Ordnung solche Aussagen auch über Mengen bzw. Eigenschaften von Individuen zulässig, z.B. (∀ p (p x)). Wegen ihrer mangelnden Implementierbarkeit wird die Prädikatenlogik zweiter Ordnung in der praktischen Informatik allerdings nur selten benutzt.

---

[2]   Wir benutzen hier die funktionale Schreibweise, in der ein Ausdruck voll geklammert wird und das erste Argument das Prädikat oder die Funktion bezeichnet, die auf die folgenden Argumente angewendet wird. Für Faktum 2 schreiben wir also (mensch Sokrates).

[3]   Durch eine solche Ersetzung darf natürlich kein Variablenkonflikt auftreten. Das zweite Axiom behandelt den Zusammenhang zwischen ∀ und → : (∀ x (A → B)) ↔ (A → ∀ x B), wobei x in A nicht relevant vorkommen darf („Quantoren-Shift-Axiom"). Schließlich braucht man noch die Generalisierungsregel: aus A folgt (∀ x A).

[4]   Neben der hier gewählten gibt es auch noch andere Möglichkeiten, Axiome und Regeln für die Prädikatenlogik anzugeben.

3.2 Eigenschaften von Kalkülen

Alle Wissensrepräsentationsformalismen kann man verbunden mit ihren Ableitungsstrategien als Kalküle auffassen. Die Nützlichkeit eines Kalküls ergibt sich aus seinen
inneren Eigenschaften und daraus, wie gut die Welt, d.h. der Problembereich, in dem
Kalkül beschrieben werden kann. Eine unverzichtbare Forderung ist dabei die
Korrektheit des Kalküls, die erfüllt ist, wenn alle syntaktisch (d.h. im Kalkül)
herleitbaren Schlußfolgerungen auch semantisch (d.h. in der Welt) folgen. Die
Mächtigkeit (Ausdrucksstärke) bestimmt, welche Aussagen über die Welt überhaupt
repräsentierbar sind. Ein Kalkül ist *vollständig,* wenn alle Schlußfolgerungen, die
semantisch gelten, auch syntaktisch herleitbar sind, und *entscheidbar,* wenn für eine
beliebige Aussage entschieden werden kann, ob sie aus den Axiomen folgt oder nicht.
Weitere für Expertensysteme besonders interessante Eigenschaften sind *Adäquatheit*
und *Effizienz,* die angeben, wie „natürlich" (d.h. einfach und elegant) die Welt
beschrieben werden kann und wie effizient relevante Schlußfolgerungen hergeleitet
und Fragen beantwortet werden können. Die Effizienz hängt auch von der lokalen
Konfluenz ab, die gegeben ist, wenn die Anwendung irgendeines Ableitungsschrittes
das Herleiten eines Theorems nicht verhindern kann. Schließlich ist noch die
Konsistenz interessant, die jedoch nicht eine Eigenschaft des Kalküls beschreibt,
sondern bedeutet, daß eine Menge von Aussagen sich nicht widersprechen dürfen. Mit
einer inkonsistenten Menge von Aussagen (z.B. A und $\neg$A) könnte man in der
Prädikatenlogik jedes beliebige Theorem beweisen.

Idealerweise würde man sich für seine Wissensrepräsentation alle oben genannten
Eigenschaften in maximalem Umfang wünschen. Das ist natürlich nicht möglich; so
ist z.B. die relativ ausdrucksstarke Prädikatenlogik zweiter Ordnung weder vollständig noch entscheidbar, die weniger ausdrucksstarke Prädikatenlogik erster
Ordnung zwar auch nicht entscheidbar, aber immerhin vollständig, und die einfache
Aussagenlogik sowohl vollständig als auch entscheidbar, wenn auch in der Praxis
kein effizientes Entscheidungsverfahren existiert. Eine gute Wissensrepräsentation
zeichnet sich durch einen optimalen Kompromiß für ihren Problembereich aus.

Für die automatische Erzeugung von Beweisen mathematischer Sätze hat sich die
Prädikatenlogik erster Ordnung bewährt, insbesondere seit der Einführung des
Resolutionskalküls durch Robinson [65]. Der Resolutionskalkül arbeitet mit Klauseln
und der Resolutionsregel als einziger Ableitungsregel. Eine *Klausel* ist eine Disjunk-
tion von Literalen, die in der Aussagenlogik Aussagen und in der Prädikatenlogik ato-
mare Formeln darstellen, und die jeweils auch negiert sein dürfen (z.B. A $\vee$ B $\vee$ $\neg$C).
Die Klauseln schränken dabei die Mächtigkeit des Prädikatenkalküls erster Ordnung
nur unwesentlich ein, da man dessen Formeln in eine Konjunktion von Klauseln
überführen kann, was z.B. in [Nilsson 82, S. 145-149] beschrieben wird. Zwei
Klauseln können *resolviert* werden, wenn zu einem Literal der einen Klausel das
gleiche Literal in der anderen Klausel negiert vorkommt. Dabei wird eine neue Klausel
erzeugt, die aus der Vereinigung der beiden alten Klauseln ohne das komplementäre
Paar von Literalen besteht, z.B. resolvieren die beiden Klauseln ((A $\vee$ C) $\wedge$ ($\neg$C $\vee$ D))
zu (A $\vee$ D). Bei Formeln mit Variablen kann es sehr aufwendig sein, festzustellen, ob
es bestimmte Variablenbelegungen gibt, mit denen zwei Literale gleichgemacht werden
können, was der Gegenstand der Unifikationstheorie ist [Siekmann 87]. Die Gültig-

keit eines Theorems im Prädikatenkalkül erster Ordnung läßt sich dadurch bestimmen, daß zunächst das zu beweisende Theorem negiert wird, dann alle Formeln in Klauseldarstellung transformiert werden und solange resolviert wird, bis die leere Klausel hergeleitet wird (z.B. ((P) ∧ (¬P)) ergeben die leere Klausel). Damit wäre gezeigt, daß die Negierung des Theorems zu einem Widerspruch führt, das Theorem also gültig ist. Eine allgemeine Einführung in die Technik des Theorembeweisens gibt [Bläsius 87]. Ein Beispiel für einen leistungsfähigen Resolutionsbeweiser ist der Markgraf-Karl-Beweiser [Biundo 84].

Für Wissensrepräsentationen in Expertensystemen hat die Prädikatenlogik erster Ordnung jedoch gewichtige Nachteile hinsichtlich Mächtigkeit, Adäquatheit und Effizienz. In vielen Anwendungsbereichen sind das Wissen bzw. die Daten unsicher, unvollständig oder zeitabhängig, was in der Prädikatenlogik erster Ordnung schlecht oder gar nicht dargestellt werden kann. Für große Wissensbasen benötigt man adäquate, im Prädikatenkalkül erster Ordnung nicht vorhandene Strukturierungsmittel wie Hierarchien oder Kontexte. Die Effizienz läßt sich oft durch Hinzufügen von anwendungsabhängigem Kontrollwissen wesentlich verbessern, wofür die Klauselrepräsentation des Resolutionskalküls jedoch schlecht geeignet ist. Auch die Unfähigkeit des Prädikatenkalküls erster Ordnung, mit inkonsistenten Aussagen sinnvoll umzugehen, kann nachteilig sein, wie Minsky [75, Appendix] argumentiert. Statt inkonsistente Aussagen zu verbieten, bräuchte man nur zu gewährleisten, daß sie nicht in demselben Kontext benutzt werden.

3.3 PROLOG

Ein weniger mächtiger, aber effizienter interpretierbarer Kalkül als der Resolutionskalkül ist der *Hornklauselkalkül*, auf dem die Programmiersprache PROLOG [Clocksin 81] basiert. Eine Hornklausel ist eine Klausel mit genau einem nicht-negierten Literal, z.B. (¬A ∨ ¬B ∨ ¬C ∨ X). Diese kann man logisch äquivalent umformen und schreibt sie als „Regel" mit einem Implikationspfeil: (A ∧ B ∧ C → X). In PROLOG-Notation dreht man den Implikationspfeil um und ersetzt ∧ durch Komma: (X ← A, B, C). Die wichtigste Beschränkung von Hornklauseln im Vergleich zum Resolutionskalkül ist, daß Disjunktionen der Art (X ∨ Y ← A) (äquivalent zu (¬A ∨ X ∨ Y)) nicht repräsentiert werden können. Die Anwendung des Resolutionsverfahrens in PROLOG ist einfach, da zur Herleitung eines Literals nur eine Hornklausel gefunden werden muß, in der das Literal auf der linken Seite steht, und dann die Literale der rechten Seite hergeleitet werden müssen (z.B. müssen für die Herleitung von X die Literale A, B, C hergeleitet werden). Der Abarbeitungsmechanismus entspricht der Rückwärtsverkettung von Regeln und wird in Kapitel 4.2 ausführlich beschrieben. Die Hauptarbeit des PROLOG-Interpretierers ist die Unifikation, d.h. Substitutionen zu finden, die zwei Literale mit Variablen gleichmachen. Falls es mehrere Hornklauseln gibt, deren linke Seiten mit dem aktuellen Ziel unifiziert werden können, probiert PROLOG nacheinander alle Substitutionen aus und kann so alle Lösungen zu einem Problem finden und Sackgassen durch Backtracking überwinden (außer wenn es in eine Endlosschleife läuft, s.u.). Eine Sackgasse entsteht z.B., wenn eine Substitution mit notwendigen, nachfolgenden Substitutionen inkompatibel ist.

Der PROLOG-Interpretierer versucht, das Zielliteral mit der linken Seite von Horn-klauseln in der Reihenfolge zu unifizieren, wie die Hornklauseln im PROLOG-Programm notiert sind. Das Kontrollwissen von PROLOG ist also in der Programm-sequenz codiert. Deswegen ist es notwendig, bei einer Fallunterscheidung die einfachen Fälle vor den komplizierteren zu notieren. Das veranschaulicht folgendes Beispiel in PROLOG-Notation, das die Regel „ein Ahne ist entweder ein Elternteil oder ein Ahne eines Elternteils" darstellt:

ahne (A, N) ← elternteil (A, N).
ahne (A, N) ← elternteil (A, X), ahne (X, N).

Würde man die Reihenfolge der beiden Klauseln für „ahne" oder die beiden Literale der zweiten Klausel vertauschen, so würde PROLOG je nach Faktenbasis in eine Endlosschleife laufen.

Die Bedeutung der Reihenfolge von Klauseln und Literalen, Kontrollbefehle wie „cut" und viele andere nichtlogische Elemente von PROLOG lassen den Anspruch „**PRO**grammieren in **LOG**ik" zweifelhaft erscheinen. Auch die Kritik an der Prädikatenlogik erster Ordnung am Ende von Kapitel 3.2 bezüglich Mächtigkeit, Adäquatheit und Effizienz läßt sich weitgehend auf PROLOG übertragen. Während PROLOG als universelle Programmiersprache ähnlich wie andere universelle Programmiersprachen für größere Expertensystementwicklungen ein zu niedriges Abstraktionsniveau besitzt, ist es als Regelsprache für kleinere Expertensystem-entwicklungen sehr populär geworden, da es einen Regelinterpretierer mit Rückwärts-verkettung und Unifikation (s. Kapitel 4) zur Verfügung stellt (s. z.B. [Walker 87]).

3.4 Zusammenfassung

Die Formalisierung des intuitiven Schlußfolgerungsbegriffs ist der Gegenstand der Logik. Dazu wurden viele Kalküle entwickelt, die aus Axiomen mit Ableitungsregeln Theoreme herleiten oder beweisen. Interessante Eigenschaften von Kalkülen sind Korrektheit, Mächtigkeit, Vollständigkeit, Entscheidbarkeit, Adäquatheit für den zu modellierenden Problembereich, Effizienz und lokale Konfluenz, sowie der Konsi-stenzbegriff. Am besten untersucht und Bezugspunkt für viele andere Kalküle bzw. Wissensrepräsentationen ist die Prädikatenlogik erster Ordnung, die korrekt, vollstän-dig und lokal konfluent, jedoch nicht entscheidbar ist. Ausführliche Darstellungen fin-den sich z.B. in [Schöning 87] und in zahlreichen einführenden Büchern über Künstliche Intelligenz. Die Schwächen der Prädikatenlogik erster Ordnung für viele Anwendungsbereiche sind ihre mangelnde Mächtigkeit, Adäquatheit und Effizienz, die durch explizite Repräsentation von Kontrollwissen, von Wissensstrukturierungen und von unsicherem, unvollständigem und zeitabhängigem Wissen verbessert werden kann. Dabei hängt die optimale Mischung dieser Eigenschaften, die auch gezielte Einschränkungen der Mächtigkeit zur Effizienzverbesserung mitumfaßt, von den jeweiligen Anforderungen des Problembereiches ab.

4. Regeln

Eine Regel besteht aus einer *Vorbedingung* und einer *Aktion*. Die Vorbedingung beschreibt eine Situation, in der die Aktion ausgeführt werden soll. Es gibt zwei Typen von Aktionen:

- *Implikationen* oder *Deduktionen*, mit denen der Wahrheitsgehalt einer Feststellung hergeleitet wird (Regel (1) in Abb. 4.1) und
- *Handlungen*, mit denen ein Zustand verändert wird (Regel (2) in Abb. 4.1).

```
(1) wenn  1. Nackensteife und
          2. hohes Fieber und
          3. Bewußtseinstrübung zusammentreffen,
     dann besteht Verdacht auf Meningitis.

(2) Absetzen (Klotz1, Klotz2) :
    wenn  1. frei (Klotz1) und
          2. im_Greifarm (Klotz 2),
    dann  1. auf (Klotz2, Klotz1)
          2. frei (Klotz2)
          3. im_Greifarm ().
```

Abb. 4.1   Beispiel für Regeln mit Implikationen (1) und Handlungen (2)

Da Experten ihr Wissen oft in Form von Regeln formulieren, sind Regeln die verbreitetste Wissensrepräsentation in Expertensystemen. Die Aufteilung des Wissens in möglichst viele kleine eigenständige „Wissensstücke" macht eine Wissensbasis modular und damit leicht veränderbar. Besonders attraktiv ist die Anpassungsfähigkeit des Grundformalismus an anwendungsspezifische Kompromisse zwischen Mächtigkeit und Effizienz. So ist es z.B. relativ einfach, den Regelformalismus zur Darstellung von unsicherem oder unvollständigem Wissen um Unsicherheitsangaben oder Ausnahmen zu erweitern oder seine Ausdrucksstärke an spezielle Anforderungen des Problembereichs anzupassen. Letzteres erreicht man durch Bereitstellen vordefinierter Prädikate und Aktionen, z.B. (*vor* A B), (*am_gleichen_Ort* C D), mit denen man weitgehend oder vollständig vermeiden kann, freie programmiersprachliche Ausdrücke zu benutzen. Ein wichtiger Unterschied besteht zwischen Regelsystemen mit Implikationen und solchen mit Handlungen, da letztere im allgemeinen nicht kommutativ sind[1]. Trotz aller Variationen des Grundformalismus lassen sich einige

---

[1]   Wenn bei einem kommutativen Regelsystem mehrere Regeln anwendbar sind, und eine davon ausgeführt wird, bleiben die anderen Regeln weiterhin anwendbar und man erreicht durch Ausführung einer anderen Regel (bzw. einer anderen Instanz derselben Regel) dieselbe Situation, wie wenn man die

allgemeine Aussagen über regelbasierte Systeme machen.

Ein regelbasiertes System besteht aus einer Datenbasis, die die gültigen Fakten enthält, den Regeln zur Herleitung neuer Fakten und dem Regelinterpretierer zur Steuerung des Herleitungsprozesses. Für die Abarbeitung der Regeln gibt es zwei prinzipielle Alternativen:

- *Vorwärtsverkettung* (Forward-Reasoning): Ausgehend von einer vorhandenen Datenbasis wird aus den Regeln, deren Vorbedingung durch die Datenbasis erfüllt ist, eine ausgesucht, ihr Aktionsteil ausgeführt (d.h. die Regel „feuert") und damit die Datenbasis geändert. Dieser Prozeß wird solange wiederholt, bis keine Regel mehr anwendbar ist.
- *Rückwärtsverkettung* (Backward-Reasoning): Ausgehend von einem Ziel werden nur die Regeln überprüft, deren Aktionsteil das Ziel enthält. Falls Parameter der Vorbedingung unbekannt sind, werden sie mit anderen Regeln hergeleitet oder vom Benutzer erfragt.

In den folgenden Unterkapiteln beschreiben wir die beiden Abarbeitungsstrategien eines Regelinterpretierers, verschieden mächtige Aussagetypen in der Vorbedingung von Regeln und Mechanismen zur Strukturierung von Regelmengen und einzelnen Regeln. Strukturierungsmöglichkeiten der Datenbasis werden in Kapitel 5 behandelt. Für dieses Kapitel reicht es, sich die Datenbasis als eine ungeordnete Menge von Fakten vorzustellen.

4.1 Vorwärtsverkettung

Bei der Vorwärtsverkettung leitet der Regelinterpretierer alle Schlußfolgerungen her, die aus der Datenbasis herleitbar sind, außer wenn ein spezielles Terminierungskriterium erfüllt ist (s. Abb. 4.2). Das Selektionsverfahren in Schritt (4) von Abb. 4.2 wird meist in zwei Phasen vorgenommen:

- Vorauswahl: Bestimmung der Menge aller ausführbaren Regeln, die auch als Konfliktmenge bezeichnet wird.
- Auswahl: Auswahl einer Regel aus der Konfliktmenge mittels einer Konfliktlösungsstrategie.

Während bei kommutativen bzw. lokal konfluenten Systemen die Konfliktlösungsstrategie nur die Ausführung überflüssiger Regeln vermeiden soll, ist sie bei nichtkonfluenten Systemen wichtiger, da verschiedene Auswahlstrategien verschiedene Ergebnisse produzieren können. Die wichtigsten Konfliktlösungsstrategien, die natürlich auch kombiniert werden können, sind:

---

beiden Regeln in umgekehrter Reihenfoge ausgeführt hätte. Da bei Implikationen nur neue Aussagen zu den bestehenden hinzugefügt werden, gilt die Kommutativität. Bei Regelsystemen mit Handlungen kann diese Eigenschaft verletzt sein, da die Ausführung von Regeln ursprünglich gültige Aussagen ungültig machen kann: wenn es z.B. in Regel (2) von Abb. 4.1 mehrere Klötzchen gibt, auf die der Roboter seinen in der Greifhand befindlichen Klotz stellen kann, d.h. mehrere Regeln anwendbar sind, dann sind sie nach Abstellen des Klötzchen offensichtlich nicht mehr anwendbar. Dadurch geht im allgemeinen auch die lokale Konfluenz verloren.

- Auswahl nach Reihenfolge, z.B.:
  - Die erste anwendbare Regel feuert (Trivialstrategie).
  - Die aktuellste Regel feuert, d.h. die Regel, deren Vorbedingung sich auf möglichst neue Einträge in der Datenbasis bezieht.
- Auswahl nach syntaktischer Struktur der Regel, z.B.:
  - Spezifischere Regeln werden bevorzugt. Eine Regel R1 ist spezifischer als R2, wenn die Vorbedingung von R1, z.B. (A & B & C), von der von R2, z.B. (A & C), subsumiert wird.
  - Die syntaktisch größte Regel feuert, z.B. die Regel mit den meisten Aussagen.
- Auswahl mittels Zusatzwissen, z.B.:
  - Die Regel mit der höchsten Priorität feuert. Dazu muß jeder Regel eine Priorität, die z.B. als Zahl repräsentiert sein kann, zugeordnet werden.
  - Zusätzliche Regeln, die sog. Meta-Regeln, steuern den Auswahlprozeß.

Komponenten des Regelinterpretierers: 1. Datenbasis
                                       2. Regeln

(1) DATEN ← Ausgangsdatenbasis,
(2) *until* DATEN erfüllt Terminierungskriterium *or* keine Regel anwendbar *do*
(3) *begin*
(4)   wähle eine anwendbare Regel R, deren Bedingungsteil durch DATEN erfüllt ist,
(5)   DATEN ← Ergebnis der Anwendung des Aktionsteils von R auf DATEN,
(6) *end*.

Abb. 4.2   Vorwärtsverketteter Regelinterpretierer (nach [Nilsson 82,S. 21])

Eine einfache Implementierung eines vorwärtsverketteten Regelinterpretierers besteht darin, daß man der Reihe nach die Vorbedingungen aller Regeln überprüft, die anwendbaren Regeln nach den von der Konfliktlösungsstrategie vorgegebenen Kriterien sortiert und den Aktionsteil des Spitzenreiters der sortierten Liste (Agenda) ausführt. Danach löscht man die Agenda und beginnt von neuem.

Eine erste Verbesserung dieses „brute-force"-Algorithmus ist die Ausnutzung von Ähnlichkeiten zwischen den Vorbedingungen verschiedener Regeln. So können Regeln mit gemeinsamen Aussagen auch gemeinsam ausgeschlossen werden, wenn eine solche Aussage nicht zutrifft. Dazu werden die Regeln in Pfade eines Netzwerkes abgebildet, wobei ein Pfad aus der Sequenz der einzelnen Aussagen der Regelvorbedingung und der Regelnummer besteht. Da eine Aussage nur einmal im Netzwerk dargestellt wird, kreuzen sich die verschiedenen Pfade vielfältig, was den Effizienzgewinn bewirkt. Solche Transformationen nennt man auch "Regelkompilierung".

Eine zweite Verbesserung basiert auf der Überlegung, daß eine Neuberechnung der Agenda weit aufwendiger ist als ihre Modifikation aufgrund von Änderungen. Von einem Zyklus zum nächsten ändert sich die Datenbasis nur durch die Ausführung der Aktion der ausgewählten Regel, die einzelne Daten hinzufügen oder löschen kann. Deswegen braucht man nur zu überprüfen, ob die gelöschten Daten die Anwendbarkeit einer Regel der alten Agenda zerstören[2] und ob die hinzugefügten Daten

---

2   Bei Regelsystemen mit Implikationen kann dieser Test wegfallen, da keine Daten aus der Datenbasis gelöscht werden.

neue Regeln anwendbar machen. Letzteres wird überprüft, indem man mit den neuen
Daten als Ausgangspunkt das Regelnetzwerk durchläuft.

Diese beiden Verbesserungsideen sind im RETE-Algorithmus realisiert, der in dem
vorwärtsverketteten Regelinterpretierer OPS5 [Forgy 81, Brownston 85] implementiert ist. Als Konfliktlösungsstrategien gibt es in OPS5 Aktualität und Spezifität.

Eine andere Verbesserung des „brute-force"-Algorithmus ist die Indexierung aller
Regeln, indem von jedem in einer Regel vorkommenden Parameter ein Verweis auf
die entsprechende Regel erzeugt wird. Wenn ein Parameter einen neuen Wert annimmt
oder seinen Wert ändert, können aufgrund der Verweise die betroffenen Regeln
effizient gefunden und überprüft werden. Ein Beispiel für eine vollständige
Regelindexierung ist der Regelinterpretierer von MED2 [Puppe 87, Kapitel 4.4].

4.2   Rückwärtsverkettung

Während man mit der Vorwärtsverkettung nur Schlußfolgerungen aus einer vorgegebenen Datenbasis ziehen kann, eignet sich ein rückwärtsverketteter Regelinterpretierer auch zum gezielten Erfragen noch unbekannter Fakten. Eine schematische
Darstellung seines rekursiven Aufbaus zeigt Abb. 4.3.

Ein rückwärtsverketteter Regelinterpretierer startet mit einem vorgegebenen Ziel
(in. Abb. 4.3: BESTIMME (ZIEL), z.B. ist im Auto der Luftfilter verstopft?). Wenn
das Ziel nicht in der Datenbasis bekannt ist, entscheidet der Regelinterpretierer zunächst, ob es abgeleitet werden kann oder erfragt werden muß. Dafür gibt es zu den
Konfliktlösungsstrategien des vorwärtsverketteten Regelinterpretierers analoge Vor-
schriften, z.B. erst fragen dann ableiten, erst ableiten dann fragen oder Mischformen
mit weiteren Entscheidungskriterien. Im Falle der Ableitung werden alle Regeln
abgearbeitet, in deren Aktionsteil das Ziel enthalten ist (z.B. eine Regel: wenn die
Auspuffrohrfarbe abnormal ist, dann könnte der Luftfilter verstopft sein). Diese lassen
sich durch eine Indexierung der Regeln gemäß ihrer Aktionsteile effizient bestimmen.
Wenn bei der Überprüfung der Aussagen einer Regel (in Abb. 4.3: PRÜFE_REGEL
(REGEL)) ein Parameter unbekannt ist, wird ein Unterziel zur Bestimmung dieses
Parameters generiert und die Prozedur BESTIMME (ZIEL) rekursiv zur Herleitung
des Unterziels angewendet (z.B.: Ist die Auspuffrohrfarbe abnormal?). Das Ender-
gebnis ist die Bestimmung eines Wertes für das vorgegebene Ziel und für alle
Unterziele, die Evaluation der relevanten Regeln und das Stellen der notwendigen Fragen. Die Rückwärtsverkettung enthält also implizit eine Dialogsteuerung, wobei die
Reihenfolge der gestellten Fragen von der Reihenfolge der Regeln zur Herleitung
eines Parameters und von der Reihenfolge der Aussagen in der Vorbedingung einer
Regel abhängt. Diese Abhängigkeit von der Reihenfolge vermindert jedoch die Modularität des Regelsystems erheblich. Die Effizienz eines rückwärtsverketteten Rege-
interpretierers wird durch die Formulierung des Ziels bestimmt: Je präziser das Ziel,
desto kleiner der Suchbaum von zu überprüfenden Regeln und zu stellenden Fragen
(z.B. in der Medizin: Wie heißt die Krankheit? versus: Heißt die Krankheit X?).
Bekannte Beispiele für rückwärtsverkettete Regelinterpretierer sind EMYCIN [van
Melle 81] und PROLOG (s. Kapitel 3.3).

Prozedur BESTIMME (ZIEL)

(1) *If* (ZIEL abgeleitet werden kann),
(2) *then* (Setze REGELLISTE = Liste aller Regeln, deren Aktionsteil ZIEL erfüllt),
(3)   *until* (REGELLISTE = leer) *or* (ZIEL hergeleitet) *do*
              PRÜFE_REGEL (erste bzw. nächste Regel aus REGELLISTE) und lösche
              diese Regel aus der REGELLISTE,
(4) *else* (frage ZIEL).

Prozedur PRÜFE_REGEL (REGEL)

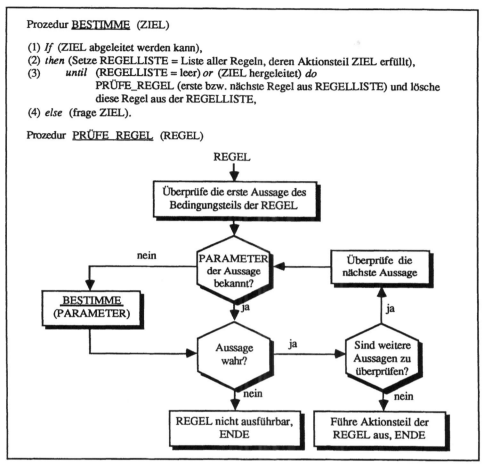

Abb. 4.3   Rückwärtsverketteter Regelinterpretierer (nach [Buchanan 84, S. 106])

4.3 Komplexität der Vorbedingung

Ähnlich wie beim Unterschied zwischen Aussagen- und Prädikatenlogik gibt es auch
in Regelsystemen verschieden mächtige Formalismen zur Beschreibung der Vorbedingungen von Regeln. Deswegen ist es nicht ausreichend, die Größe von Expertensystemen mit der Anzahl der Regeln anzugeben. Im Idealfall sollte jede relevante Situation bzw. Klasse von zusammengehörigen Situationen des Anwendungsgebietes durch
genau eine Regel abgedeckt werden, was jedoch nur möglich ist, wenn der Regelformalismus genügend mächtig ist. Die Beschreibung einer Situation durch verschiedene Regeln würde die Modularität der Wissensbasis beeinträchtigen, da diese Regeln
nur als Gruppe sinnvoll sind. Andererseits bedingt mehr Ausdrucksstärke des Regel-

formalismus einen komplexeren und oft ineffizienteren Regelinterpretierer, weswegen man prüfen muß, welche Komplexität im Anwendungsgebiet benötigt wird.

Die einfachste Form der Auswertung von Vorbedingungen ist das direkte *Nachschauen in der Datenbasis.* So braucht z.B. bei der Abfrage „Ist die Schmerzverstärkung atemsynchron?" nur überprüft zu werden, ob unter dem Objekt „Schmerzverstärkung" der Wert „atemsynchron" abgespeichert ist. Mit den logischen Verknüpfungen „und", „oder" und „Negation" können so schon sehr viele Situationen beschrieben werden. Bei numerischen oder zeitliche Zusammenhängen genügt das einfache Nachschauen nicht mehr, da zusätzlich noch gerechnet werden muß, wie z.B. bei der Abfrage „Ist vor den Brustschmerzen Luftnot aufgetreten?". Außer der Bereitstellung der grundlegenden arithmetischen Prädikate wie „größer", „kleiner", „von...bis" usw. kann es für spezielle Anwendungen sehr nützlich sein, über komplexere Prädikate, z.B. zur Erkennung von typischen Zeitverläufen, zu verfügen.

Um eine Roboter-Regel der Art „Greife den größten Bauklotz auf dem Tisch" zu beschreiben, braucht man zur eleganten Ausdrucksweise Regeln mit Variablen, die in der Vorbedingung instantiiert und in der Aktion benutzt werden. Während die allgemeine Form des Vergleichs zweier Ausdrücke mit Variablen, die *Unifikation,* selten in Expertensystemen gebraucht wird, ist der Spezialfall, daß Variablen in Regeln durch Konstanten aus der Datenbasis instantiiert werden müssen, das *Pattern Matching,* relativ häufig (s. Abb. 4.4).

	(Bauklotz	^ Größe	X
		^ Platz	Tisch)
−	(Bauklotz	^ Größe	{> X}
		^ Platz	Tisch)
→	(Modify 1	^ Platz	Greifarm)

Abb. 4.4   Beispiel für Pattern Matching in OPS5: „Greife den größten Bauklotz auf dem Tisch". Die Größe des Bauklotzes wird mit der Variable X bezeichnet (^Größe X), mit der Zusatzbedingung (zweite Aussage), daß kein Klotz auf dem Tisch (^Platz Tisch) größer ist. Die Aktion (dritte Aussage) besagt, daß der Platz des in der ersten Aussage der Vorbedingung instantiierten Bauklotzes verändert werden soll (^Platz Greifarm).

Aussagetyp	Art der Auswertung	Beispiel
Erfassung	Nachschauen in der Datenbasis	Ist Bauklotz_1 rot?
zunehmend	Nachschauen in der Datenbasis und Rechnen	Ist Bauklotz_1 größer als Bauklotz_2?
komplizierterer	Pattern Matching (und Rechnen)	Welcher Bauklotz ist der größte rote Bauklotz auf dem Tisch?
Zusammenhänge	Unifikation	$f(g(x), a) ?= f(g(a), x)$

Abb. 4.5   Verschieden mächtige Aussagetypen und Regeln. Bei dem Beispiel für die Unifikation haben wir ein Element der Datenbasis (d.h. der rechten Seite der Gleichungen) mitangeben, da es im Unterschied zu den übrigen Aussagentypen nicht nur Objektinstanzen, sondern auch Variablen enthält.

Abb. 4.5 faßt die Komplexitätstypen von Regelsystemen zusammen. Für die meisten regelbasierten Expertensysteme reichen Nachschauen in der Datenbasis und Rechnen oder Pattern Matching aus.

4.4 Strukturierung

Ähnlich wie große Programme sollten auch große Regelmengen mit Modulen strukturiert werden. Dazu können zusammengehörige Regeln zu gezielt aktivierbaren Paketen zusammengefaßt werden. Die Aufteilung in Pakete kann auch die Effizienz steigern, wenn es Kriterien für die Aktivierung der Pakete gibt. Beispiele für Regelpakete finden sich in Diagnostiksystemen, in denen man die Regeln nach den Hypothesen aufteilen kann, die sie überprüfen. In Konstruktionssystemen wie bei R1 (XCON) werden verschiedenen Zuständen verschiedene Regelmengen zugeordnet und nur die Regeln des gerade aktuellen Zustandes untersucht. In R1 heißen die Zustände „Kontexte" und sind immer als erste Regelprämisse angegeben. Sie bewirken im RETE-Algorithmus bei der Regelkompilierung implizit die Aufteilung der Regeln. Eine explizite Repräsentation solcher problemspezifischer Strukturen wird in Kapitel 10 „Diagnostik" und Kapitel 11 „Konstruktion" diskutiert.

Eine andere Form der Strukturierung ist die syntaktische Unterscheidung zwischen verschiedenen Typen von Regeln und zwischen verschiedenen Typen von Aussagen in der Vorbedingung einer Regel. Zur Illustration analysieren wir eine MYCIN-Regel, von der wir zunächst die sytaktische Form, dann den zugrundeliegenden kausalen Zusammenhang und schließlich eine strukturierte Darstellung der Regel angeben (nach [Clancey 83, S. 236]). Die syntaktische Form der Regel lautet:

Wenn   1. der Typ der Infektion Meningitis ist,
           2. keine Labordaten verfügbar sind,
           3. der Typ der Meningitis bakteroid ist,
           4. der Patient älter als 17 Jahre ist und
           5. der Patient Alkoholiker ist,
dann   gibt es Evidenz für E. Coli (0.2) und Dipplococcus (0.3).

Die Ursache für den von der „alkoholischen Regel" beschriebenen Zusammenhang ist folgender: Alkoholiker können leichter durch E. Coli und Dipplococcus infiziert werden, da ihre Immunabwehr geschwächt ist, weswegen die Bakterien, die sowieso in der Darmflora des Menschen vorkommen, Meningitis verursachen können.

Ein Vergleich von kausaler Begründung und syntaktischer Form zeigt, daß die einzelnen Vorbedingungen der Regel eine sehr unterschiedliche Bedeutung haben. Während die ersten drei Aussagen den Kontext herstellen, in dem die Regel angewandt werden soll, beschreibt die vierte Aussage eine Vorbedingung, um nach der fünften, eigentlich wesentlichen Aussage zu fragen. Die vierte Vorbedingung ist notwendig, da MYCIN eine rückwärtsverkettete Kontrollstrategie hat: bevor das System fragt, ob der Patient Alkoholiker ist, soll es sich vergewissern, daß er älter als 17 Jahre ist. In dieser Regel werden also drei Arten von Vorbedingungen gemischt:

- Kontextwissen über die Anwendbarkeit der Regel,
- Inferenzwissen und
- Dialogwissen über Zusammenhänge zwischen den einzelnen Fragen.

Eine strukturierte Darstellung der Regel unter Berücksichtigung von zwei Regeltypen wäre:

1. *Inferenzregel:* Wenn der Patient Alkoholiker ist, dann gibt es Evidenz für E. Coli (0.2) und Dipplococcus (0.3).
   Kontext: Vorbedingung 1-3 der alten Regel
2. *Dialogregel:* Wenn der Patient jünger als 18 Jahre ist, dann frage nicht, ob er ein Alkoholiker ist.

Die Trennung der Vorbedingungen in normale und Kontextbedingungen kann auch zur Effizienzsteigerung des Regelinterpretierers ausgenutzt werden, da Regeln, deren Kontext nicht erfüllt ist, ignoriert werden können. Eine weitere Unterscheidung zwischen negierten Aussagen in der Vorbedingung und Ausnahmen diskutieren wir in Kapitel 8 „Nicht-Monotones Schließen". Abb. 4.6 zeigt eine strukturierte Regel.

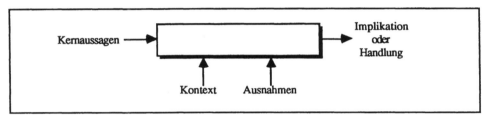

Abb. 4.6   Darstellung einer strukturierten Regel

4.5 Zusammenfassung

Regelsysteme wurden von Post [43] im Zusammeenhang formaler Sprachen als allgemeiner Berechnungsmechanismus eingeführt. Ihre Hauptvorteile sind ihre Modularität und die Anpassungsfähigkeit des Regelformalismus an konkrete Anforderungen und ihr Hauptnachteil der schwer verständliche Kontrollfluß. Zunächst wurden sie in der Künstlichen Intelligenz zur kognitiven Modellierung eingesetzt [Newell 72].

Bei Expertensystemen wurden sie vor allem mit MYCIN [Shortliffe 76] an der Stanford University und dessen Folgeprojekten [Buchanan 84], sowie R1 (XCON) [Barker 89] sehr populär. Mächtige Regelsysteme sind OPS5 [Brownston 85] mit vorwärtsverkettetem und PROLOG [Clocksin 81] mit rückwärtsverkettetem Regelinterpretierer. Einen guten Überblick über Regelsysteme gibt [Davis 77]. Wegen der Unübersichtlichkeit großer Regelmengen („Regelspaghetti") sollten Regeln durch Typisierung, durch Kontexte und vor allem durch Zuordnung zu Objekten (s. Kapitel 5) strukturiert werden.

5. Objekte/Frames

In einfachen Regelsystemen steckt das eigentliche „Wissen" ausschließlich in den Regeln, während die Datenbasis eine unstrukturierte und passive Menge von Fakten ist. Gegenstand dieses Kapitels sind Formalismen, mit denen eine Menge von Fakten besser strukturiert, ökonomisch abgespeichert und mit „Basiswissen" über ihre Verwendung ausgestattet werden kann. Eine erste Strukturierung erreicht man durch die Zusammenfassung aller Aussagen über ein Objekt in einer Datenstruktur wie z.B. Records in PASCAL, Propertylisten in LISP oder Relationen einer Datenbank (s. Abb. 5.1).

Objekt	Eigenschaften	Werte
Elefant:	ist_ein:	Säugetier
	Farbe:	grau
	hat:	Rüssel
	Größe:	groß
	Lebensraum:	Boden

Abb. 5.1 Strukturierte Darstellung von Fakten durch Zusammenfassung aller Eigenschaften eines Objektes in einer Datenstruktur.

Die Kernideen objektorientierter (framebasierter) Wissensrepräsentationen sind Vererbungshierarchien, zugeordnete Prozeduren und Erwartungswerte, die wir im folgenden kurz erläutern.

Vererbungshierarchien dienen zur ökonomischen Datenhaltung. Statt bei jedem Objekt alle seine Eigenschaften abzuspeichern, strukturiert man die Objekte in einer Hierarchie und speichert nur individuelle Eigenschaften beim Objekt selbst ab, während allgemeine Eigenschaften den Vorgängern des Objektes in der Hierarchie zugeordnet und an alle Nachfolger „vererbt" werden. Bei der Abfrage von Eigenschaften eines Objektes wird der Wert zunächst in dem Objekt selbst gesucht, dann in seinem Vorgänger in der Hierarchie usw. Zur Flexibilitätssteigerung werden in objektorientierten Systemen häufig *Vererbungsheterarchien* verwendet, bei denen ein Objekt die Eigenschaften mehrerer Vorgänger erbt, und in denen die selektive Unterdrückung der Vererbung einzelner Eigenschaften möglich ist.

Zugeordnete Prozeduren sind kleine Programme, die einer Eigenschaft eines Objektes zugeordnet sind und bei einem Lese- oder Schreibzugriff auf dessen Wert ausgeführt werden. Auch sie können zur ökonomischen Datenhaltung verwendet werden, indem eine zugeordnete Prozedur aus vorhandenen Parametern neue berechnet (z.B. Alter aus Geburtsdatum). Außerdem können mit zugeordneten Prozeduren

Werteänderungen überwacht werden, indem z.B. bei jedem Schreibzugriff der neue Wert auf dem Bildschirm angezeigt wird. Solche überwachten Werte heißen „active values". Ähnlich wie Werte können natürlich auch zugeordnete Prozeduren in der Objekthierarchie vererbt werden. Eine Verallgemeinerung zugeordneter Prozeduren ist ihre Aktivierung unabhängig von einer Werteänderung (s. Kapitel 5.2 „Methoden").

Erwartungswerte (Defaultwerte) sind Vorbelegungen von Werten, die meistens, aber nicht immer stimmen und daher durch konkrete Informationen überschrieben werden können, wie in folgendem Beispiel: Vögel können fliegen (Vogel Flugfähigkeit ja), Pinguine sind Vögel (Pinguin ist_ein Vogel), aber können nicht fliegen (Pinguin Flugfähigkeit nein). Der Umgang mit Erwartungswerten erfordert jedoch die Fähigkeit, Schlußfolgerungen mit allen Konsequenzen zurückziehen zu können, was nur sehr aufwendig zu realisieren ist (s. Kapitel 8).

Im folgenden illustrieren wir die Basiskonzepte anhand des Beispielsystems FRL, reflektieren die Bedeutung des Übergangs von passiven Daten zu aktiven Objekten, betrachten das Frame-Konzept aus der Sicht der kognitiven Psychologie und skizzieren die automatische Klassifikation unbekannter Objekte gemäß ihrer Eigenschaften in der KL-ONE-Sprachenfamilie. In Kapitel 5.5 deuten wir an, daß Verallgemeinerungen der Frame-Ideen erfahrungsbasierte Problemlösungsstrategien für Diagnostik, Konstruktion und Simulation beinhalten.

5.1 Beispielsystem: FRL

Eine einfache Sprache, die sich gut zur Illustration der Basiskonzepte eignet, ist FRL (Frame Representation Language, [Roberts 77]). Sie erweitert den Sprachumfang von LISP durch eine Menge von Funktionen, mit denen man strukturierte Objekte definieren, ausfüllen und ändern, sowie Einträge abfragen kann. In FRL werden die Objekte „Frames" und ihre Eigenschaften „Slots" genannt. Um z.B. zwischen dem Erwartungswert und dem tatsächlichen Wert eines Slots unterscheiden zu können, besitzt ein Slot verschiedene „Facetten", die jeweils einen „Wert" haben können. Die Aussage „die Farbe von Clyde ist grau" würde in FRL wie folgt repräsentiert werden: *Frame* Clyde, *Slot* Farbe, *Facette* $value, *Wert* grau. Insgesamt kann ein Slot durch sechs Facetten beschrieben werden:

$value :	tatsächlicher Wert des Slots,
$require:	Wertebereich (zugelassene Werte für $value),
$default:	Erwartungswert (gilt, wenn kein Wert für $value ermittelt werden kann),
$if-added:	zugeordnete Prozedur in LISP-Code, die ausgeführt wird, wenn ein Wert unter $value eingetragen wird,
$if-removed:	zugeordnete Prozedur in LISP-Code, die ausgeführt wird, wenn ein Wert unter $value gelöscht wird,
$if-needed:	zugeordnete Prozedur in LISP-Code, die angibt, wie der Wert unter $value ermittelt werden soll.

Für den Aufbau von Vererbungshierarchien gibt es in FRL einen besonderen, vordefinierten Slot für jeden Frame, der „AKO" (a kind of) heißt. Wenn man z.B.

ausdrücken will, daß Clyde alle Eigenschaften eines Elefanten erben soll, würde man schreiben: *Frame* Clyde, *Slot* AKO, *Facette* $value, *Wert* Elefant. Ein anderes Beispiel für einen Frame in FRL zeigt Abb. 5.2.

Frame:	Expertensystem	
Slots:	AKO: $value Programm	
	Programmierumgebung:	LISP, PROLOG,...
	$require:	LISP
	$default:	„Referenzen nachlesen"
	$if-needed	

Frame:	MYCIN
Slots:	AKO: $value Expertensystem

Abb. 5.2 Beispiel für einen Frame in FRL, das die Funktionsweise von Vererbungshierarchien und Erwartungswerten illustriert. Frage: „In welcher Programmierumgebung wurde MYCIN implementiert?" Antwort: „Vermutlich LISP! Da im Frame „MYCIN" unter dem Slot „Programmierumgebung" unter den Facetten „$value" und „$default" kein Eintrag steht, wird vom Vorgänger (AKO) „Expertensystem" der Erwartungswert „LISP" übernommen."

Andere Frame-Sprachen enthalten andere Facetten, z.B. für eine genauere Spezifizierung des Vererbungsmechanismus. Häufig wird auch zwischen generischen Objekten (Objektklassen) und Individuen, die Instanzen generischer Objekte sind, unterschieden. Daraus folgt eine Differenzierung des AKO-Slots von FRL in echte Instanzen (Individuum → generisches Konzept, z.B. Tweety ist ein Pinguin) und in Teilmengen (generisches Konzept → generisches Konzept, z.B. ein Pinguin ist ein Vogel).

5.2 Aktive Objekte

In FRL sind die Frames keine passiven Daten mehr, sondern aktive Objekte, die selbständig Berechnungen durchführen können. Damit wird eine im Vergleich zu konventionellen Datenbanken sehr ökonomische Datenhaltung ermöglicht, da nicht alle Daten explizit abgespeichert werden müssen, sondern oft durch Vererbungshierarchien und zugeordnete Prozeduren hergeleitet werden können. Auch die Konsistenzerhaltung der Datenbasis wird vereinfacht, da es weitgehend vermieden werden kann Daten redundant abzuspeichern. Wenn man den Gedanken einer Erweiterung der Datenbankfunktionalität fortsetzt, kann man auch einen einfachen vorwärts- oder rückwärtsverketteten Regelinterpretierer mit den zugeordneten Prozeduren simulieren, indem man z.B. in FRL die Regeln, die aus einem Datum etwas ableiten, unter $if-added und die Regeln, die zur Herleitung eines Datums dienen, unter $if-needed abspeichert. Bei vorgegebenen Daten würden dann durch die Ausführung der $if-added-Facette weitere Daten hergeleitet und bei vorgegebenem Ziel dieses durch die Ausführung der $if-needed-Facette bestimmt werden. Auf dieser Idee beruht z.B. die

Erweiterung der Datenbank INGRES [Stonebraker 86] um zwei zusätzliche
Operatoren, die die $if-added- und $if-needed-Facetten simulieren. Die Sichtweise,
Daten als aktive Objekte aufzufassen, ist in den unabhängig von FRL entwickelten
objektorientierten Programmiersprachen wie SMALLTALK [Goldberg 83] verallgemeinert worden, bei denen ein Programm aus einer Menge von Objekten besteht,
die sich Nachrichten zuschicken und durch Ausführen von *Methoden* beantworten.
Methoden unterscheiden sich von zugeordneten Prozeduren dadurch, daß sie nicht
durch Wertänderungen, sondern durch Nachrichten von anderen Objekten aktiviert
werden.

Objektorientierte Wissensrepräsentationen können auch als Graphen betrachtet
werden, wobei die Objekte den Knoten und ihre Beziehungen (Slots) den Kanten
entsprechen. Da die Kanten wegen ihrer unterschiedlichen Bedeutung benannt werden
müssen, heißen die Graphen auch *semantische Netze*. Wir betrachten hier in Übereinstimmung mit [Nilsson 82, Kapitel 9.2] semantische Netze nicht als eigenständige
Wissensrepräsentation, sondern nur als graphische Darstellung von objektorientierten
Repräsentationen, da ein Knoten mit seinen Kanten zu anderen Knoten intern als
Objekt mit Eigenschaften und Werten dargestellt wird.

Aus der Sicht des Benutzers eines Programms macht es keinen Unterschied, ob
Daten wie in einer Datenbank explizit abgespeichert oder implizit mit Prozeduren aus
anderen Daten herleitbar sind. Eine geeignete Abstraktionsebene zur Beschreibung
von Datenstrukturen sind *abstrakte Datentypen* [Aho 83], bei denen ein Datentyp rein
funktional durch seine Konstruktions-, Modifikations- und Zugriffsfunktionen
charakterisiert wird und offen bleibt, wie eine Funktion tatsächlich implementiert ist.

5.3 Kognitive Bedeutung von Frames

Die Idee aktiver Objekte hat auch eine kognitive Wurzel, die in dem klassischen
Frame-Papier von Minsky [75] hervorgehoben wurde. Wenn Menschen z.B. ein
Wohnzimmer betreten, an einem Kindergeburtstag teilnehmen oder andere stereotype
Situationen erleben – so postuliert Minsky – wird eine aus früheren Erfahrungen
entwickelte kognitive Datenstruktur aktiviert, die den Rahmen (Frame) für das
Verständnis der Situation bildet. Dabei repräsentieren die Slots des Frames relevante
Eigenschaften der Situation, wie z.B. die Anzahl und Lage der Fenster und der Möbel
in einem Wohnzimmer. Typische Ausprägungen werden als Erwartungswerte
angegeben, z.B. erwartet man in einem Wohnzimmer ein Sofa, zwei Sessel, einen
Couchtisch usw. Entsprechend gibt es beim Kindergeburtstag Erwartungswerte über
die Dekoration (Luftballons) und das Essen (Kuchen und Eis). Der für die Situation
ausgewählte Frame wird bestätigt, wenn den einzelnen Slots Werte zugewiesen
werden können und wenn insbesondere die Erwartungswerte zutreffen. Falls einzelne
Erwartungswerte nicht stimmen, wird nach „Entschuldigungen" gesucht, oder sie
werden als Abweichungen von der Norm zur Kenntnis genommen. Wenn jedoch
zuviele Unstimmigkeiten auftauchen, muß der Frame durch einen anderen, besser
passenden ersetzt werden. Ein Beispiel aus [Minsky 75] zeigt die Nützlichkeit des
Frame-Konzeptes für das Verstehen alltäglicher Geschichten: *Sanja war zu einem*
Kindergeburtstag eingeladen. Sie wollte Peter einen Drachen schenken. Ihre Mutter

sagte: „Peter hat schon einen Drachen. Er wird ihn zurückgeben. " Während das Personalpronomen „ihn" sich syntaktisch auf den alten Drachen bezieht, kann aus einer Framestruktur für Kindergeburtstage hergeleitet werden, daß nur Geschenke zurückgegeben werden und daher sich „ihn" auf den neuen Drachen beziehen muß.

Frames dienen bei Minsky (1) zum Wiedererkennen von stereotypen Objekten wie z.B. einem Wohnzimmer, (2) zum Handeln bei stereotypen Ereignissen wie bei einem Kindergeburtstag und (3) zur Beantwortung von Fragen über stereotype und konkrete Objekte. Nur der dritte Aspekt ist z.B. in FRL und den meisten Frame-Darstellungen berücksichtigt. Das Hauptproblem beim ersten Aspekt, dem Wiedererkennen von Objekten, sind Erwartungswerte. Da Erwartungswerte überschrieben werden können, ist es schwierig, sie zum Wiedererkennen von Objekten zu gebrauchen, wie Brachman [85a] in einem polemischen Artikel bemerkte: „Was ist groß, grau, hat einen Rüssel und lebt auf Bäumen? – Ein Elefant, die Bäume sind eine Abweichung bezüglich des Lebensraums typischer Elefanten (d.h ein überschriebener Erwartungswert)."

Eine radikale Konsequenz daraus ist, Erwartungswerte und Abweichungen bei der Objektdefinition zu verbieten, was die Grundidee der im nächsten Kapitel beschriebenen KL-ONE-Sprachen ist. Damit wird eine automatische Klassifikation möglich, d.h. ein nur durch seine Eigenschaften beschriebenes Objekt in eine bestehende, präzise definierte Objekthierarchie einzuordnen.

5.4 Automatische Klassifikation in KL-ONE-Sprachen

Die Kernidee der KL-ONE-Sprachen (KL-ONE, KRYPTON, KL-TWO, NIKL, BACK, MESON,...; eine Übersicht enthalten [Brachmann 85b] und [von Luck 91]) ist die strikte Trennung von Aussagen über ein Objekt (in KL-ONE „Konzept") in definierende und optionale Eigenschaften und die Unterscheidung zwischen generischen Konzepten in der T-Box (Terminological Box) und Instanzen in der A-Box (Assertion Box). Wir interessieren uns vorläufig nur für die definierenden Eigenschaften in der T-Box, die eine automatische Klassifikation ermöglichen. Dort kann der Benutzer nicht mehr wie in FRL einen Frame durch einen einfachen Eintrag in seinem AKO-Slot als Unterframe eines anderen Frames deklarieren, sondern muß die Eigenschaften (in KL-ONE „Rollen") präzisieren, bezüglich derer ein Konzept spezieller als seine Vorgänger ist.

Die generischen Konzepte sind in KL-ONE entweder primitiv oder mittels anderer Konzepte definiert und durch eine Anzahl von Rollen charakterisiert. Die Rollen, die ebenfalls primitiv oder definiert sein können, repräsentieren eine Abbildung zwischen zwei Konzepten und haben eine Wertebereichs- und Kardinalitätsangabe, die bei der Definition neuer Konzepte eingeschränkt werden kann. Die Kardinalitätsangabe von Rollen in KL-ONE-Sprachen ist ein neues Merkmal, das in FRL und auch in der Prädikatenlogik nicht explizit vorhanden ist.

Im folgenden geben wir die wichtigsten Sprachstrukturen an, die in allen Mitgliedern der KL-ONE-Sprachen enthalten sind (graphische Repräsentation, s. Abb. 5.3):

1. Definition von Konzepten:
   - Konjunktion (Conj-Generic): Ein Konzept ist die Vereinigung der Eigenschaften mehrerer Konzepte.
   Beispiel: Junggeselle = Konjunktion (ledige_Person Mann)

- Wert-Beschränkung (VR-Generic): Die Wertemenge einer Rolle ist im Vergleich zum übergeordneten Konzept eingeschränkt.
  Beispiel: Altstadt = Wert-Beschränkung (Stadtteil hat_Gebäude alte_Häuser)
     (Ein Stadtteil, in dem die Gebäude alte Häuser sind.)
- Zahlen-Beschränkung (NR-Generic): Die Kardinalität einer Rolle ist im Vergleich zum übergeordneten Konzept eingeschränkt.
  Beispiel: Kinderreiche_Familie = Zahl-Beschränkung (Familie hat_Kinder [3, ∞])
     (Eine Familie mit mindestens drei Kindern.)
- Spezialisierung (Prim-Generic): Spezialisierung ohne hinreichende Bedingung.
  Beispiel: Mann = Spezialisierung (Person)
     (Ein Mann ist eine Person, aber es wird nicht spezifiziert, welche zusätzlichen Eigenschaften Männer im Vergleich zu Personen haben.)

2. Definition von Rollen:
- Wertdifferenzierung (VR Diffrole): Eine Rolle, deren Wertemenge beschränkt ist.
  Beispiel: hat_Tochter = Wertdifferenzierung (hat_Kind Frau)
     (Ein Kind, das eine Frau ist.)
     hat_Vater = Wertdifferenzierung (hat_Elter Mann)
- Verkettung (Role Chain): Eine Rolle, die der Verkettung mehrerer Rollen entspricht.
  Beispiel: hat_Enkel = Verkettung (hat_Kind hat_Kind)
- Spezialisierung (Prim-Role): Spezialisierung ohne hinreichende Bedingung.
  Beispiel: hat_technischen_Beruf = Spezialisierung (hat_Beruf)

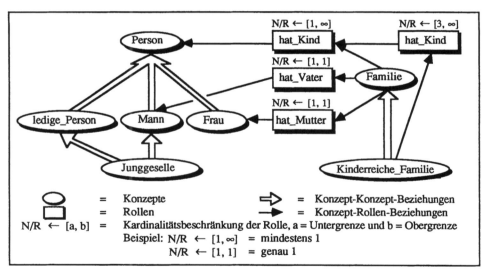

Abb. 5.3 Graphische Darstellung der Konzepte Junggeselle und Kinderreiche_Familie in KL-ONE

Die Einordnung neuer Konzepte in eine existierende Klassifikationshierarchie aufgrund ihrer Eigenschaften und Definitionen ist die Aufgabe des *Classifiers[1]*, des Kernstückes der KL-ONE-Sprachen. Er besteht aus zwei Komponenten:

---

[1] Neben dem Classifier, der generische Konzepte einordnet, gibt es in neueren KL-ONE-Dialekten häufig auch einen „Realizer", der Individuen der A-Box als Instanzen generischer Konzepte erkennt.

1. Einem Prädikat „Subsumption", das wahr ist, wenn ein Konzept ein anderes
   subsumiert, d.h. alle Rollen des einen Konzeptes die des anderen subsumieren.
   Eine Rolle eines Konzeptes subsumiert eine Rolle eines anderen Konzeptes, wenn
   sowohl der Wertebereich als auch die Kardinalitätsangabe der Rolle des übergeordneten Konzeptes umfassender sind als beim untergeordneten Konzept.
2. Einem Suchalgorithmus, der das spezifischste Konzept (SK) herausfindet,
   welches das einzuordnende Konzept (EK) noch subsumiert, d.h. das Prädikat
   (Subsumption EK SK) ist noch wahr, aber für alle Unterkonzepte SK' von SK
   evaluiert (Subsumption EK SK') zu falsch.

Die Komplexität des Classifiers ist sehr empfindlich hinsichtlich der Mächtigkeit der
Sprachelemente. So bedingen die hier beschriebenen Sprachstrukturen (leicht erweitert, s. Abb. 3.1.2 in [Brachman 83]) bereits eine überexponentielle Komplexität des
Classifiers, während das Weglassen von Wertebeschränkungen für Rollen die
Komplexität des Classifiers mindestens auf $O(n^2)$ reduziert. Allerdings kann auch bei
einer überexponentiellen Komplexität ein Classifier in „normalen" Fällen sehr gut
funktionieren. Deswegen sollte man sorgfältig zwischen der nötigen Mächtigkeit der
Sprache und der Effizienz des Classifiers abwägen [Levesque 85]. Neuere Untersuchungen zur Komplexität des Classifiers unter verschiedenen Randbedingungen
finden sich in [Nebel 89].

Wegen der beschränkten Ausdrucksstärke kann man in neueren KL-ONE-
Dialekten auch optionale und für die Klassifikation irrelevante Eigenschaften für ein
Konzept definieren. Ein Beispiel dafür ist KRYPTON, in der die T-Box aus den oben
angegebenen Sprachkonzepten besteht und das mit einem allgemeinen Theorem-
beweiser für die Prädikatenlogik erster Ordnung zur Auswertung A-Box gekoppelt ist.

Die KL-ONE-Sprachen haben den großen Vorteil einer funktionalen, implementationsunabhängigen Semantik, die den Classifier ermöglicht. Allerdings ist der
dafür bezahlte Preis, nämlich die Eliminierung aller vagen Zusammenhänge und
Ausnahmen bei der Definition der Konzepte, sehr hoch. In vielen Anwendungen von
Expertensystemen lassen sich die wichtigen Zusammenhänge jedoch nicht so
beschreiben, wie es in der T-Box von KL-ONE erforderlich ist. Haimowitz [88] gibt
einen Erfahrungsbericht über die vielfältigen Schwierigkeiten bei der Abbildung der
ABEL-Wissensbasis (s. Kapitel 10.4.2) in NIKL.

5.5   Frames und Problemlösungstypen

In diesem Abschnitt wollen wir darauf hinweisen, daß die später diskutierten Problemlösungsstrategien für heuristische Diagnostik (Kapitel 10) und das Skelett-Konstruieren (Kapitel 11) als eine Weiterentwicklung der Frame-Ideen von Minsky zum
Wiedererkennen stereotyper Objekte und zum Handeln bei stereotypen Ereignissen
aufgefaßt werden können. Die heuristische Diagnostik geht davon aus, daß die
Identität eines einzuordnenden Objektes nur durch Ähnlichkeitsvergleich entschieden
werden kann. Deswegen werden Zuordnungen von Eigenschaften zu einem Konzept
durch Wahrscheinlichkeiten und Ausnahmen qualifiziert. Die Einordnung eines neuen
Objektes in die bestehende Konzepthierarchie kann jetzt nicht mehr wie beim

Classifier in KL-ONE bewiesen werden, sondern wird probabilistisch (Kapitel 7) oder nicht-monoton (Kapitel 8) hergeleitet. Abb. 5.4 zeigt die Frame-Darstellung einer Diagnose, in der die Beziehungen zu Symptomen oder anderen Diagnosen durch zugeordnete Prozeduren (Regeln) dargestellt sind.

Eigenschaften eines Diagnose-Frames:

- A-Priori-Wahrscheinlichkeit
- Regeln zur Verdachtsgenerierung
- Regeln zur kategorischen Bewertung
- Regeln zur probabilistischen Bewertung
- Untersuchungen zur Klärung der Diagnose
- Vorgänger-Diagnosen
- Nachfolger-Diagnosen
- konkurrierende Diagnosen
- Therapien

Abb. 5.4   Frame-Darstellung einer Diagnose

Auch Konstruktionsprobleme in stereotypen Situationen kann man oft mit einem frame-ähnlichen Skelettplan lösen. Er besteht aus einer Folge allgemeiner Handlungsanweisungen, die nur noch in geeigneter Weise verfeinert werden müssen. Weiterhin basieren Problemlösungsstrategien für Simulation (s. Kapitel 12) oft auf der Idee aktiver Objekte, die Nachrichten austauschen und sich dadurch verändern.

5.6   Zusammenfassung

Am Anfang des Kapitels begannen wir mit der Strukturierung der Datenbasis eines Regelinterpretierers und stellten dann fest, daß es vorteilhaft sein kann, nicht alle Daten explizit abzuspeichern, sondern viele Daten durch einfache Ableitungsregeln herzuleiten. Eine Verallgemeinerung dieser Idee aktiver Objekte führt zu der Sichtweise, daß erfahrungsbasierte Problemlösungsstrategien für Diagnostik, Konstruktion und Simulation als Instantiierung, Verfeinerung bzw. Veränderung von Objekten (Frames) aufgefaßt werden kann. Die breite Verwendbarkeit von Frames und ihre kognitive Adäquatheit zeigte Minsky [75] in seinem klassischen Frame-Papier.

Es verwundert daher nicht, daß es einen Vielzahl von programmtechnischen Ansätzen mit objektorientierter Sichtweise gibt. Im weiteren Sinne gehören dazu (1) konventionelle Datenbanken, (2) objektorientierte Datenbanken [Atkinson 89] wie z.B. GEMSTONE oder GOM, (3) objektorientierte Erweiterungen existierender Programmiersprachen wie das alte FRL [Roberts 77] oder neuerdings CLOS zu LISP oder C++ zu C, (4) spezielle objektorientierte Programmiersprachen wie SMALL-TALK [Goldberg 83] oder EIFFEL [Meyer 88], (5) KL-ONE-Sprachen zur automatischen Klassifikation von Objekten gemäß ihrer präzise definierten Eigenschaften [von Luck 91], (6) abstrakte Datentypen zur implementationsunabhängigen Beschreibung der Funktionalität von Objekten [Aho 83] und (7) semantische Netze zur graphischen Darstellung.

6. Constraints

Constraints dienen zur Repräsentation von Relationen, d.h. von irgendwelchen Beziehungen zwischen Variablen. Constraints eignen sich besonders zur Darstellung von lokalen Randbedingungen, die die Problemlösung in jedem Fall erfüllen muß, ohne daß damit eine konkrete Problemlösung festgelegt wird. Beispielsweise kann man den Wunsch eines Lehrers bei der Stundenplanerstellung, daß er einen Tag in der Woche frei haben möchte, als Constraint betrachten. Durch jedes neue Constraint wird der Lösungsraum zusätzlich eingeschränkt. Ziel von Constraintsystemen ist das Herausfinden einer Lösung unter Beachtung aller Constraints, wie z.B. die Stundenplanerstellung unter Berücksichtigung aller Randbedingungen.

Eines der ersten bekannten Constraintsysteme, EL [Stallman 77], hat als Anwendungsgebiet die Simulation elektrischer Schaltkreise. So wird z.B. ein elektrischer Widerstand in EL als Constraint zwischen Eingangs-, Ausgangsspannung und Strom repräsentiert (s. Abb. 6.1). Wie häufig im Expertensystembereich, wurde auch EL rasch zu einer anwendungsunabhängigen Constraintsprache [Sussman 80] weiterentwickelt.

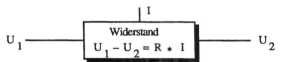

Abb. 6.1 Beispiel für ein Constraint in EL: Ein Widerstand mit dem Widerstandswert R bewirkt einen Spannungsabfall gemäß dem Ohmschen Gesetz.

Alle Komponenten eines Schaltkreises sind in EL als Constraints repräsentiert und durch gemeinsame Variablen (Spannungen und Ströme) zu einem Constraint-Netz verbunden. Wenn Spannung und Stromstärke der Stromquelle bekannt sind, werden die Werte ähnlich wie der tatsächlich fließende Strom durch das Constraint-Netz propagiert, so daß für jede Variable ein Wert berechnet wird.

Während Constraints ungerichtete Zusammenhänge zwischen Variablen ausdrücken, die normalerweise nach jeder Variable hin aufgelöst werden können (z.B. $U = R * I$), repräsentieren Regeln dagegen gerichtete Zusammenhänge (z.B. $A \Rightarrow B$[1]).

Ein Constraint kann man häufig als mathematische Gleichung betrachten und ein Constraint-Netz als das dazugehörige Gleichungssystem. Das Ausrechnen des Gleichungssystems entspricht der Constraint-Propagierung. Allerdings sind Constraints nicht nur auf Gleichungen beschränkt, sie können auch Ungleichungen und nichtnumerische Zusammenhänge ausdrücken. Constraints eignen sich deswegen vorzüg-

---

[1]   Aus der Gültigkeit von B kann man nichts über die Gültigkeit von A herleiten.

lich zur quantitativen oder qualitativen Modellierung von Systemen und physikalischen Zusammenhängen.

6.1   Typen von Constraints und Propagierungsalgorithmen

Ähnlich wie Regeln basieren Constraints auf einer sehr allgemeinen Idee, für die es
vielfältige Realisierungen gibt. Zur Darstellung eines Constraints, z.B. der Beziehung
zwischen Körpergröße und Gewicht, gibt es u.a. folgende Möglichkeiten:

- Tabellen, z.B. Gewichtstabelle,
- Funktionen, z.B. Normalgewicht = Körpergröße – 100, oder
- Prädikate, z.B. für Untergewicht: $\dfrac{\text{tatsächliches Gewicht}}{\text{Normalgewicht}} < 0.8$.

Constraints können sowohl als Datenbanken (für Tabellen), als Regeln (z.B.
wenn A, B bekannt sind, dann (C := A + B); wenn A, C bekannt sind, dann
(B := C – A); usw.) oder auch als beliebige Programme implementiert werden. Der
Constraint-Propagierungs-Algorithmus hat als Eingabe ein Constraint-Netz sowie eine
Teilbelegung von Variablen mit Werten und als Ausgabe eine mit den Constraints
konsistente Wertzuweisung an weitere Variablen. Wenn alle Variablen genau einen
Wert annehmen, liegt eine eindeutige Lösung vor. Wertemengen für Variablen
entsprechen multiplen Lösungen, und die Zuweisung der leeren Menge an eine
Variable bedeutet eine Inkonsistenz. Die Propagierung besteht im wesentlichen darin,
daß die Beschränkung der Wertemenge einer Variablen über die mit ihr verbundenen
Constraints an andere Variablen weitergegeben wird, bis keine weitere Einschränkung
des Wertebereiches irgendeiner Variablen mehr möglich ist.
      Propagierungsalgorithmen unterscheiden sich dadurch, was entlang einer
Variablen propagiert werden kann:

- nur feste Werte (z.B. X = 5),
- Wertemengen (z.B. X $\in$ {3, 4, 5, 6}) oder
- symbolische Ausdrücke (z.B. X = 2 * Y).

Sie unterscheiden sich auch darin, ob Annahmen für Fallunterscheidungen gemacht
werden dürfen, die bei einem Widerspruch wieder revidiert werden müssen. Dazu ist
ein Verfahren zur Revision von Schlußfolgerungen erforderlich (s. Kapitel 8 „Nicht-
monotones Schließen"). Als Kontrollstrategie reicht bei der Propagierung fester Werte
und Wertemengen meist eine einfache Vorwärtsverkettung wie bei Regeln aus.
Dagegen muß die Einführung symbolischer Ausdrücke und Fallunterscheidungen
heuristisch gesteuert werden.

6.2   Lösung eines nicht-trivialen Constraint-Problems

Ein bekanntes heuristisches Problem (s. Abb. 6.2), das im folgenden informell
diskutiert wird, soll die verschiedenen Propagierungsalgorithmen illustrieren und den
Umgang mit Constraintsystemen vertraut machen.

$$\begin{array}{r} \text{SEND} \\ + \quad \text{MORE} \\ \hline \text{MONEY} \end{array}$$

Abb. 6.2 Hilferuf eines Studenten an seinen Vater

Das erste und vielleicht schwerste Problem ist eine elegante Formulierung der Aufgabe. Die vorgegebene Darstellung als eine einzige Gleichung mit acht Unbekannten hilft nicht weiter. Stattdessen sollte man aus der einen Gleichung fünf Gleichungen (für jede Spalte eine) machen. Eine mögliche Formulierung der Constraints wäre eine Mischung aus Funktionen und Prädikaten, z.B. für die letzte Spalte „wenn (D + E < 10) dann (D + E = Y) sonst (D + E = Y + 10)". Diese Formulierung wird aber sehr umständlich für die folgenden Spalten, da immer mehr Fallunterscheidungen gemacht werden müssen. Eine weitaus elegantere Beschreibung, die schon die halbe Lösung ist, zeigt Abb. 6.3, bei der die Überträge der Gleichungen als neue Variablen $U_1...U_4$ repräsentiert werden.

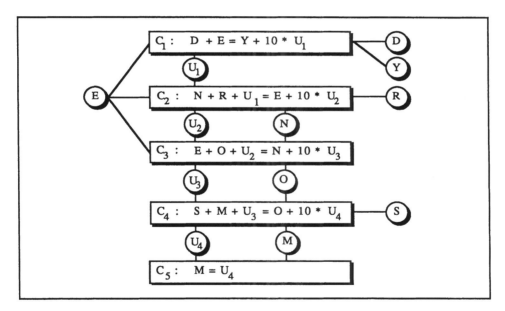

Abb. 6.3 Constraint-Darstellung mit fünf Constraints $C_1...C_5$ und vier neuen Variablen $U_1...U_4$ für das Problem in Abb. 6.2. Zusätzlich gilt, daß die Variablen {D, E, M, N, O, R, S, Y} keine gleichen Werte annehmen dürfen.

Die Wertebereiche der einzelnen Variablen sind:

D, E, N, O, R, Y $\in$ {0, 1, 2, 3, 4, 5, 6, 7, 8, 9},
M, S $\in$ {1, 2, 3, 4, 5, 6, 7, 8, 9} und
U_1, U_2, U_3, U_4 $\in$ {0, 1}.

Die Schnittmenge der Wertebereiche von M und U_4, die laut C_5 dieselbe Ziffer darstellen, ergibt sofort $U_4 = M = 1$. Deswegen kann die Ziffer 1 aus allen Wertemengen der übrigen Variablen herausgestrichen werden (was wir im folgenden nicht mehr immer explizit angeben) und die Gleichung in C_4 vereinfacht sich zu $S + U_3 = O + 9$. Damit können keine weiteren festen Werte mehr propagiert werden, da bei der Propagierung fester Werte ein Constraint normalerweise nur aktiviert ist, wenn von n Variablen (n − 1) Werte bekannt sind. Wir greifen deswegen zur Methode der Fallunterscheidung.

Annahme: $U_3 = 1$
> ⇒ C_4 vereinfacht sich zu $S = O + 8$. Daraus ergibt sich, daß $S \in \{8, 9\}$ und $O = 0$ ist, da (wegen $M = 1$) $O \neq 1$ sein muß. Damit vereinfacht sich entsprechend zu C_4 auch C_3 zu $E + U_2 = N + 10$, was für keine konsistente Wertebelegung von E erfüllbar ist, da $E < 10$ sein muß. Also war die Annahme $U_3 = 1$ falsch und muß ebenso wie alle daraus abgeleiteten Werte wieder zurückgesetzt werden.

Daraus folgt die neue Annahme: $U_3 = 0$
> ⇒ C_4 vereinfacht sich zu $S = O + 9$, für das die einzige konsistente Belegung $S = 9$ und $O = 0$ ist. Für C_3 ergibt sich dann $E + U_2 = N$. Die Annahme $U_2 = 0$ führt sofort zum Widerspruch $E = N$, also muß $U_2 = 1$ sein, woraus $E + 1 = N$ folgt. Da in C_2 ebenfalls die Variablen E und N vorkommen, ohne daß ein fester Wert berechnet werden kann, kommt man hier am besten mit einer symbolischen Propagierung weiter, indem man im Constraint C_2 die Variable N durch $E + 1$ ersetzt. Daraus ergibt sich für C_2: $R + U_1 = 9$. Eine Fallunterscheidung für U_1 zeigt, daß $U_1 = 1$ und $R = 8$ gelten muß. Für C_1 gilt dann $D + E = Y + 10$. Da jede der verbleibenden Variablen D, E, N, Y noch sechs Werte annehmen kann, erscheint eine Fallunterscheidung wenig sinnvoll und auch eine symbolische Propagierung hilft nicht weiter. Dagegen hilft die Propagierung von Wertemengen weiter. Die aktuellen Wertemengen sind: D, E, N, Y ™ $\{2, 3, 4, 5, 6, 7\}$. Die Gleichung $E + 1 = N$ bewirkt bei Propagierung der Wertemenge von E nach N, daß der Wert 2 für N und umgekehrt für E der Wert 7 herausfällt. Aus der Gleichung $D + E = Y + 10$ kann man die Ungleichung $D + E > 11$ herleiten, was bei Propagierung der Wertemenge für D die Werte $\{6, 7\}$ und umgekehrt für E die Werte $\{5, 6\}$ übrig läßt. Da nun nur noch zwei Werte für E verbleiben, kann jetzt wieder eine einfache Fallunterscheidung gemacht werden. $E = 6$ impliziert $D = 7$ und $N = 7$, was ein Widerspruch ist. Daher muß $E = 5$ sein, woraus unmittelbar $N = 6$, $D = 7$ und $Y = 2$ folgen. Die einzige Lösung des Problems zeigt Abb. 6.4.

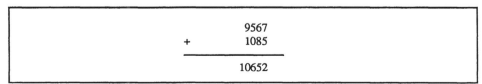

Abb. 6.4   Lösung von Abb. 6.2

6.3 Diskussion des Lösungsweges

Der skizzierte, sehr ökonomische Lösungsweg des Constraintproblems kann nur von sehr leistungsfähigen Constraintsystemen gefunden werden:

- Ein *einfaches Constraintsystem*, das nur feste Werte propagiert, würde überhaupt keine Lösung finden, da nach dem ersten Schritt an allen Constraints mehr als eine unbekannte Variable anliegt.
- Ein *weitgehend einfaches* Constraintsystem, das sich von einem einfachen Constraintsystem dadurch unterscheidet, daß es auch Fallunterscheidungen machen kann, würde eine Lösung erst nach sehr viel willkürlichem Raten finden. Wenn die Wertemengen der Variablen unendlich sind (z.B. die reellen Zahlen), wäre eine Fallunterscheidung prinzipiell unmöglich.
- Ein *Constraintsystem*, das auch *Wertemengen* propagieren kann, würde den Suchraum des weitgehend einfachen Systems erheblich verkleinern, aber immer noch viel raten müssen.
- Die bei komplexeren Problemen äußerst leistungsfähige Technik der *symbolischen Propagierung* ist zwar ausreichend, aber sehr aufwendig zu implementieren, da das System auch algebraische Umformungen beherrschen muß. In Problemen wie in dem von uns diskutierten Beispiel wäre das allerdings relativ einfach, da nur die arithmetischen Operationen Addition und Subtraktion benötigt werden.
- Selbst wenn ein System prinzipiell über alle Techniken verfügt, braucht es noch gute Heuristiken, wann welche Techniken anwendbar sind. So eignet sich z.B. eine Fallunterscheidung nur dann, wenn eine Variable eine sehr kleine Wertemenge hat, und die Fälle sich nicht weiter verzweigen.

6.4 Formale Charakterisierung einfacher Constraintsysteme

Abschließend folgt eine kurze formale Charakterisierung von Constraints, die aus [Voss 88] übernommen wurde. Ein Constraint ist ein Tripel (Name, Variablen, Definition) wobei die Definition eine Relation zwischen den Variablen beschreibt, z.B. der Widerstand mit der Konstanten R in Abb. 6.1: {(„Widerstand", $\{U_1, U_2, I\} \in \Re$, $(U_1 - U_2 = R * I)\}$. Ein Constraint-Problem besteht aus einer Menge von Constraints, die durch gemeinsame Variablen verbunden sind und einer Anfangsbelegung von Variablen. Eine Lösung des Constraint-Problems ist eine maximale Einschränkung des Wertebereichs aller Variablen. Einen einfachen Constraint-Propagierungs-Algorithmus, der nur feste Werte und Wertemengen propagiert, zeigt Abb. 6.5.

Eingabe: Constraint-Problem (Constraint-Netz und Anfangsbelegung)
Ausgabe: Maximale konsistente Zuweisung von Werten oder Wertemengen zu allen Variablen

1. Weise allen Variablen ihre Anfangsbelegung zu.
2. Aktiviere alle Constraints, in denen die Variablen vorkommen und setze sie auf die Liste
   AKTIV.
3. Wähle ein Constraint aus AKTIV aus und deaktiviere es. Falls AKTIV
   leer ist: STOP (Ergebnis = aktuelle Variablenbelegung).
4. Berechne den neuen Wertebereich für die an dem ausgewählten Constraint beteiligten Variablen.
   Falls die Wertemenge einer Variable leer ist: STOP (Widerspruch).
5. Setze alle Constraints auf AKTIV, die auf die Variablen Bezug nehmen, deren Wertebereich
   beschränkt wurde.
6. GOTO 3

Abb. 6.5   Constraint-Propagierungs-Algorithmus für feste Werte und Wertemengen

6.5 Zusammenfassung

Constraints repräsentieren Beziehungen zwischen Objekten. Sie sind eine wichtige Repräsentationsart für Planungs- und Simulationssysteme (s. Kapitel 11 und 12). Constraints können mit Tabellen, Regeln oder freiem Programmcode implementiert werden. Techniken zur Lösung eines Constraintsystems sind die einfache Propagierung mit festen Werten oder Wertemengen, Fallunterscheidungen und die meist aufwendig zu realisierende symbolische Propagierung. Eines der ersten und anspruchsvollsten Constraintsysteme ist EL [Stallman 77]. Andere bekannte Constraintsysteme sind der Waltz-Algorithmus zur Kantenmarkierung von Zeichnungen [Waltz 75] und der Allen-Algorithmus zur Propagierung von Zeitrelationen (s. Kapitel 9.3). Allgemeine Constraintsprachen sind in [Sussman 80], [Hentenryck 89] und [Güsgen 89] beschrieben. Eine formale Darstellung von Constraint-Propagierungs-Methoden enthält [Voss 89].

7. Probabilistisches Schließen

In der klassischen Logik kann man nur repräsentieren, daß eine Aussage entweder wahr oder falsch ist, jedoch nicht, daß man die Aussage für wahrscheinlich hält oder nichts darüber weiß. Da diese Zwischentöne in Anwendungsbereichen von Expertensystemen häufig vorkommen, muß die Wissensrepräsentation und Problemlösungsstrategie entsprechend erweitert werden, wofür die beiden Hauptansätze das probabilistische und das im nächsten Kapitel diskutierte nicht-monotone Schließen sind. Die Basis des probabilistischen Schließens [Genesereth 87] ist die Bewertung jeder Aussage mit einer Wahrscheinlichkeit, die den Grad der Unsicherheit repräsentiert. Die Unsicherheiten können aus repräsentativen Statistiken abgeleitet oder von Experten geschätzt worden sein[1].

Der wichtigste Problembereich für den Umgang mit Unsicherheiten ist die Diagnostik, bei der Muster (Diagnosen) anhand ihrer Eigenschaften wiedererkannt werden sollen. Die Unsicherheiten bei der Diagnostik stammen aus folgenden Quellen:

* Symptomerhebung (Feststellung der Evidenz der Symptome),
* Symptombewertung (Zuordnung der Symptome zu Diagnosen) und
* Unzulänglichkeiten des Verrechnungsschemas.

Meistens werden in Expertensystemen Unsicherheiten bei der Symptomerhebung vom Benutzer und Unsicherheiten bei der Symptombewertung vom Experten geschätzt. Da verschiedene Leute meist unterschiedliche Maßstäbe dafür haben und eine Normierung nicht möglich ist, vergrößert die Verrechnung die Gesamtunsicherheit beträchtlich. Um nicht eine größere Genauigkeit vorzutäuschen als erreichbar ist, werden in Expertensystemen oft vereinfachende Annahmen gemacht, indem nur wenige Unsicherheitskategorien unterschieden werden (z.B. sicher, wahrscheinlich, möglich usw.). Auch die Verrechnungsschemata sind meist entsprechend einfach. Diese Mechanismen werden von Statistikern wegen ihrer fehlenden theoretischen Fundierung häufig „adhoc-Repräsentation" genannt. Andererseits sind die Voraussetzungen zur Anwendung der fundierten statistischen Verfahren zum probabilistischen Schließen in den meisten Anwendungsbereichen grob verletzt. Man kann daher nicht den idealen Formalismus zum Umgang mit Unsicherheiten erwarten, was sich auch in der Vielzahl existierender Ansätze widerspiegelt. Wir beschreiben in den folgenden Unterkapiteln eine Auswahl von Mechanismen aus dem statistischen und nicht-statistischen Bereich: das

---

[1] Wenn wir zwischen statistisch hergeleiteten und vom Menschen geschätzten Unsicherheitsangaben unterscheiden wollen, sprechen wir im ersten Fall von probabilistischem Schließen mit Wahrscheinlichkeiten (im engeren Sinn) und im zweiten Fall von unsicherem Schließen mit Evidenzen oder Sicherheitsfaktoren. In Kontexten, wo es auf diese Unterscheidung nicht ankommt, gebrauchen wir beide Terminologien synonym.

grundlegende Theorem von Bayes mit einer ausführlichen Kritik, die die übrigen Ansätze motiviert: die Dempster-Shafer-Theorie, das INTERNIST-Modell, das MYCIN-Modell und das MED1-Modell.

Während sich verschiedene Mechanismen im Detail sehr unterscheiden, basieren sie auf demselben Grundalgorithmus zur Bewertung von Diagnosen (s. Abb. 7.1).

---

(1)   Starte mit den Apriori-Wahrscheinlichkeiten aller Diagnosen.
(2)   Modifiziere für jedes Symptom die Wahrscheinlichkeit aller Diagnosen entsprechend den bedingten Wahrscheinlichkeiten.
(3)   Selektiere die wahrscheinlichste Diagnose.

Abb. 7.1   Basisalgorithmus der Diagnosebewertung

Zur Anwendung braucht man Berechnungen oder Abschätzungen der bedingten Wahrscheinlichkeiten aller relevanten Symptom-Diagnose-Paare und der symptomunabhängigen Apriori-Wahrscheinlichkeiten der Diagnosen.

7.1   Theorem von Bayes

Das Theorem von Bayes [Charniak 85, Kapitel 8.2] eignet sich dazu, aus den Apriori-Wahrscheinlichkeiten $P(D_i)$ einer Menge von Diagnosen und aus den bedingten Wahrscheinlichkeiten $P(S_j / D_i)$, d.h. der Häufigkeit des Auftretens eines Symptoms bei Vorhandensein einer Diagnose, die wahrscheinlichste Diagnose unter der Annahme der Symptome $S_1 \ldots S_m$ gemäß folgender Formel zu berechnen (s. Abb. 7.2):

$$
P_r(D_i / S_1 \& \ldots \& S_m) = \frac{P(D_i) * P(S_1 / D_i) * \ldots * P(S_m / D_i)}{\sum_{j=1}^{n} P(D_j) * P(S_1 / D_j) * \ldots * P(S_m / D_j)}
$$

Abb. 7.2   Die für die Diagnostik hauptsächlich benutzte Form des Theorems von Bayes

P_r ist dabei die relative Wahrscheinlichkeit einer Diagnose im Vergleich zu den anderen Diagnosen. Die Wahrscheinlichkeiten auf der rechten Seite der Formel können aus einer Falldatenbank ermittelt werden.

Im folgenden wollen wir die Voraussetzungen herausarbeiten, unter denen die Anwendung des Theorems von Bayes korrekt ist. Dazu betrachten wir zunächst die Situation mit nur einem Symptom und einer Diagnose und erweitern die Formel dann schrittweise zu der Form in Abb. 7.2.

Eine bedingte Wahrscheinlichkeit $P(S / D)$ gibt an, wie häufig unter der Annahme der Diagnose D das Symptom S auftritt:

$$
P(S/D) = \frac{|S \cap D|}{|D|}
$$

$|S|$ = Häufigkeit des Symptoms S
$|D|$ = Häufigkeit der Diagnose D
$|S \cap D|$ = Häufigkeit des gleichzeitigen Vorhandensein von S und D

Die Wahrscheinlichkeit der Diagnose D unter der Annahme des Symptoms S liefert die Formel:

$$P(D/S) = P(D) * \frac{P(S/D)}{P(S)} \text{, da}$$

$$P(D/S) = \frac{|S \cap D|}{|S|} = \frac{|D|}{|D|} * \frac{|S \cap D|}{|S|} = |D| * \frac{|D \cap S|}{|D|} * \frac{1}{|S|}$$

$$= P(D) * \frac{P(S/D)}{P(S)}$$

Beispiel: Angenommen, Statistiken zeigen, daß die folgenden Wahrscheinlichkeiten gelten: P (Bronchitis) = 0.05,
P (Husten) = 0.2,
P (Husten/Bronchitis) = 0.8.
P (Husten/Bronchitis) = 0.8 bedeutet: wenn ein Patient Bronchitis hat, beobachtet man in 80% aller Fälle auch Husten.
Dann gilt:

$$P(\text{Bronchitis / Husten}) = P(\text{Bronchitis}) * \frac{P(\text{Husten / Bronchitis})}{P(\text{Husten})}$$

$$= 0.05 * \frac{0.8}{0.2} = 0.2$$

D.h. die Wahrscheinlichkeit, daß ein Patient mit Husten Bronchitis hat, ist 20%, also viermal so hoch wie die Apriori-Wahrscheinlichkeit von Bronchitis.

Wenn man viele Symptome statt eines einzelnen auswertet, müßte man genaugenommen für jede relevante Symptomkonstellation Korrelationen zu Diagnosen bestimmen. Dies würde jedoch zu einer kombinatorischen Explosion führen: schon bei 50 Symptomen gibt es 2^{50} verschiedene Konstellationen. Daher macht man die Annahme, daß die Symptome – außer wenn sie direkt durch dieselbe Diagnose verursacht werden – voneinander unabhängig sind, d.h. für je zwei Symptome S_i und S_j gilt:

$$P(S_i \& S_j / D) = P(S_i / D) * P(S_j / D)$$

Daraus folgt:

$$P(D / S_1 \& ... \& S_m) = P(D) * \frac{P(S_1 \& ... \& S_m / D)}{P(S_1 \& ... \& S_m)}$$

$$= P(D) * \frac{P(S_1 / D) * ... * P(S_m / D)}{P(S_1 \& ... \& S_m)}$$

Man beachte, daß der Nenner $P(S_1 \& ... \& S_m)$ nicht aufgelöst werden kann, da die Symptome nicht völlig unabhängig voneinander sind, denn sie werden ja durch dieselbe Diagnose verursacht.

Im allgemeinen ist man nicht an der absoluten Wahrscheinlichkeit einer Diagnose interessiert, sondern an dem Unterschied zwischen der wahrscheinlichsten Diagnose und ihren Konkurrenten. Unter der Annahme, daß die Diagnosemenge vollständig ist und die Diagnosen sich wechselseitig ausschließen, ist die relative Wahrscheinlichkeit P_r einer Diagnose im Vergleich zu ihren Konkurrenten:

$$P_r(D_i/S_1 \& ... \& S_m) = \frac{P(D_i/S_1 \& ... \& S_m)}{\sum_{j=1}^{n} P(D_j/S_1 \& ... \& S_m)}$$

$$= \frac{\dfrac{P(D_i) * P(S_1/D_i) * ... * P(S_m/D_i)}{P(S_1 \& ... \& S_m)}}{\dfrac{\sum_{j=1}^{n} P(D_j) * P(S_1/D_j) * ... * P(S_m/D_j)}{P(S_1 \& ... \& S_m)}}$$

$$= \frac{P(D_i) * P(S_1/D_i) * ... * P(S_m/D_i)}{\sum_{j=1}^{n} P(D_j) * P(S_1/D_j) * ... * P(S_m/D_j)}$$

Wie wir gesehen haben, ist die Anwendung des Theorems von Bayes in der Form von Abb. 7.2 nur unter zahlreichen Voraussetzungen korrekt, die wir hier zusammenfassen:

1. *Die Symptome dürfen nur von der Diagnose abhängen und müssen untereinander unabhängig sein.* Dies ist der kritischste Punkt und umso problematischer, je mehr Symptome erhoben werden.
2. *Vollständigkeit der Diagnosemenge.*
3. *Wechselseitiger Ausschluß der Diagnosen (single-fault-assumption).* Diese Annahme ist nur in relativ kleinen Diagnosebereichen praktikabel.
4. Weitgehend *fehlerfreie und vollständige Statistiken* zur Herleitung der Apriori-Wahrscheinlichkeiten der Diagnosen und der bedingten Symptom-Diagnose-Wahrscheinlichkeiten.
5. *Konstanz der Wahrscheinlichkeiten.* Dies ist nicht nur problematisch, weil sich die Erscheinungsbilder der Diagnosen verändern können, sondern auch wegen der Änderung der Diagnostikmethoden, z.B. können neue Diagnosemethoden, eine andere Ausbildung der Diagnostiker oder eine andere Arbeitsteilung zu neuen Vorselektionen und damit zu anderen Apriori-Wahrscheinlichkeiten der Diagnosen führen.

Da die Voraussetzungen im allgemeinen verletzt sind, suggeriert die Anwendung des Theorems von Bayes meist eine weit größere Genauigkeit als in der Praxis möglich ist.

Wenn man sich damit abgefunden hat, daß ein exakter Umgang mit Wahrscheinlichkeiten in den meisten Anwendungsbereichen nicht möglich ist, kann man sich überlegen, wie durch Zusatzwissen die Fehlerquellen im Theorem von Bayes verringert werden können. Allerdings wird die theoretische Absicherung mit jedem zusätzlichen Mechanismus schwieriger. Wir geben hier eine Übersicht über Mechanismen, die in dem Rest des Kapitels an Beispielsystemen erläutert werden und in Kapitel 10.1.3 (probabilistische Diagnosebewertung) zusammengefaßt sind.

- Symptomkombinationen kann man durch Regeln der Art A & B & C $\xrightarrow{X}$ D berücksichtigen (s. MYCIN- und MED1-Modell).
- Die Bedingung sich wechselseitig ausschließender Diagnosen (single fault assumption) kann man durch Partitionierung der Diagnosemenge abschwächen. Mehrfachdiagnosen kann man daran erkennen, daß eine Diagnose nicht alle Symptome erklären kann (s. INTERNIST-Modell).
- Mit dem Theorem von Bayes läßt sich nicht die Zuverlässigkeit des Ergebnisses abschätzen. Das kann man durch Angabe von Wahrscheinlichkeitsintervallen anstelle von Wahrscheinlichkeiten für die Diagnosen erreichen (s. Dempster-Shafer-Theorie). Eine andere Möglichkeit ist, bei großer Unsicherheit nur allgemeine Grobdiagnosen zu etablieren, die bei zusätzlichem Wissen verfeinert werden (s. alle folgenden Formalismen).
- Im Theorem von Bayes wird ein Symptom, das mit X% für eine Diagnose spricht, mit (100 – X%) gegen die Diagnose ausgewertet. Intuitiv einleuchtender erscheint eine getrennte Bewertung von positiver und negativer Evidenz einer Diagnose (s. alle folgenden Formalismen).
- Auch ein starres Verrechnungsschema ist eine Quelle der Unsicherheit, wenn dessen Voraussetzungen nicht erfüllt sind. Daher kann man unterschiedliche Verrechnungsschemata für die Bewertung verschiedener Diagnosen anbieten (s. MED1-Modell).
- Schließlich kann man auch versuchen, die Unsicherheiten ganz abzuschaffen und durch detaillierteres Wissen wie z.B. Ausnahmen von Regeln und kausale Modelle zu ersetzen (s. Zusammenfassung in Kapitel 7.6).

7.2 Dempster-Shafer-Theorie

Die Dempster-Shafer-Theorie [Gordon 85] unterscheidet sich von der Anwendung des Theorem von Bayes in folgenden Punkten:

- Es können auch Grobdiagnosen (Diagnoseklassen) und Diagnoseheterarchien repräsentiert werden. Eine Diagnoseklasse wird als Menge von Feindiagnosen dargestellt (Abb. 7.3).
- Die Grundbewertungen sind bedingte Symptom-Diagnose-Wahrscheinlichkeiten P (D / S) statt P (S / D) wie bei der Anwendung des Theorem von Bayes.
- Die Restwahrscheinlichkeit (100 – X%) einer Wahrscheinlichkeit von X% für eine Diagnose wird nicht gegen die Diagnose bewertet, sondern als Unsicherheitsintervall interpretiert, d.h. die Wahrscheinlichkeit der Diagnose ist nicht X%, sondern liegt zwischen X% und 100%.

• Eine Wahrscheinlichkeit gegen eine Diagnose wird als Wahrscheinlichkeit für das Komplement der Diagnose, d.h. die Menge aller übrigen Diagnosen, repräsentiert und bewirkt eine Verkleinerung des Unsicherheitsintervalls vom oberen Ende her (d.h. ihre Maximalwahrscheinlichkeit wird entsprechend kleiner als 100%).

Die Verrechnung von Wahrscheinlichkeiten bei der Dempster-Shafer-Theorie ist komplizierter als bei der Anwendung des Theorem von Bayes, da Wahrscheinlichkeiten für Diagnosemengen miteinander verknüpft werden müssen und die Wahrscheinlichkeit einer bestimmten Diagnosemenge aus der Verteilung der Wahrscheinlichkeiten über alle Diagnosemengen errechnet werden muß. Wir erklären das Verrechnungsschema anhand eines Beispiels mit vier hierarchisch strukturierten Diagnosen (Abb. 7.3).

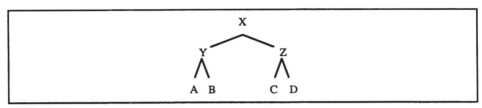

Abb. 7.3   Beispiel einer Hierarchie: X = {A, B, C, D}; Y = {A, B}; Z = {C, D} sind Diagnoseklassen.

Angenommen, es gibt folgende Ausgangswahrscheinlichkeiten, die entweder Apriori-Wahrscheinlichkeiten oder bedingte Symptom-Diagnose-Wahrscheinlichkeiten sein können: E1: gegen A 30%; E2: für Y 60%.

Evidenz gegen A bedeutet Evidenz für das Komplement von A, das in diesem Fall aus der Diagnosenmenge {B, C, D} besteht. Evidenz für Y ist Evidenz für die Menge {A, B}.

Bei der Zuweisung von Evidenz für eine Diagnosemenge wird die Restevidenz (die Differenz zu 100%) immer der Menge aller Diagnosen, also hier der Menge {A, B, C, D}, zugewiesen. Bei der Verknüpfung der Evidenzen werden die Wahrscheinlichkeiten multipliziert und die Mengen miteinander geschnitten. Daraus ergibt sich folgende Matrix:

E_1 \ E_2	{A, B} = 0.6	{A, B, C, D} = 0.4
{B, C, D} = 0.3	{B} = 0.18	{B, C, D} = 0.12
{A, B, C, D} = 0.7	{A, B} = 0.42	{A, B, C, D} = 0.28

Die Gesamtwahrscheinlichkeit einer Diagnosemenge wird durch ein Unsicherheitsintervall [a, b] angegeben, das die untere und die obere Wahrscheinlichkeitsgrenze abschätzt:

a = die Summe der Wahrscheinlichkeiten der Menge und aller ihrer Teilmengen.

b = die Differenz zwischen 100% und der Summe der Wahrscheinlichkeiten des Komplementes der Menge und aller ihrer Teilmengen.

Für die Diagnosen {A} und {B} ergibt sich also folgendes:

- {A} = [{A}, 1 - ({B, C, D} +...+ {B})] = [0, 0.7], d.h. die Wahrscheinlichkeit für {A} liegt zwischen 0 und 70%.
- {B} = [{B}, 1 - ({A, C, D} + {A, C} + {A, D} +...)] = [0.18, 1], d.h. die Wahrscheinlichkeit für {B} liegt zwischen 18 und 100%.

Wenn eine Evidenz E_3 von 50% für {D} hinzukommt, ändert sich die Wahrscheinlichkeitsverteilung wie folgt:

E_1 & E_2 $\diagdown$ E_3		{D} = 0.5		{A, B, C, D} = 0.5	
{B}	= 0.18	{ }	= 0.09	{B}	= 0.09
{A, B}	= 0.42	{ }	= 0.21	{A, B}	= 0.21
{B, C, D}	= 0.12	{D}	= 0.06	{B, C, D}	= 0.06
{A, B, C, D}	= 0.28	{D}	= 0.14	{A, B, C, D}	= 0.14

Die leere Teilmenge { } bedeutet, daß keine der Diagnosen zutrifft. Unter der Annahme der Vollständigkeit der Diagnosemenge kann die Wahrscheinlichkeit der Diagnosemenge für die leere Teilmenge eleminiert werden, indem alle anderen Wahrscheinlichkeiten durch einen entsprechenden Faktor (1 − (Wahrscheinlichkeit der leeren Teilmenge), hier 1 − 0.3 = 0.7) dividiert werden, so daß die Summe aller Wahrscheinlichkeiten ohne die der leeren Menge wieder 1 ergibt. Also gilt:

- {B} $\quad = \dfrac{0.09}{0.7} \approx 13\%$
- {D} $\quad = \dfrac{0.2}{0.7} \approx 28.5\%$
- {A, B} $\quad = \dfrac{0.21}{0.7} = 30\%$
- {B, C, D} $\quad = \dfrac{0.06}{0.7} \approx 8.5\%$
- {A, B, C, D} $\quad = \dfrac{0.14}{0.7} = 20\%$

Die Wahrscheinlichkeiten für {A} und {B} haben sich dadurch wie folgt verändert:

- {A} = [{A}, 1 - ({B, C, D} + ...)] = [0, 0.5], d.h. zwischen 0 und 50%
- {B} = [{B}, 1 - ({A, C, D} + ...)] = [0.13, 0.715], d.h. zwischen 13 und 71.5%

Zu den Vorteilen des Dempster-Shafer-Theorie gehören die Unsicherheitsintervalle, die bei wenig Informationen sehr groß und bei mehr Informationen immer kleiner werden sowie die Repräsentation von Diagnoseheterarchien. Die Grundbewertung mittels Symptom-Diagnose- anstatt Diagnose-Symptom-Wahrscheinlichkeiten erschwert die Bestimmung der Wahrscheinlichkeiten geringfügig, da Falldatenbanken meist nach Diagnosen geordnet sind. Der Hauptnachteil ist jedoch der riesige

Rechenaufwand, da bei n Diagnosen 2^n Diagnosemengen zu berücksichtigen sind. In [Gordon 85] wird gezeigt, daß der Rechenaufwand bei Beschränkung auf strikte Hierarchien statt der Benutzung von Diagnose-Heterarchien drastisch reduziert werden kann. Andere Nachteile sind, daß die Dempster-Shafer-Theorie ähnlich wie das Theorem von Bayes keinen effizienten Mechanismus für die Berücksichtigung von Symptomkorrelationen und Mehrfachdiagnosen hat.

7.3 INTERNIST-Modell

Da die Voraussetzungen für statistische Verrechnungsschemata nur selten soweit erfüllt sind, daß die Anwendung gute Ergebnisse bringt, werden in den meisten Diagnose-Expertensystemen vereinfachte Schemata verwendet, die im allgemeinen auf von Experten geschätzten Wahrscheinlichkeiten beruhen, und deren Genauigkeitsanspruch wesentlich geringer ist. Ein einfaches und bewährtes Modell ist das von INTERNIST, mit dem Dr. med. Myers eine der größten Wissensbasen für Expertensysteme in der Inneren Medizin entwickelt hat [Miller 82].

Das Schema von INTERNIST unterscheidet sich von der Anwendung des Theorem von Bayes in folgenden Punkten:

* getrennte Bewertung positiver und negativer Evidenz
* keine Apriori-Wahrscheinlichkeiten
* Aufteilung der Diagnosen in Gruppen von ähnlichen Diagnosen
* Berücksichtigung vorhandener, nicht erklärter Symptome

Die Bedeutung eines Symptoms für sich und für eine Diagnose wird durch drei Kategorien gekennzeichnet (s. Abb. 7.4):

1. „Evoking Strength" (Selektivität, Zahlen von 0 bis 5: entspricht der Symptom-Diagnose-Wahrscheinlichkeit): Wie stark spricht ein Symptom für eine Diagnose?
2. „Frequency" (Häufigkeit, Zahlen von 1 bis 5: entspricht der Diagnose-Symptom-Wahrscheinlichkeit): Wie häufig tritt ein Symptom bei einer Diagnose auf?
3. „Import Value" (Schweregrad, Zahlen von 0 bis 5): Wie gravierend ist ein Symptom?

	Import-Value	Diagnose-1	Diagnose-2	...
Symptom-1	2	0 / 5	—	
Symptom-2	3	1 / 3	4 / 2	

Frequency
Evoking Strength

Abb. 7.4 Komponenten der Diagnosebewertung in INTERNIST. Beispiel: Symptom-2 (z.B. „Anämie") ist relativ wichtig (Import = 3) deutet selten (Evoking Strength = 1) auf Diagnose-1 (z.B. „Pfortaderverschluß") hin, da es viele andere Ursachen haben kann, kommt aber meistens (Frequency = 3) bei Diagnose-1 vor.

Die Kategorien sind Schätzwerte eines Internisten (s. Abb. 7.5):

	Evoking Strength (Das Symptom hat als Ursache die Diagnose)	Frequency (Das Symptom kommt bei der Diagnose vor)
0	extrem selten	—
1	selten	selten
2	oft	oft
3	meistens	meistens
4	in der Mehrheit der Fälle	in der Mehrheit der Fälle
5	praktisch immer (pathognomonisches Symptom)	praktisch immer

Abb. 7.5 Verbale Beschreibung der Kategorien

Die Kategorien werden in etwa so verrechnet, daß zwei Symptome einer Stufe die gleiche Bedeutung wie ein Symptom der nächsthöheren Stufe haben. Während vorhandene Symptome mit der *Evoking Strength* für eine Diagnose sprechen, schwächen nicht vorhandene Symptome, die gemäß ihrer *Frequency* eigentlich bei der Diagnose erwartet werden, den Verdacht ab. Intern geschieht das, indem den Kategorien Punkte zugeordnet werden (s. Abb. 7.6). Schließlich wird noch berücksichtigt, wie gut eine Diagnose die vorhandenen Symptome erklären kann. Der Import-Value (Skala von 1 bis 5) gibt an, wie wichtig es ist, daß ein Symptom erklärt ist, d.h. je höher der Import-Value, desto größer der Erklärungsbedarf. Wenn eine Diagnose ein vorhandenes, noch unerklärtes Symptom nicht erklären kann, d.h. wenn es nicht auf ihrer Symptomliste steht, bekommt die Diagnose einen Punktabzug gemäß dem Import-Value des Symptoms (s. Abb. 7.6).

Kategorie	Evoking Strength	Frequency	Import-Value
0	1 Punkt	0 Punkte	0 Punkte
1	4 Punkte	− 1 Punkt	− 2 Punkte
2	10 Punkte	− 4 Punkte	− 6 Punkte
3	20 Punkte	− 7 Punkte	− 10 Punkte
4	40 Punkte	− 15 Punkte	− 20 Punkte
5	80 Punkte	− 30 Punkte	− 40 Punkte

Abb. 7.6 Bedeutung der Kategorien

Die Gesamtpunktebewertung hat in INTERNIST keine absolute Bedeutung, sondern wird mit der Bewertung anderer Diagnosen verglichen. Im Gegensatz zur Anwendung des Theorem von Bayes konkurrieren jedoch nicht alle Diagnosen miteinander, sondern nur die Diagnosen, die die gleichen Symptome erklären können, was INTERNIST in Abhängigkeit der konkreten Symptomatik bestimmt. Innerhalb einer solchen konkurrierenden Diagnosegruppe wird die beste Diagnose etabliert, wenn sie einen genügend großen Vorsprung (80 Punkte) vor ihren Konkurrenten hat. Nach

Etablierung einer Diagnose werden alle ihre Symptome als erklärt markiert und mit den übrigen Symptomen nach eventuell vorhandenen weiteren Diagnosen gesucht. Außerdem addieren etablierte Diagnosen einen Bonus auf mit ihr assoziierte Diagnosen, dessen Stärke, wie bei der Evoking Strength, in der Wissensbasis angegeben ist.

Abgesehen davon, daß Kombinationen von Symptomen und Apriori-Wahrscheinlichkeiten für Diagnosen nicht berücksichtigt werden, scheint das INTERNIST-Modell ein brauchbarer Kompromiß zwischen Einfachheit, Genauigkeit und Ausdrucksstärke beim Umgang mit unsicherem Wissen zu sein, was vor allem durch die Existenz der großen und relativ guten Wissensbasis bestätigt wird.

7.4 MYCIN-Modell

MYCIN [Shortliffe 75] hat wie die Dempster-Shafer-Theorie und INTERNIST eine getrennte Bewertung positiver und negativer Evidenz und ermöglicht außerdem die Repräsentation von Symptom-Kombinationen mit Regeln. Während innerhalb einer Regel die Symptome miteinander korrelieren dürfen, müssen nur die Regeln als Ganzes unabhängig voneinander sein. Das Verrechnungsschema von MYCIN vergleicht nicht wie INTERNIST die Diagnosen untereinander, sondern berechnet für jede Diagnose je eine positive und negative Wahrscheinlichkeit[2] gemäß folgender Formel:

$$P = \begin{cases} P_{alt} & \text{, falls } P_{neu} < 0.2 \\ P_{alt} + (1 - P_{alt}) * P_{neu} & \text{, sonst} \end{cases}$$

P = neue Gesamtwahrscheinlichkeit
P_{alt} = alte Wahrscheinlichkeit der Diagnose
P_{neu} = Regelwahrscheinlichkeit

Die Regelwahrscheinlichkeit wird berechnet, indem die Implikationswahrscheinlichkeit (die vom Experten kommt) mit der Wahrscheinlichkeit der Vorbedingung (die der Benutzer eingibt) multipliziert wird.

Beispiel: Regel 535: Wenn   1. der Organismus gram-positiv ist, und
                           2. der Organismus in Ketten wächst, und
                           3. der Organismus die Gestalt einer Kugel hat,
             dann   beträgt die Wahrscheinlichkeit 70%, daß der
                       Organismus ein Streptococcus ist.
             Angenommen der Benutzer hat eingegeben:
                    Organismus gram-positiv: 100%
                    Organismus wächst in Ketten: 60%
                    Organismus hat Kugelform: 70%.

---

2   MYCIN berechnet keine Wahrscheinlichkeiten im statistischen Sinn, sondern positive und negative Sicherheitsmaße („measure of belief" und „measure of disbelief") und addiert diese zu Sicherheitsfaktoren („certainty factor").

Dann ist die Wahrscheinlichkeit der Vorbedingung das Minimum der drei Einzelwahrscheinlichkeiten (bei „oder"-Verknüpfungen in der Regel würde das Maximum genommen): min (1.0, 0.6, 0.7) = 0.6 = 60%.

Daraus folgt: die Regelwahrscheinlichkeit beträgt 0.7 * 0.6 = 0.42 = 42%.

Angenommen, die alte Wahrscheinlichkeit von Streptokokkus, die aus anderen Regeln hergleitet wurde, beträgt 50%, dann beträgt die neue Wahrscheinlichkeit: 0.5 + (1 − 0.5) * 0.42 = 0.71 = 71%.

Wenn von negativen Regeln eine Wahrscheinlichkeit von 30% errechnet wurde, dann wäre die Gesamtwahrscheinlichkeit von Streptokokkus: 0.71 − 0.3 = 0.41 = 41%.

Eine Besonderheit von MYCIN im Vergleich zu allen übrigen Schemata ist, daß der Benutzer die Unsicherheiten bei der Symptomerhebung sehr detailliert angeben kann. Dadurch entstehen jedoch neue Probleme, die nicht befriedigend gelöst sind:

- Unterschiedliche Situationen werden gleichbehandelt: wenn in einer Regel alle Aussagen nur zu 50% sicher sind, würde dies genauso behandelt, wie wenn nur eine Aussage zu 50% und die anderen Aussagen zu 100% sicher sind.
- Für den Experten wird die Abschätzung der Implikationswahrscheinlichkeit sehr erschwert, da er die vom Benutzer geschätzten Symptomwahrscheinlichkeiten mitberücksichtigen muß.

7.5 MED1-Modell

In MYCIN müssen zwar nicht die Symptome, aber die Regeln voneinander unabhängig sein. Diese Annahme ist jedoch nicht immer zweckmäßig, wie das Beispiel CASNET (s. Kapitel 10.3.1) zur Glaukomdiagnostik zeigt. Da die Glaukomregeln untereinander sehr stark korrelieren, wird die Wahrscheinlichkeit einer Diagnose als das Maximum der Regelwahrscheinlichkeiten berechnet. Um verschiedene Korrelationen der Regeln ausdrücken zu können, wurde in MED1 daher ein zweistufiges Verrechnungsschema implementiert [Puppe 83, Kapitel 3.2.6].

In der ersten Stufe werden die Evidenzen aller positiven und negativen gefeuerten Regeln aufsummiert. In der zweiten Stufe wird die Summe durch ein Intervallschema aus sechs Zahlen in eine von sieben Wahrscheinlichkeitsklassen umgewandelt: ausgeschlossen, nahezu ausgeschlossen, unwahrscheinlich, neutral, wahrscheinlich, höchstwahrscheinlich, gesichert. Das Intervallschema kann der Experte für jede Diagnose anders definieren und durch die Größe der einzelnen Intervalle verschiedene Formen der Evidenzverstärkung approximieren, z.B. auch ein für die subjektive Bewertung typisches Umschlagen der Evidenz von geringer zu hoher Evidenz in einer relativ kleinen kritischen Region (s. Abb. 7.7).

Summe der Regelwahrscheinlichkeiten				Wahrscheinlichkeitsklassen
0	- 50	Punkte	=	neutral
50	- 60	Punkte	=	wahrscheinlich
60	- 100	Punkte	=	höchstwahrscheinlich
	> 100	Punkte	=	gesichert

Abb. 7.7   Beispiel für eine kritische Region der Evidenzverstärkung

Die schematische Approximation verschiedener Typen von Evidenzverstärkung mit
Intervallen zeigt Abb. 7.8.

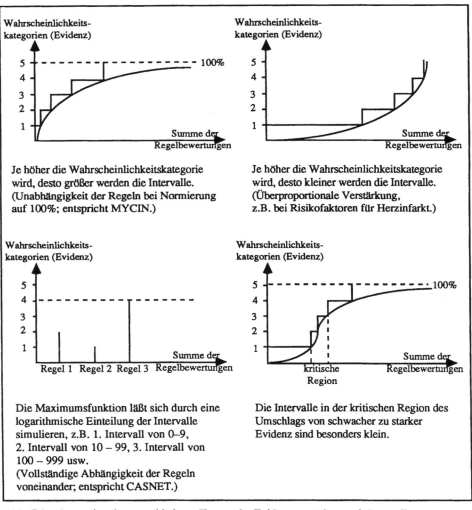

Abb. 7.8   Approximation verschiedener Kurven der Evidenzverstärkung mit Intervallen

Das zweistufige Verrechnungsschema in MED1 ist zwar sehr flexibel, aber umständlich zu erklären, da die Bewertung einer Regel nur im Kontext des Verrechnungsschemas bedeutungsvoll ist.

7.6 Zusammenfassung

Die Vielfalt der in Expertensystemen verwendeten Modelle des probabilistischen Schließens deutet an, daß kein Modell wirklich befriedigend ist. Das Hauptproblem ist die unsichere Ausgangsbasis. Schon die Datenerhebung ist in den vielen Einsatzbereichen schlecht objektivierbar, da sie häufig nur über Sinnesorgane des Menschen möglich ist (siehe auch Kapitel 19 und 20).

Die Quantifizierung dieser Unsicherheiten, wie sie in MYCIN andeutungsweise versucht wurde und die Hauptgegenstand der Fuzzy-Theorie [Zadeh 75] ist, kann die Willkür der Eingabedaten nicht beseitigen. So werden in dem MYCIN-Beispiel verschiedene Benutzer vermutlich bei denselben Laborbefunden für die Wahrscheinlichkeit, ob der Organismus in Ketten wächst oder Kugelform hat, verschiedene Wahrscheinlichkeiten angeben. Deswegen werden in den meisten Expertensystemen keine Unsicherheiten bei der Datenerhebung zugelassen, sondern, falls erfahrungsgemäß Unsicherheiten bestehen, diese als qualitativ verschiedene Werte repräsentiert. Damit hat der Experte oder die Statistik eine vereinfachte, aber klare Grundlage bei der Bewertung der Daten. Trotzdem werden verschiedene Experten oder unterschiedliches Datenmaterial bei der Regelbewertung zu unterschiedlichen Schätzwerten kommen, was durch kein Verrechnungschema ausgeglichen werden kann.

Als radikaler Ausweg aus diesem Dilemma wurde vorgeschlagen, ganz auf den Gebrauch von Wahrscheinlichkeiten zu verzichten. Nachdem Szolovits und Pauker schon 1978 bei der Analyse der wichtigsten medizinischen Diagnostik-Expertensysteme den Ratschlag gegeben haben, „so viel kategorisches Schließen wie möglich und so wenig probabilistisches Schließen wie nötig" [Szolovits 78], gibt es dazu folgende Hauptansätze:

* Repräsentation der Unsicherheiten als Ausnahmen von Regeln (s. Abb. 7.9 und Kapitel 8 „Nicht-monotones Schließen")
* Ersatz heuristischer Regeln durch kausale Modelle, bei denen die Unsicherheiten durch genauere Beschreibung auf verschiedenen Detaillierungsebenen ersetzt werden können (s. Kapitel 10.4 „Modellbasierte Diagnostik").

probabilistisches Schließen	nicht-monotones Schließen
A $\Rightarrow$ B (90%) Die Regel gilt in 90% aller Fälle.	A $\Rightarrow$ B ‖ – C Die Regel gilt, außer wenn eine der Ausnahmen aus C zutrifft.

Abb. 7.9 Probabilistisches Schließen und nicht-monotones Schließen

Beide Ansätze zeigen, daß vieles, was unter probabilistischen Zahlen subsummiert wird, explizit repräsentiert werden kann. Trotzdem ist ziemlich klar, daß auf probabilistische Ansätze nicht verzichtet werden kann, da entweder präzises Wissen fehlt oder dessen Darstellung unpraktikabel ist. Ein sehr interessantes Ergebnis lieferte ein Experiment mit der MYCIN-Wissensbasis, bei dem bei kleinen (< 30%), willkürlichen Manipulationen der Regel-Wahrscheinlichkeiten die Endergebnisse identisch bleiben [Doyle 83, S. 40]. Offensichtlich hängt also von den genauen Zahlen gar nicht so viel ab. Das gilt natürlich umso mehr, je besser das Wissen strukturiert ist.

Die Konsequenz ist, daß ein gutes Modell des probabilistischen Schließens sich weniger durch ein scheinbar präzises Verrechnungsschema auszeichnet, sondern mehr durch Darstellung der vielfältigen Aspekte des Umgangs mit Unsicherheiten. Dazu gehören außer kausalen Modellen und sicheren Regeln mit Ausnahmen auch die übrigen in der Kritik der Anwendung der Theorem von Bayes (Ende Kapitel 7.1) erwähnten Aspekte. Einen Versuch, die zahlreichen Aspekte des unsicheren Schließens in einem System zu kombinieren, enthält das Bewertungsschema von MED2 ([Puppe 86], s. auch Kapitel 10.3).

8. Nicht-monotones Schließen

Während in der klassischen Logik eine Ableitung zeitlich unveränderlich gültig ist, können beim nicht-monotonen Schließen neue Informationen bewirken, daß Ableitungen wieder zurückgezogen werden müssen (s. Abb. 8.1).

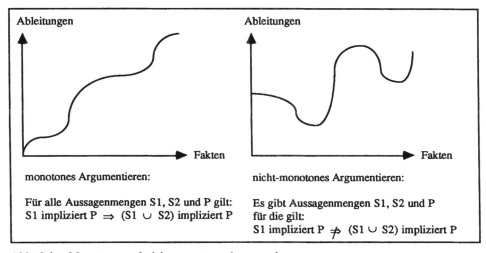

Abb. 8.1   Monotones und nicht-monotones Argumentieren

Dieses auf den ersten Blick unsystematische Vorgehen beim Problemlösen ist jedoch in der realen Welt der Normalfall, da eine vollständige und fehlerfreie Datenerhebung entweder unmöglich oder viel zu aufwendig ist. Gewöhnlich hat man Erwartungswerte oder möchte plausible Schlüsse aus unvollständigen Daten ziehen, und diese gegebenenfalls korrigieren können, wie z.B. in folgenden Situationen:

- Erwartungswerte werden überschrieben,
- Bekanntwerden von Ausnahmen von Regeln,
- Bekanntwerden von neuer, gegenteiliger Evidenz für etablierte Schlußfolgerungen,
- Korrektur von Eingabedaten,
- zeitliche Änderung von Eingabedaten.

Dabei sind Ausnahmen von Regeln etwas prinzipiell anderes als negierte Aussagen in der Vorbedingung. Bei negierten Aussagen muß man beweisen, daß keine Aussage zutrifft, bevor die Regel feuern kann, während bei Ausnahmen bewiesen werden

muß, daß mindestens eine Ausnahme zutrifft, um die Ausführung der Regel zu
verhindern. Das bedeutet, daß die Unkenntnis über eine Aussage bei Ausnahmen
zugunsten der Regel und bei negierten Aussagen gegen die Regel ausgewertet wird.
Ausnahmen basieren auf einer mindestens dreiwertigen Logik, d.h. eine Aussage
kann wahr, falsch oder unbekannt sein. Jedoch müßte man auch bei einer zweiwertigen Logik nicht-monotones Schließen anwenden, wenn man aus der Tatsache,
daß man ein Theorem nicht beweisen kann, folgert, daß das Theorem nicht zutrifft
(„Negation as Failure", „Closed World Assumption", Beispiel: PROLOG). Während
also bei der Closed World Assumption der logische Wert „unbekannt" als „falsch"
repräsentiert wird und deswegen zu Revisionen führen kann, existiert in der
klassischen Logik „unbekannt" überhaupt nicht, weswegen dort Ableitungen außer bei
Änderung der Axiome immer gültig bleiben.

Die Formalisierung des nicht-monotonen Schließens ist sowohl ein großes theore-
tisches Problem, für das verschiedene Kalküle entwickelt wurden, die jedoch i.a.
nicht semientscheidbar sind und keine Hilfe für Implementierungen darstellen, als
auch ein praktisches Problem bei der Entwicklung von Expertensystemen. Wir diskutieren im folgenden nur den zweiten Aspekt. Eine gute Übersicht über Theorien des
nicht-monotonen Schließens geben z.B. [Brewka 89] und [Genesereth 87, Kapitel 6].

Bei der Rücknahme von Schlußfolgerungen (*Belief Revision*) muß beachtet
werden, daß von einer revidierten Schlußfolgerung wieder andere Schlußfolgerungen
abhängen können und die Rücknahme eines Elementes in diesem Netzwerk eine
Kettenreaktion auslösen kann. Belief-Revision-Systeme oder Truth-Maintenance-
Systeme[1] haben die Aufgabe, in den oben genannten Situationen den Zustand herzu-
stellen, der entstanden wäre, wenn das geänderte oder neue Faktum gleich von
Anfang an berücksichtigt worden wäre.

Der einfachste Algorithmus ist die *Neuberechnung* aller Schlußfolgerungen aus
den veränderten Eingabedaten. Eine einfache Verbesserung ist die Abspeicherung
eines Protokolls aller Schlußfolgerungen und die Neuberechnung ab dem Zeitpunkt,
wo das geänderte Faktum oder die zu ändernden Schlußfolgerungen das erste Mal
verwendet worden sind *(Backtracking)*. Der Aufwand dieser beiden „brute-force"-
Methoden wächst natürlich rapide mit der Größe der zu verwaltenden Datenmenge und
ist nur in kleinen Expertensystemen vertretbar. Wesentlich ökonomischer ist es, sich
die Neuberechnung eines großen Teils oder der ganzen Sitzung zu ersparen und nur
die Schlußfolgerungen zu korrigieren, die tatsächlich von der Änderung betroffen
sind. Dazu muß man für jede Schlußfolgerung ihre Begründungen mitabspeichern und
bei Rücknahme eines Faktums rekursiv überprüfen, welche Begründungen dadurch
ungültig werden.

Die beiden wichtigsten Ansätze zum Belief Revision unterscheiden sich darin, was
als Begründung einer Schlußfolgerung abgespeichert wird:

• Direkte Begründungen (JTMS, z. B. TMS [Doyle 79]),
• Basisannahmen, die einer direkten Begründung zugrunde liegen (ATMS, z. B.
  ATMS [De Kleer 84]).

---

1   Zur Terminologie: TMS (Truth-Maintenance-System) oder RMS (Reason-Maintenance-System)
ist der Oberbegriff für Belief-Revision-Systeme. Die beiden Haupttypen sind JTMS (Justification-
Based-TMS) und ATMS (Assumption-Based-TMS), Konkrete Systeme sind z.B. das TMS von Doyle
und das ATMS von de Kleer, die unglücklicherweise genauso heißen wie die Oberbegriffe.

Die Grundideen des JTMS und des ATMS werden am folgenden Beispiel illustriert, das auf einer zweiwertigen Logik ohne Ausnahmen, aber mit der Closed World Assumption, basiert. Gegeben seien die Regeln R1: A → B, R2: B → C und R3: D & ¬E → C.

Im JTMS ist eine Begründung gültig, wenn alle ihre positiven (monotonen) Vorbedingungen gültig und alle ihre negativen (nicht-monotonen) Vorbedingungen ungültig sind (s. Abb. 8.2).

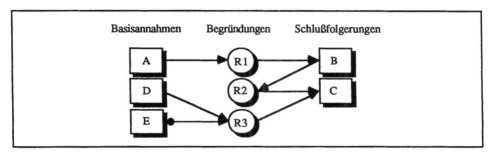

Abb. 8.2   Abhängigkeitsnetz im JTMS (eine Negation wird durch einen Punkt vor dem Pfeil angezeigt).

Beim ATMS gilt B im Kontext K1 = {A}, und C gilt in den Kontexten K2 = {A} und K3 = {D, ¬E} (s. Abb. 8.3). Der Unterschied zwischen JTMS und ATMS wirkt sich hier so aus, daß beim ATMS die Basisannahme {A} einen Begründungskontext für {C} herstellt, während im JTMS die Regel R2 diese Aufgabe erfüllt.

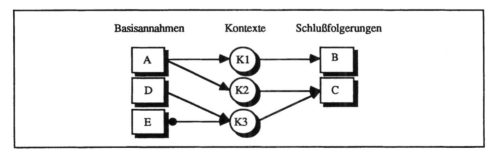

Abb. 8.3   Abhängigkeitsnetz im ATMS. Der Kontext ist eine minimale Menge von Basisannahmen, unter der eine Schlußfolgerung gültig ist.

8.1   JTMS mit direkten Begründungen

Abb. 8.4 zeigt den Basis-Algorithmus zur Rücknahme von Schlußfolgerungen in einem Abhängigkeitsnetz mit direkten Begründungen.

Eingabe:	Änderung eines Faktums
Ausgabe:	Propagierung der Änderung mit Herstellung eines konsistenten Zustandes

1. Wenn ein Eingabedatum oder eine Schlußfolgerung sich ändert, überprüfe alle damit verbundenen Begründungen.
2. Wenn eine Begründung ungültig wird, überprüfe, ob die Schlußfolgerung noch weitere Begründungen hat.
3. Wenn eine Schlußfolgerung keine gültigen Begründungen mehr hat, ziehe sie zurück und rufe den Algorithmus rekursiv mit der zurückgezogenen Schlußfolgerung auf, andernfalls ist keine Änderung nötig.

Abb. 8.4   JTMS-Basis-Algorithmus

Das Hauptproblem bei JTMS-Ansätzen ist die Behandlung von zirkulären Begründungen (z.B. S1 → S2 und S2 → S1 in Abb. 8.5), die die Rücknahme von Schlußfolgerungen in der Schleife verhindern.

Abb. 8.5   Monotone Schleife: Wenn S1 und S2 einmal etabliert sind, können sie mit dem JTMS-Basis-Algorithmus (Abb. 8.4) nicht mehr zurückgezogen werden. Aus Gründen der Übersichtlichkeit sind die Begründungen wie in Abb. 8.2 nicht eingezeichnet.

Wenn die Schleife keine Negationen wie in Abb. 8.5 enthält, heißt sie *monoton*, sonst *nicht-monoton*. Nicht-monotone Schleifen heißen *gerade*, wenn sie eine gerade Anzahl von Negationen enthalten, sonst *ungerade* (s. Abb. 8.6).

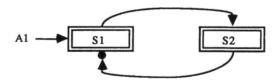

Abb. 8.6   Ungerade nicht-monotone Schleife mit den Regeln A1 → S1, S1 → S2 und S2 → ¬S1[2]. Wenn S1 etabliert wird, führt der JTMS-Basis-Algorithmus in eine Endlosschleife, da abwechselnd S1 und S2 etabliert und zurückgezogen werden.

Zur Behandlung von Zirkularitäten muß der Basis-Algorithmus von Abb 8.4 erweitert werden, was ihn wesentlich ineffizienter macht oder in seiner Allgemeinheit einschränkt. Deswegen sollte man ihn nicht mehr erweitern, als es die Art der Zirkularität in dem intendierten Anwendungsbereich erfordert. Da ungerade nicht-monotone Schleifen keine sinnvolle Semantik haben, werden sie in den meisten Belief-Revision-Systemen nicht berücksichtigt. Wenn sie doch vorhanden sind, läuft

---

2   Die Negation der Nachbedingung wird durch einen Punkt vor dem Pfeil dargestellt.

das System in eine Endlosschleife. Das kann vermieden werden, wenn ungerade nicht-monotone Schleifen entweder beim Aufbau der Wissensbasis wie im ITMS (s.u. Punkt 3) oder zur Laufzeit wie im Algorithmus von Goodwin [82] erkannt werden.

Dagegen sind monotone Zirkularitäten in vielen Anwendungsbereichen nützlich, da mit ihnen eine starre Ableitungsrichtung vermieden werden kann (z.B. zur Darstellung der wechselseitigen Korrelation zwischen Leberzirrhose und erhöhtem Blutdruck in der Pfortader, d.h. wenn es Evidenz für einen der beiden Zustände gibt, ist auch der andere wahrscheinlich). Erweiterungen des in Abb. 8.4 dargestellten JTMS-Basis-Algorithmus zur Behandlung von monotonen Zirkularitäten basieren auf der Unterscheidung zwischen nicht-zirkulären („well-founded") und zirkulären Begründungen. Die wichtigsten Typen sind:

1. **Die „Current Support"-Strategie:** Im TMS von Doyle [79] und anderen JTMS-Systemen [McAllester 80, Goodwin 82] wird die erste hergeleitete Begründung einer Schlußfolgerung als ihr Current Support ausgezeichnet, da sie nicht zirkulär sein kann. Solange eine Schlußfolgerung bei einer Revision ihren Current Support behält, steht ihre Gültigkeit außer Frage. Anderenfalls muß jedoch eine größere Prozedur zur Bestimmung ihrer Gültigkeit durchgeführt werden, da man sich auf die übrigen Begründungen, die möglicherweise zirkulär sind, nicht mehr verlassen kann. Deswegen wird die Schlußfolgerung zunächst vorübergehend zurückgesetzt und diese Änderung durch das Abhängigkeitsnetz propagiert. Dabei verlieren Schlußfolgerungen ihre zirkulären Begründungen, was man sich mit dem Beispiel in Abb. 8.7 verdeutlichen kann. Falls nach Abschluß dieser Prozedur eine vorübergehend zurückgesetzte Schlußfolgerung noch wohldefinierte Begründungen hat, wird sie wieder etabliert, ein neuer Current Support gesetzt und ihre Etablierung weiterpropagiert. Die zum Schluß übriggebliebenen Schlußfolgerungen ohne Begründung werden dann endgültig zurückgesetzt.

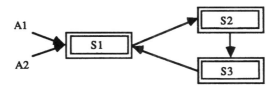

Abb. 8.7 Beispiel zur Illustration der verschiedenen JTMS-Techniken zur Schleifenbehandlung

Der Nachteil der Current Support-Strategie ist, daß möglicherweise viele Schlußfolgerungen unnötigerweise de- und remarkiert werden. Wenn in Abb. 8.7 S1 als Current Support A1 hat und A1 ungültig wird, kann nicht zwischen der zirkulären Begründung von S3 und der wohldefinierten Begründung von A2 unterschieden werden. Deswegen wird S1 und im Gefolge auch S2 und S3 vorübergehend zurückgezogen und dann festgestellt, daß S1 noch von A2 eine Begründung hat, die als neuer Current Support ausgezeichnet wird. Anschließend erhalten S2 und S3 wieder ihre Begründungen zurück und werden rehabilitiert.

2. **Angaben zirkulärer Strukturen durch den Programmierer:** Für dynamische Speicherverwaltungssysteme wie den LISP-Garbage-Collector ist es eine sehr effiziente Strategie, die Verweise auf ein Objekt zu zählen und es zu deal-

lokieren (löschen), wenn die Anzahl seiner Verweise auf Null sinkt. Das Problem
dabei sind wieder zirkuläre Datenstrukturen, die mit dieser Strategie niemals
deallokiert werden können. Eine von Bobrow [80] vorgeschlagene Lösung ist,
daß der Programmierer zirkuläre Strukturen definiert, damit die Verweise auf die
zirkuläre Struktur als Ganzes gezählt werden können. Sobald es keine externen
Verweise mehr auf eine zirkuläre Struktur gibt, kann sie deallokiert werden.
Beispiel: In Abb. 8.7 müßten S1, S2 und S3 als zirkuläre Struktur definiert
werden. Als externe Verweise auf die zirkulären Strukturen zählen die Begründungen von A1 und A2. Wenn beide Begründungen zurückgezogen werden, wird
auch die zirkuläre Struktur deallokiert.

Dieser Ansatz ist zwar effizient, bedeutet aber in der von Bobrow vorgeschlagenen
Form zusätzlichen Aufwand für den Programmierer, da er zirkuläre Strukturen
selbst definieren muß. Eine Verbesserung wäre ihre Vorberechnung wie beim
ITMS (s. nächster Punkt). Ein anderes schwerwiegendes Problem ist die Behandlung ineinander verschachtelter zirkulärer Strukturen.

3. **Automatische Vorberechnung von Schleifen:** Wenn die Wissensrepräsentation eine Vorberechnung der Schleifen erlaubt, z.B. wenn die für die
Schleifen verwendeten Regeln keine Variablen enthalten, kann das System selbständig ohne Hilfe des Programmierers die Zirkularitäten verwalten. Eine effiziente
Methode für ein regelbasiertes System ist der ITMS (Immediate-Check TMS,
[Puppe 87]). Im ITMS werden beim Aufbau der Wissensbasis alle Zirkularitäten
registriert, indem für jede Schlußfolgerung alle Regeln markiert werden, die
zirkuläre Evidenz liefern könnten. Sobald eine Schlußfolgerung etabliert ist,
werden ihre zirkulären Regeln blockiert, sofern sie noch nicht gefeuert haben. Die
nicht blockierten Begründungen einer Schlußfolgerung sind deswegen immer
wohldefiniert. Da beim ITMS die Anzahl der Begründungen gezählt wird, enthält
er mehr Informationen als der Current Support und arbeitet deswegen effizienter.
Beispiel: In Abb. 8.7 würde beim Aufbau der Wissensbasis bei S1 die Regel
S3 → S1, bei S2 die Regel S1 → S2 und bei S3 die Regel S2 → S3 auf einem
Attribut „zirkuläre Regeln" notiert werden. Wenn S1 über A1 und A2 etabliert
wird, wird die Regel S3 → S1 blockiert, so daß unter S1 nur die wohldefinierten
Begründungen von A1 und A2 abgespeichert werden. Bei Rücknahme von A1
wird deswegen sofort erkannt, daß S1 noch eine zweite Begründung besitzt.
Ein besonderer Vorteil des ITMS ist, daß er im Gegensatz zu den übrigen in
diesem Kapitel diskutierten Techniken leicht auf probabilistisches Schließen
übertragen werden kann, da statt kategorischer Begründungen auch Wahrscheinlichkeiten addiert werden können (s. [Puppe 87]). Der Nachteil des ITMS ist seine
Beschränkung auf Schleifen mit Regeln ohne Variablen, da sonst die
Vorberechnung nicht oder nur partiell möglich ist.

8.2 ATMS mit Basisannahmen als Begründung

Ganz andere Eigenschaften hat der Ansatz, bei dem statt direkter Begründungen die
ursprünglichen Basisannahmen zur Rechtfertigung einer Schlußfolgerung dienen. Der
Hauptaufwand besteht dabei in der Verwaltung des Abhängigkeitsnetzes, während die
konkrete Rücknahme eines Faktums sehr effizient durchführbar ist.

Die primäre Datenstruktur des ATMS ist ein Knoten, der aus drei Komponenten besteht:

- das Datum, das er repräsentiert (eine Aussage über das Anwendungsgebiet),
- die Menge der Basisannahmen, unter denen der Knoten gültig ist,
- die Menge seiner direkten Begründungen (sie dienen vor allem zur Dokumentation).

In Abb 8.3 würden für die Aussagen A, B, C, D, ¬E, mit den Regeln A → B, B → C, D & ¬E → C fünf Knoten X1 − X5 mit folgendem Inhalt generiert werden:

		(Datum)	(Kontext)	(direkte Begründungen)	
X1	= [	A,	{{A}},	{(A)}	]
X2	= [	B,	{{A}},	{(A → B)}	]
X3	= [	C,	{{A} {D, ¬E}},	{(B → C) (D & ¬E → C)}	]
X4	= [	D,	{{D}},	{(D)}	]
X5	= [	¬E,	{{¬E}},	{(¬E)}	]

Im ATMS sagt ein Knoten noch nichts über seine Gültigkeit aus, die sich erst im Vergleich seiner Basisannahmen mit dem globalen Kontext ergibt. So sind im globalen Kontext {A, D} die Knoten X1 − X4 gültig. Wenn A zurückgezogen wird, bleibt nur noch X4 gültig, was ohne Manipulation des Abhängigkeitsnetzes ableitbar ist.

Um die Menge der Kontexte für einen Knoten zu minimieren, werden beim Hinzufügen einer neuen Begründung eventuell entstehende Redundanzen eliminiert. Wenn z.B. die Regel D → C hinzugefügt wird, dann ersetzt der neue Kontext {D} den alten Kontext {D, ¬E} und der Knoten X3 hätte folgenden Inhalt: [C, {{A}{D}}, {(B → C)(D & ¬E → C)(D → C)}].

Eine Besonderheit des ATMS ist die Behandlung von inkonsistenten Regeln, z.B. einer zusätzlichen Regel F → ¬C. Statt die Regel zurückzuweisen, beschränkt sich der ATMS darauf, inkonsistente Mengen von Basisannahmen festzustellen, die mit sog. Nogood-Knoten verwaltet werden, z.B. Nogood = [{A, F}, {D, ¬E, F}]. Alle globalen Kontexte, die eine Nogood-Menge als Teilmenge haben, sind inkonsistent.

Das Schleifenproblem der JTMS-Ansätze erledigt sich im ATMS von selbst, da sich die Schleifen bei der Reduktion zu Basisannahmen auflösen. So würde in Abb. 8.7 der Kontext für S1 einfach die beiden Basisannahmen {{A1}{A2}} sein (ebenso für S2 und S3).

Die Hauptoperationen des ATMS sind Mengenvergleiche, die für seine Effizienz entscheidend sind. Eine Implementierung der Mengenoperationen ist die Darstellung der Basisannahmen als Bitvektoren, die dann mit „und" oder „oder" verknüpft werden können. Allerdings nimmt die Effizienz mit der Anzahl der Basisannahmen ab. De Kleer gibt an, daß der Algorithmus bei bis zu 1000 Basisannahmen noch praktikabel ist [de Kleer 86, S. 152].

Zu den Nachteilen des ATMS gehört die Behandlung von unsicherem Wissen und von Regeln mit Ausnahmen. Das Problem ist, daß dann eine Schlußfolgerung nicht mehr so einfach wie in den bisherigen Beispielen auf Basisannahmen zurückgeführt werden kann. Weiterhin ist die Rückführung aller Schlußfolgerungen auf Basisannahmen umso aufwendiger, je mehr Basisannahmen es gibt, d.h. je mehr Angaben zur Problembeschreibung im Anwendungsgebiet erforderlich sind.

8.3 Zusammenfassung

Einen Überblick über die relativen Stärken und Schwächen beider Ansätze zeigt Abb. 8.8.

	JTMS	ATMS
Art der Rechtfertigung	direkte Begründungen	Basisannahmen
Behandlung von Zirkularitäten	aufwendig	einfach
Behandlung von Ausnahmen von Regeln	einfach	aufwendig
Umgang mit Unsicherheiten	in Spezialfällen einfach	aufwendig
Vergleich verschiedener Lösungen	aufwendig	einfach
Effizienz	abhängig vom Vernetzungsgrad der Wissensbasis	abhängig von der Menge der Basisannahmen

Abb. 8.8   Vergleich zwischen JTMS und ATMS

Der Hauptvorteil des ATMS [de Kleer 84, 86] ist die Möglichkeit, verschiedene Lösungen in verschiedenen Kontexten unabhängig voneinander verfolgen zu können. Das ist z.B. bei der qualitativen Simulation (s. Kapitel 12) nützlich, in deren Zusammenhang de Kleer auch das ATMS entwickelt hat. Wenn man sich dagegen nur für eine Lösung interessiert, dann dürfte ein JTMS [Doyle 79, McAllester 80, Goodwin 82] effizienter sein, da das ATMS Zwischenergebnisse beim Problemlösen wieder in seine Basisannahmen auflösen muß. Es darf jedoch nicht übersehen werden, daß die allgemeinen Implementierungen beider Ansätze bei großen, stark vernetzten Wissensbasen ziemlich ineffizient sind. Ausreichende Effizienz ist derzeitig wohl nur in Spezialfällen möglich, z.B. wenn keine oder nur vorberechenbare Zirkularitäten zugelassen sind (ITMS [Puppe 87]), oder wenn die Wissensbasis nicht zu groß ist.

9. Temporales Schließen

Die Darstellung zeitabhängiger Informationen wurde in Expertensystemen bisher weitgehend vernachlässigt, weil dadurch die Wissensrepräsentation und Ableitungsstrategie wesentlich komplizierter werden kann. Andererseits gibt es viele Anwendungsgebiete, bei denen Zeitangaben wichtig sind. So ist z.B. in der Diagnostik oft die zeitliche Veränderung eines Symptoms aussagekräftiger als der aktuelle Wert, oder es müssen bei der Planung zeitliche Randbedingungen eingehalten werden. Die derzeitig erfolgversprechendste Taktik für temporales Schließen in Expertenssystemen besteht darin, daß man sich auf die Repräsentation der für den Anwendungsbreich wichtigsten Zeitaspekte beschränkt.

Ein grundsätzlicher Unterschied besteht zwischen Systemen, die aus vorhandenen, zeitabhängigen Daten Schlußfolgerungen ziehen, und solchen, die hypothetische Situationen in der Zukunft herleiten. Erstere kann man als Zeitdatenbanken mit einer geeigneten Abfragesprache betrachten, während letztere Simulationssysteme sind. In diesem Kapitel konzentrieren wir uns auf die Repräsentation und Verwaltung zeitlicher Daten, während die Simulation in Kapitel 12 behandelt wird.

Ähnlich wie beim probabilistischen Schließen Aussagen mit einer Unsicherheitsangabe und beim nicht-monotonen Schließen Ableitungen mit Begründungen versehen werden, so werden beim temporalen Schließen Fakten mit einer Zeitangabe qualifiziert, z.B. „Beginn der Brustschmerzen: vor drei Wochen". Für die genaue Repräsentation gibt es zahlreiche Variationen. Dazu gehören:

- *Basisrepräsentation:* es gibt zwei Typen: punkt- und intervallbasierte Basisrepräsentationen. Beide Repräsentationen sind im Prinzip gleich mächtig, da man ein Intervall durch Anfangs- und Endpunkt bzw. einen Zeitpunkt durch ein beliebig kleines Intervall darstellen kann. Trotzdem kann die jeweilige Einfachheit und Eleganz der Handhabung für verschiedene Anwendungsbereiche sehr unterschiedlich sein.
- *Genauigkeit:* am einfachsten ist die Repräsentation exakter Zeitangaben. In vielen Anwendungsbereichen sind jedoch keine genauen Zeitinformationen verfügbar. Ungenauigkeiten können entweder qualitativ (z.B. die Brustschmerzen begannen vor dem Krankenhausaufenthalt) oder quantitativ (z.B. die Brustschmerzen begannen drei bis vier Wochen vor dem Krankenhausaufenthalt) angegeben werden.
- *Bezug:* wir unterscheiden drei Typen, wie eine Zeitangabe zu anderen in Bezug gesetzt werden kann: absolute Zeitskala, einfache oder mehrfache Referenzereignisse. Am einfachsten ist die Benutzung einer absoluten Zeitskala (z.B. bei einer exakten Zeitangabe: die Brustschmerzen begannen am 9.3.88 um 15^{30} Uhr). Die Alternative ist die Angabe von Referenzereignissen (z.B. drei Wochen vor dem

Krankenhausaufenthalt). Referenzereignisse haben den Vorteil, daß sie im Gegensatz zu einer absoluten Zeitskala keine totale Ordnung aller Zeitangaben erzwingen. Wenn man eine ungenaue Zeitangabe durch Bezug zu mehreren Referenzereignissen beschreibt, dann kann die Schnittmenge der verschiedenen Unsicherheitsintervalle genauer sein als jede einzelne Relation. Jedoch verkompliziert die Berechnung und Konsistenzerhaltung mehrfacher Referenzereignisse die Zeitrepräsentation im Vergleich zur Angabe einfacher Referenzereignisse beträchtlich. Eine geeignete Implementierungstechnik ist die Darstellung der Zeitrelationen als Constraints und die Berechnung der genauesten Beziehung zwischen zwei Ereignissen als Constraint-Propagierung. Da bei einer Einschränkung eines Unsicherheitsintervalls durch zusätzliche Informationen auch Widersprüche auftreten können, kann auch die Benutzung eines TMS erforderlich sein.

- *Zeiteinheiten:* eine Zeitrepräsentation mit quantitativen Zeitangaben wirkt wesentlich natürlicher, wenn außer Zahlen auch Zeiteinheiten (z.B. Sekunde, Minute,..., Jahr) dargestellt werden. Außerdem kann die Wahl der Zeiteinheit auch ein Mittel zur Beschreibung von Ungenauigkeiten sein (so bedeuten z.B. „vor einem Jahr" und „vor 365 Tagen" nicht unbedingt dasselbe).

Die Komplexität der Zeitrepräsentation bestimmt natürlich, wie aufwendig und effizient Fragen an Zeitdatenbanken beantwortet werden können. Typische Fragen sind z.B.:

- Ist ein Faktum während eines bestimmten Intervalls gültig?
- . Hat sich ein Wert oder der Anstieg eines Wertes während der letzten Zeit verändert?
- Wie ist die zeitliche Relation zwischen zwei Fakten?

Die verschiedenen Aspekte des temporalen Schließens werden in den folgenden Unterkapiteln anhand der Diagnostik-Expertensysteme VM und MED2, die die zeitliche Repräsentation zur Auswertung von Folgesitzungen benötigen, sowie anhand der allgemeinen Zeitrepräsentationsformalismen von McDermott und Allen illustriert.

VM und MED2 haben eine punktbasierte Basisrepräsentation und verarbeiten vor allem exakte Zeitangaben. Während in VM eine absolute Zeitskala ohne Zeiteinheiten verwendet wird, werden in MED2 Zeitpunkte durch Bezug zu einem anderen Zeitpunkt spezifiziert, wobei exakte quantitative Zeitangaben mit Zeiteinheiten und qualitative vor/nach-Relationen möglich sind.

Bei den mächtigeren Formalismen von Allen und McDermott sind dagegen ungenaue Zeitangaben mit mehrfachen Referenzereignissen zugelassen, weswegen sie, wie schon angedeutet, eine Art von Constraint-Propagierung durchführen müssen. Eine Technik zur Effizienzsteigerung ist die Partitionierung des Netzes von Zeitrelationen in hierarchisch geordnete Gruppen (Cluster, s. Kapitel 9.3). Die Systeme von McDermott und Allen unterscheiden sich in der Basis ihrer jeweiligen Zeitrepräsentation (punkt- bzw. intervallbasiert) und in dem Grad der Ungenauigkeit (ungenaue quantitative bzw. qualitative Beziehungen).

9.1   Exakte Zeitrelationen: VM und MED2

Eines der ersten zeitverarbeitenden Expertensysteme ist VM [Fagan 84], dessen Wissensrepräsentation auf MYCIN basiert und das zur Überwachung von Patienten an der Eisernen Lunge entwickelt wurde. VM soll die Übergänge zwischen verschiedenen Arten der unterstützenden Beatmung entsprechend dem Zustand des Patienten steuern. Der Zustand des Patienten wird mit etwa 30 Meßwerten kontrolliert, die zusammmen mit dem exakten Zeitpunkt der Messung abgespeichert werden. Da die Messungen alle zwei bzw. zehn Minuten stattfinden, sind keine Zeiteinheiten nötig, sondern es reichen einfache Zahlen auf einer absoluten Zeitskala aus (s. Abb. 9.1).

vergangene Zeit (in Minuten)	69	59	58	......	9
Atemfrequenz (pro Minute)	9	9	10	......	9
Blutdruck (in mm Hg)	141	154	153	......	150
:	:	:	:	:	:
Uhrzeit	12.30	12.20	12.19	......	11.30

Abb. 9.1   Zeitliche Repräsentation in VM

Zur Auswertung der Zeitverläufe verfügt VM neben den „gewöhnlichen" Regelprädikaten über spezielle zeitbezogene Prädikate und Funktionen. Die wichtigsten Typen sind:

- Fluktuation: dieses Prädikat dient zur Überwachung der Änderung von Parametern, d.h. ob sich ein Meßwert während eines Zeitintervalles um einen bestimmten Betrag verändert bzw. nicht verändert hat. So wird die Aussage (Fluktuation, Blutdruck, Änderung_in_beiden_Richtungen, 15, 20, Negation) in der Vorbedingung einer Regel zu wahr ausgewertet, wenn sich der Blutdruck in den letzten 20 Minuten um nicht mehr als 15 Torr verändert hat
- Time-Expect: dieses Prädikat überprüft, ob ein Parameter während eines Intervalls einen bestimmten Wert hat.
- Expect: diese Funktion setzt in Abhängigkeit vom globalen Zustand des Patienten den tolerablen oder optimalen Wertebereich eines Parameters, worauf andere Regeln Bezug nehmen können.

Eine Folgesitzung mit einer neuen Meßwertserie wird in VM als neue Sitzung betrachtet und vollständig neu ausgewertet. Der Verzicht auf ein TMS ist wegen der relativ kleinen Menge von 30 Parametern möglich.

MED2 [Puppe 87] basiert auf einer ähnlichen Zeitrepräsentation wie VM. Im folgenden diskutieren wir vor allem die Unterschiede zwischen den beiden Systemen. In MED2 wird nicht gefordert, daß für jedes Symptom Datum und Uhrzeit bekannt ist, sondern der Benutzer spezifiziert Zeitangaben relativ zu einem Bezugspunkt, wobei er den vorgegebenen Bezugspunkt „jetzt" oder selbstdefinierte Bezugspunkte benutzen kann. In Folgesitzungen wird das alte „jetzt" automatisch in „Sitzung X" umbenannt und in Relation zu dem neuen „jetzt" gesetzt. Der Wert eines Symptoms bleibt solange gültig, bis der Benutzer ihn explizit überschreibt, so daß in

Folgesitzungen nur die geänderten Symptome eingegeben werden müssen. MED2 erlaubt auch ungenaue Zeitangaben, wie z.B. Zeitpunkt–2 liegt vor Zeitpunkt–1, aber da ein Zeitpunkt durch eine Relation zu genau einem anderen Zeitpunkt dargestellt wird, erfordert diese Repräsentation nur eine Verknüpfung von vor/nach-Ketten und keine Constraint-Propagierung. Zeitangaben wertet MED2 mit folgenden Prädikaten und korrespondierenden Funktionen aus (s. Abb. 9.2):

- Berechnung der zeitlichen Beziehung zwischen zwei Zeitpunkten (Prädikate: vor, nach, gleichzeitig; mit einschränkendem Zeitintervall bei Bedarf),
- Berechnung, ob sich der Absolutwertes eines Parameters verändert hat, was weitgehend der „Fluktuation" von VM entspricht. Um den Einfluß einer Therapie auf ein System zu prüfen, kann in MED2 auch ein Ereignis spezifiziert werden, das während der Veränderung des Parameters stattgefunden haben muß (z.B. ist das Fieber *nach der Medikamenteneinnahme* um mindestens ein Grad gesunken?),
- Berechnung der Veränderung des Anstieges eines Parameters (z.B. ob der Anstieg von aufeinander folgenden Meßwerten steiler geworden ist).

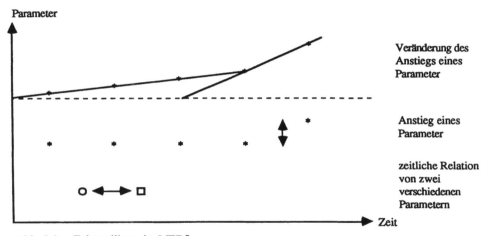

Abb. 9.2   Zeitprädikate in MED2

Eine Folgesitzung wird in MED2 nicht durch vollständige Neuberechnung wie in VM, sondern durch gezielte Korrektur der Schlußfolgerungen auf der Basis der alten Sitzung mit dem ITMS (s. Kapitel 8.1) behandelt.

9.2 Ungenaue quantitative Zeitrelationen: der TMM von McDermott

Eines der leistungsfähigsten Systeme für den Umgang mit ungenauen Referenzereignissen und mehrfachen Zeitbeziehungen, ist der TMM (Temporal Map Manager, [Dean 87]) von Dean und McDermott. Seine Aufgabe ist die Verwaltung einer Zeitdatenbank, auf die ein anderes Programm zugreifen kann. Die Unsicherheit bezüglich der genauen Lage eines Zeitpunktes wird im TMM als Intervall angegeben. Zeiteinheiten werden nicht explizit repräsentiert. Ein Beispiel für die Zeitrepräsentation im TMM ist: (gilt (distanz Z1 Z2) 0 10), was bedeutet, daß der Zeitpunkt Z1 zwischen 0 und 10 Zeiteinheiten vor Z2 liegt.

Die Gültigkeitsdauer eines Faktums wird durch die zwei Zeitpunkte „Beginn" und „Ende" dargestellt. Die Zusicherung, daß ein Faktum während eines Zeitintervalls gültig ist, kann wie folgt spezifiziert werden:

1. (zusicherung Faktum Zeitintervall):
   Damit wird dem Faktum eine Variable „Zeitintervall" zugeordnet, die in den beiden folgenden Aussagen benutzt wird.
2. (gilt (distanz (beginn Zeitintervall) „Referenzzeitpunkt") Zahl Zahl)
   Der Beginn des Zeitintervalls wird zu einem anderen Zeitpunkt in Beziehung gesetzt. Es können beliebig viele solcher Relationen angegeben werden.
3. (gilt (distanz (beginn Zeitintervall) (ende Zeitintervall)) Zahl Zahl)
   Die Dauer des Zeitintervalls wird spezifiziert.

Mit diesem Formalismus ließe sich eine sehr vage Aussage wie z.B. „Z1 liegt vor Z2" noch nicht korrekt darstellen. Deswegen sind zur Charakterisierung von Intervallgrenzen außer Zahlen auch die Symbole „pos_winzig" und „pos_unendlich" zugelassen. Sie markieren Zeitbeziehungen, die kleiner bzw. größer als jede Zahl sind, z.B. bedeutet (gilt (distanz Z1 Z2) pos_winzig pos_unendlich), daß Z1 vor Z2 liegt.

Zur Beantwortung der Frage, ob eine Zusicherung während eines bestimmten Zeitintervalls gültig ist, wertet der TMM alle Zeitrelationen aus, die sich auf den Beginn oder das Ende der Zusicherung beziehen. Wenn nur der Beginn bekannt ist, wird angenommen, daß die Zusicherung beliebig lange gültig bleibt, d.h. für das Ende wird der Defaultwert „pos_unendlich" verwendet. Da zusätzliche Informationen die Dauer einer Zusicherung einschränken können, können Schlußfolgerungen ungültig werden. Zum Zurückziehen von Schlußfolgerungen wird im TMM das ATMS-Verfahren (s. Kapitel 8.2) verwendet.

In einer großen Zeitdatenbank gibt es zu viele Zeitbeziehungen, als daß alle Relationen ständig so präzise wie möglich bestimmt werden können (d.h. daß eine vollständige Propagierung aller Zeit-Constraints durchgeführt wird). Im TMM wird diese Problem dadurch gelöst, daß der Benutzer festlegt, für welche Beziehungen er sich interessiert, und daß nur diese ständig überwacht werden. Eine zweite Lösung, die am Ende des nächsten Unterkapitels vorgestellt wird, ist eine hierarchische Organisation der einzelnen Zeitintervalle.

9.3 Qualitative Relationen: der Zeitkalkül von Allen

Wie der TMM dient auch der Zeitkalkül von Allen [83] dazu, eine Zeitdatenbank zu verwalten und für ein anderes Programm eine Abfragesprache zur Verfügung zu stellen. Der Zeitkalkül von Allen benutzt Intervalle als Basisrepräsentation, wobei die Intervalle durch qualitative Angaben zu eventuell mehreren anderen Intervallen in Beziehung stehen können. Die dreizehn disjunkten qualitativen Beziehungen zwischen zwei Intervallen zeigt Abb. 9.3.

	Relation		Symbol	inverses Symbol	graphisches Beispiel
X	*before*	Y	<	>	
X	*meets*	Y	m	mi	
X	*overlaps*	Y	o	oi	
X	*during*	Y	d	ɗi	
X	*starts*	Y	s	si	
X	*finishes*	Y	f	fi	
X	*equal*	Y	=	=	

Abb. 9.3   Die dreizehn Zeitrelationen bei Allen

Sie reichen aus, viele Zeitbeziehungen sehr elegant auszudrücken. So kann Allen z.B. die Aussage „B gilt während A" einfach durch „B...(during)...A" repräsentieren. Im TMM sind dagegen folgende Angaben erforderlich:

1. (gilt (distanz (beginn A) (beginn B)) pos-winzig pos-unendlich) „A beginnt vor B"
2. (gilt (distanz (ende B) (ende A)) pos-winzig pos-unendlich) „B endet vor A"
sowie die implizite Bedingungen:
3. (gilt (distanz (beginn A) (ende A)) pos-winzig pos-unendlich) „A ist ein Intervall"
4. (gilt (distanz (beginn B) (ende B)) pos-winzig pos-unendlich) „B ist ein Intervall"

Zwei Intervalle können auch durch eine Gruppe von Basisrelationen in Beziehung gebracht werden, z.B. „A beginnt vor B" wird repräsentiert durch A...(< m o di fi)...B, d.h. eine der Relationen „before", „meets", „overlaps", „during-invers" oder „finishes-invers" trifft zu.

Im Zeitkalkül von Allen ist es ähnlich wie im TMM von McDermott aufwendig, die genaue Zeitrelation zwischen zwei Intervallen zu bestimmen, da eventuell lange Ketten von Referenzereignissen auftreten, die sich aufgrund der Möglichkeit von mehrfachen Referenzereignissen für ein Intervall auch noch stark verzweigen können.

Eine einfache Berechnung wird durch die in [Allen 83] angegebene Methode der Clusterbildung erreicht. Ein Cluster ist eine Menge von zusammengehörigen Zeitintervallen. Innerhalb eines Clusters werden die wechselseitigen Beziehungen zwischen allen Intervallen vollständig berechnet. Jeweils ein Intervall eines Clusters[1] wird dadurch ausgezeichnet, daß es auch Beziehungen zu anderen Clustern besitzt. Für Beziehungen zwischen zwei Intervallen A1 und B1 von verschiedenen Clustern A und B wird keine explizite Relation gespeichert, sondern sie wird in drei Stufen berechnet: von A1 zu dem ausgezeichneten Intervall A, von dort zu dem ausgezeichneten Intervall B des anderen Clusters und von B zu B1. Bei großen Zeitdatenbanken können auch die Cluster selbst hierarchisch geordnet sein.

---

[1]   Im folgenden benennen wir einen Cluster immer nach seinem ausgezeichneten Intervall.

Ein Beispiel für die hierarchische Clusterbildung zeigt Abb. 9.4. Eine Herleitung der
Zeitrelation von Vorschule zu Grundschule ergibt: da Vorschule und Grundschule zu
verschiedenen Clustern gehören, wird zunächst ein Pfad zwischen den Clustern
gesucht (Vorschule...meets...Ausbildung) und dann die Beziehung innerhalb der
Cluster berechnet (Grundschule...starts...Ausbildung), die schließlich zu (Vorschule...meets...Grundschule) verknüpft werden.

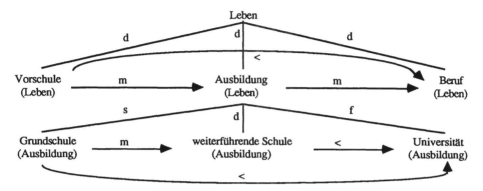

Abb. 9.4   Hierarchische Clusterbildung von Zeitintervallen

Der Zeitkalkül von Allen läßt sich effizient implementieren [Vilain 82] und reicht für
viele Anwendungsbereiche aus, in denen quantitative Zeitangaben fehlen, wie z.B. bei
der qualitativen Simulation in Kapitel 12.

9.4   Zusammenfassung

Es gibt zwei Typen von zeitverarbeitenden Systemen: Zeitdatenbanken zur Verwaltung
und Abfrage zeitbezogener Daten und Simulationssysteme (s. Kapitel 12) zur Vorhersage oder Erklärung von Ereignissen.

Das wichtigste Merkmal von Zeitdatenbanken ist der zulässige Grad der Ungenauigkeit zeitlicher Beziehungen. Während einfache, exakte Beziehungen schon in einigen
Expertensystemen (z.B. VM [Fagan 84], MED2 [Puppe 87]) realisiert sind, ist die
Verwaltung von mehrfachen, ungenauen Zeitangaben wesentlich aufwendiger, da
auch mögliche Reduktionen der Unsicherheit durch zusätzliche Zeitinformationen
verwaltet werden müssen. Dazu eignen sich Techniken der Constraint-Propagierung.
Zwei bekannte Ansätze dafür sind der TMM [Dean 87] und der Zeitkalkül von Allen
[83]. Letzterer hat als kleinste Repräsentationseinheit Intervalle, was die Wissensrepräsentation im Vergleich zur punktbasierten Darstellung des TMM erheblich vereinfacht, aber zur Repräsentation von ungenauen, quantitativen Zeitangaben schlecht
geeignet ist. Zeitverarbeitende Systeme müssen auch in der Lage sein, Schlußfolgerungen zu revidieren, wozu außer in kleinen Anwendungsgebieten wie z.B. bei VM
ein TMS erfoderlich ist. Eine gute Übersicht über temporales Schließen findet sich
auch in [Charniak 85, Kapitel 7.4].

Teil III

Problemlösungstypen und Problemlösungsstrategien

10. Diagnostik

Die Diagnostik (Klassifikation) bezeichnet den Lösungsprozeß für Probleme mit folgenden Eigenschaften (Abb. 10.1):

1. Der Problembereich besteht aus zwei explizit gegebenen, disjunkten Mengen von Problemmerkmalen (Symptomen) und Problemlösungen (Diagnosen), und aus typischerweise unsicherem Wissen über die Beziehungen zwischen Symptomen und Diagnosen.
2. Ein Problem ist durch eine eventuell unvollständig gegebene Teilmenge der Symptome charakterisiert.
3. Die Lösung eines Problems besteht aus einer oder mehreren Diagnosen.
4. Wenn die Qualität der Problemlösung durch Erfassung zusätzlicher Symptome verbessert werden kann, so ist es eine Teilaufgabe der Diagnostik zu bestimmen, ob und welche zusätzlichen Symptome angefordert werden sollen.

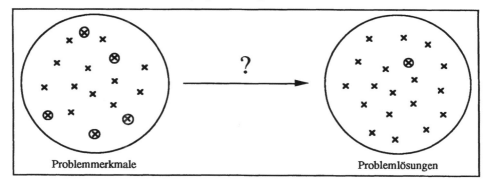

Abb. 10.1 Basisstruktur der Diagnostik mit Problemmerkmalen (Symptomen) und Problemlösungen (Diagnosen).

Diagnostisches Wissen kann unterschiedlich dargestellt und ausgewertet werden. Die wichtigsten Formen sind statistisches und fallvergleichendes Wissen, das auf der Auswertung von Falldatenbanken beruht, heuristisches Erfahrungswissen von Experten und kausales Wissen über Struktur und Verhalten eines zu diagnostizierenden Systems. Typische diagnostische Problembereiche sind:

* medizinische Diagnostik,
* technische Diagnostik,
  - Qualitätskontrolle (z.B. auf Prüfständen),
  - Reparaturdiagnostik (z.B. für Autos, Computer oder Kraftwerke),
  - Prozeßdiagnostik und -überwachung (z.B. in der Fertigung),

- Selektionsprobleme (Objekterkennung, z.B. Pilzbestimmung; Katalogauswahl; Anwendung juristisches Bestimmungen; usw.).

Manche Problembereiche lassen sich auch als iterative Diagnostikprobleme charakterisieren, wobei die Diagnosen einer Stufe die Symptome der nächsten Stufe sind. So lassen sich bei der Prozeßdiagnostik in der Halbleiterherstellung drei Stufen identifizieren:

1. Klassifizierung des Fehlers (z.B. Schichtdicke zu hoch),
2. Erkennen des verantwortlichen Prozesses (z.B. zu hohe Temperatur bei der Beschichtung),
3. Therapievorschlag (z.B. defekten Thermostat austauschen).

Historisch haben sich die Diagnostik-Expertensysteme aus dem medizinischen Bereich heraus entwickelt. Es stellte sich jedoch heraus, daß die heuristischen Methoden oft ohne Modifikation auf technische Anwendungen übertragbar sind. Einen wesentlichen Unterschied gibt es erst bei der modellbasierten Diagnostik (s. Kapitel 10.5), da technische Systeme oft wesentlich besser modelliert werden können. Da technische Anwendungen meist auch überschaubarer sind und mehr und genauere Meßdaten mit sicheren Regeln existieren, liegen die praktischen Erfolge von Diagnostiksystemen fast ausschließlich im technischen Bereich, während die medizinischen Systeme mit ganz wenigen Ausnahmen Demonstrationsprototypen geblieben sind.

Das für die Diagnostik typische Zurückschließen von Beobachtungen auf Systemzustände bzw. Objekte, die die Beobachtungen hervorrufen, ist eine Form der Abduktion: Wenn eine Diagnose D das Symptom S verursacht, und S wird beobachtet, dann ist D eine mögliche Erklärung für S (s. Abb. 10.2).

Deduktion	Abduktion
$D \rightarrow S$ D	$D \rightarrow S$ S
S	D

Abb. 10.2   Deduktion und Abduktion

Die Abduktion ist natürlich keine logisch zwingende Schlußweise wie die Deduktion, da eine Beobachtung viele Ursachen haben kann. Die dadurch bedingte Unsicherheit in der Diagnosebewertung läßt sich durch Auswertung zusätzlicher Daten reduzieren. Weil die Symptomerhebung aufwendig und risikoreich sein kann, müssen Kosten und Nutzen diagnostischer Untersuchungen sorgfältig gegeneinander abgewogen werden, z.B. reichen in Routinefällen wenige Daten aus, während bei komplexeren Problemen eine umfassendere Symptomerhebung erforderlich ist. Besonders in der Prozeßdiagnostik ist auch die zeitliche Entwicklung von Symptomen und ihre Änderung unter dem Einfluß von Therapiemaßnahmen aufschlußreich. Da der Diagnostiker nicht immer mit Diagnosen und Therapien warten kann, bis alle relevanten Symptome erhoben sind, muß er plausible Hypothesen aufstellen und diese bei gegenteiliger Evidenz zurückziehen können. Die Situation verkompliziert sich dadurch, daß „Widersprüche" (z.B. je ein Symptom spricht für und gegen eine Diagnose) viele

Ursachen haben können: außer einer falschen Interpretation gehören dazu Fehler bei der Symptomerhebung, eine noch nicht erkannte Ursache für eines der Symptome oder unzureichendes Wissen über das Anwendungsgebiet. Die sich aus diesen Überlegungen ergebenden Anforderungen an ein Diagnostiksystem sind in Abb. 10.3 zusammengefaßt.

- Diagnosebewertung mit unsicherem Wissen
- Diagnosebewertung mit unvollständigem Wissen
- Plausibilitätskontrolle der Eingabedaten
- Erkennen von Mehrfachdiagnosen
- adäquate Behandlung von Widersprüchen
- kosteneffektive Symptomerhebung
- Auswertung von Folgesitzungen

Abb. 10.3   Anforderungen an ein Diagnostiksystem

10.1 Übersicht über Diagnostiktechniken

In diesem Unterkapitel werden diagnostische Standardtechniken zur Wissensrepräsentation, zu Kontrollstrategien und zur probabilistischen Diagnosebewertung beschrieben.

10.1.1 Wissensrepräsentation

Ein universelles Prinzip der Wissensrepräsentation in Expertensystemen ist die Übernahme der Fachterminologie des Anwendungsbereiches. In der Diagnostik reflektieren die Begriffe die kontinuierliche Verdichtung der Rohdaten über den *diagnostischen Mittelbau* zu den Enddiagnosen. Dabei lassen sich zwei Phasen unterscheiden: *Datenvorverarbeitung* und *diagnostische Auswertung*. Bei der Datenvorverarbeitung [Chandrasekaran 83a], die meist durch einfache Regeln realisiert werden kann, werden Rohdaten zu einfachen Symptominterpretationen aufbereitet. Dazu gehören:

- Arithmetische Berechnungen (z.B. Jahreskilometerleistung eines Autos = km-Stand dividiert durch KfZ-Alter).
- Abstraktionen von quantitativen zu qualitativen Werten (z.B. in der Medizin: Tachykardie = Puls über 90 Schläge in der Minute). Die Einteilung von Meßwerten in „zu niedrig", „normal" oder „zu hoch" bildet in vielen Anwendungsbereichen die Basis der Diagnostik.
- Zusammenfassungen von Einzelbeobachtungen zu lokalen Symptominterpretationen, die noch nicht den Stellenwert globaler Diagnosen haben (z.B. Zusammenfassung von Aspekten des Brustschmerzes zur Typisierung „herzbedingter" oder „lungenbedingter" Brustschmerz).

Die eigentliche, auf unsicherem Wissen basierende diagnostische Auswertung wird oft durch ein reichhaltiges Geflecht von Zwischendiagnosen unterstützt, die eine schrittweise Verfeinerung allgemeiner Diagnoseklassen ermöglichen.

Abb. 10.4 zeigt verschiedene Typen von „Geflechten", in denen es einen, mehrere oder zirkuläre Pfade zu einer Diagnose gibt. Mit zirkulären „Pfaden" (Schleifen) kann die Beschränkung vermieden werden, daß eine Diagnose vor einer anderen etabliert sein muß; stattdessen kann die Diagnose, die zuerst bestätigt wurde, den Verdacht für andere verstärken. Eine Selbstbestätigung einer Diagnose über Schleifen muß dabei natürlich ausgeschlossen werden.

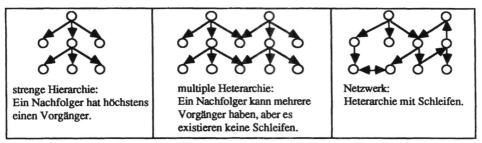

| strenge Hierarchie: Ein Nachfolger hat höchstens einen Vorgänger. | multiple Heterarchie: Ein Nachfolger kann mehrere Vorgänger haben, aber es existieren keine Schleifen. | Netzwerk: Heterarchie mit Schleifen. |

Abb. 10.4 Verschiedene Typen von Diagnosehierarchien

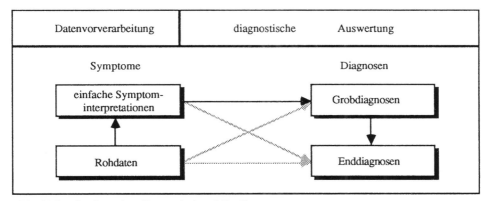

Abb. 10.5 Struktur des diagnostischen Mittelbaus

	KfZ-Bereich	**medizinischer Bereich**
Rohdaten	Benzinverbrauch = 10 l	Puls = 100 Blutdruck = 80
Symptominterpretation	typspezifischer Benzinverbrauch zu hoch	hoher Schockindex
Grobdiagnose	Verbrennung nicht o.k.	Kreislaufschock
Feindiagnose	Leerlaufsystem nicht o.k.	Kreislaufschock durch starken Flüssigkeitsverlust

Abb. 10.5a Beispiele zu Abb. 10.5

Eine schematische Zusammenfassung des diagnostischen Mittelbaus zeigt Abb. 10.5, die von Clancey [84, 85] als grundlegende Struktur der Diagnostik beschrieben wurde.

10.1.2 Kontrollstrategien

Die Kontrollstrategie hat in der Diagnostik neben der effizienten Symptomauswertung auch die Aufgabe, gegebenenfalls zusätzliche Symptome zur Überprüfung von Verdachtsdiagnosen anzufordern. Die wichtigsten Strategien sind:

- *Vorwärtsverkettung:* ausgehend von den eingegebenen Symptomen werden alle anwendungsbereiten Regeln ausgewertet und somit alle Schlußfolgerungen gezogen, die möglich sind. Die Symptomerfassung muß durch zusätzliches Wissen oder durch den Benutzer gesteuert werden.
- *Rückwärtsverkettung:* ausgehend von einem Ziel (z.B. die Ursache der Infektion zu finden) werden alle Regeln ausgewertet, die zum Erreichen des Zieles beitragen können. Falls Rohdaten zur Auswertung der Regeln unbekannt sind, werden sie vom Benutzer erfragt.
- *Establish-Refine:* in einer strengen Diagnosehierarchie wird eine Diagnoseklasse zunächst durch Rückwärtsverkettung bestätigt und dann verfeinert, indem versucht wird, einen Nachfolger zu bestätigen, der wiederum verfeinert wird, usw.
- *Hypothesize-and-Test:* aus den eingegebenen Symptomen werden durch Vorwärtsverkettung Verdachtshypothesen generiert, die anschließend durch Rückwärtsverkettung gezielt überprüft werden.

Vorwärts- und Rückwärtsverkettung sind Basisstrategien zur Abarbeitung von Regeln, die für die Diagnostik nicht optimal sind, da sie eine erschöpfende Breiten- bzw. Tiefensuche bedeuten. Establish-Refine dagegen ist ideal für strenge Hierarchien, da nur eine kleine Teilmenge der Diagnosen überprüft werden muß. Allerdings lassen sich viele Gebiete nur schlecht streng hierarchisch strukturieren. So gibt es in der Maschinendiagnose meist zwei Einteilungsschemata nach defekten Bauteilgruppen und nach Funktionsausfällen. In der Medizin entspricht das der anatomischen und physiologischen Einteilung; darüber hinaus gibt es dort noch ätiologische[1], zeitliche und symptomatische Diagnosehierarchien. Die Kombination mehrerer strenger Hierarchien führt zu Heterarchien oder Netzwerken (s. Abb. 10.4), die sich schlecht mit Establish-Refine, sondern weit besser mit Hypothesize-and-Test auswerten lassen. Diese Strategie erfordert zusätzliches Wissen zur Verdachtsgenerierung, dessen Qualität die Effizienz und Korrektheit bestimmt. So ließe sich die schrittweise Verfeinerung von Establish-Refine durch Regeln zur Verdachtsgenerierung simulieren, die nach Etablierung einer Diagnoseklasse die Nachfolger verdächtigen. Heterarchische Abhängigkeiten kann man durch zusätzliche Verdachtsregeln darstellen. Auch reine Vorwärts- und Rückwärtsverkettungen lassen sich als Spezialfälle von Hypothesize-and-Test auffassen, bei denen die Verdachtsüberprüfung bzw. die Verdachtsgenerierung fehlen.

Während Rückwärtsverkettung, Establish-Refine und Hypothesize-and-Test eine einfache Strategie zur Anforderung zusätzlicher Symptome implizit enthalten, kann

---

[1] Ätiologie = Lehre von den Krankheitsursachen

diese häufig durch explizites Wissen verbessert werden. Dazu gehören die Zusammenfassung gemeinsam erfaßter Symptome zu Gruppen (z.B. für technische Untersuchungen, bei denen meist viele Daten anfallen), die standardisierte Anordnung von Routineuntersuchungen [Puppe 86] und eine Kosten/Nutzen-Analyse aufwendiger Untersuchungen. Eine schematische Darstellung einer um Standarduntersuchungen und Differentialdiagnostik (s.u.) erweiterten Hypothesize-and-Test-Kontrollstrategie zeigt Abb. 10.6.

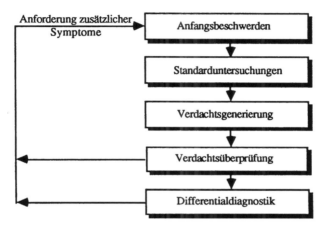

Abb. 10.6   Flexible diagnostische Kontrollstrategie

Diagnostik-Expertensysteme mit einer vorwärts- und rückwärtsverketteten Kontrollstrategie werden auch als regelbasierte Systeme und solche mit Establish-Refine oder Hypothesize-and-Test als framebasierte Systeme bezeichnet [Schwartz 87], da bei letzteren in der Wissensrepräsentation und dem Kontrollfluß die Bedeutung der Diagnose-Frames stärker betont wird.

10.1.3   Probabilistische Diagnosebewertung

Während es für die genaue Form des probabilistischen Schließens viele konkurrierende Ansätze gibt (s. Kapitel 7), deren objektive Einschätzung kaum möglich ist, lassen sich die unterschiedlichen Bestandteile der probabilistischen Diagnosebewertung gut charakterisieren (s. Abb. 10.7).

Da nur in idealen Fällen die tatsächlich beobachtete und die von der Diagnose erwartete Symptomatik vollständig übereinstimmen, muß der Grad der Übereinstimmung abgeschätzt werden. Während die Schnittmenge der erwarteten und beobachteten Symptome *(Pro)* für die Diagnose sprechen, schwächen erwartete, aber nicht beobachtete Symptome *(Kontra)* den Verdacht ab. Nicht erwartete, aber beobachtete Symptome sprechen ebenfalls gegen die Diagnose, da ihr *Erklärungswert* zu gering ist, d.h. nicht alle beobachteten Symptome erklärt sind. Der Erklärungswert kann aber durch Etablierung zusätzlicher Diagnosen verbessert werden, die bisher noch nicht erklärte Symptome abdecken. Im allgemeinen wird man jedoch eine einzelne Diag-

nose, d.h eine Fehlerursache, für wahrscheinlicher halten als die Kombination
mehrerer, voneinander unabhängiger Ursachen zur Erklärung der Symptome. Während assoziative Diagnostiksysteme (s. Kapitel 10.4) die Aspekte Pro und Kontra
betonen, steht bei modellbasierten Systemen (s. Kapitel 10.5) der Erklärungswert im
Vordergrund.

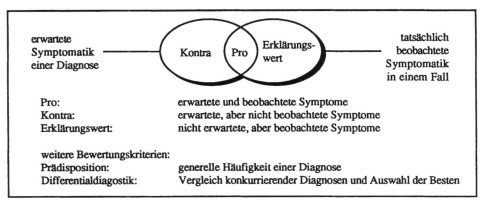

Abb. 10.7   Aspekte der probabilistischen Diagnosebewertung

Ebenfalls wichtig ist die generelle Häufigkeit (*Prädisposition*) der Diagnosen, die
häufig in Abhängigkeit von Grunddaten, wie Alter, Geschlecht, Risikofaktoren,
usw., angegeben wird. Eine hohe Prädisposition kann nur den Glauben in eine bereits
verdächtige Diagnose verstärken; sie kann aber niemals aus sich heraus eine Diagnose
bestätigen.

Eine Entscheidung über die Etablierung von Diagnosen und daraus resultierender
Folgeaktionen, wie Therapien in der Medizin, Reparaturen in der Gerätediagnostik
oder Korrekturen in der Prozeßdiagnostik, geschieht meist durch sorgfältigen
Vergleich der wahrscheinlichsten Diagnosen und Auswahl der besten Alternative
(Differentialdiagnostik).

10.2   Übersicht über Diagnostiksysteme und Wissensarten

Die bisherigen Programme zur Lösung diagnostischer Probleme lassen sich nach der
Art ihres verwendeten Wissens in folgende Klassen aufteilen[2]:

* falldatenbasierte (statistische und fallvergleichende) Diagnostiksysteme,
* heuristische (assoziative) Diagnostiksysteme und
* modellbasierte Diagnostiksysteme.

Die statistischen Ansätze (z.B. Bayes-Theorem oder Dempster-Shafer-Theorie, s.
Kapitel 7.1 und 7.2) behandeln primär nur das Problem der Diagnosebewertung mit
unsicheren Daten. Sie zeichnen sich durch eine hohe Objektivierbarkeit aus, wenn die

---

2   Eine ausführliche Beschreibung der verschiedenen Wissensarten und Problemlösungsmethoden in
    der Diagnostik findet sich in [Puppe 90, Kap. 5 - 12].

vorhandenen Daten die statistischen Voraussetzungen erfüllen. Da der Inferenzmechanismus komplexe arithmetische Operationen erfordert, lassen sich die Ergebnisse kaum verständlich erklären. Ein breiter einsetzbarer, aber schlechter objektivierbarer Ansatz zur Auswertung von Falldatenbanken ist das Heraussuchen vergleichbarer Fälle aus der Datenbank zu einem neuen Fall.

Assoziative Diagnostik-Expertensysteme basieren auf Erfahrungswissen von Experten anstelle von statistisch ausgewerteten Daten. Deswegen ist ihre Validierbarkeit wesentlich geringer als bei statistischen Ansätzen. Zu ihren Vorteilen gehören, daß sie alle Aspekte des diagnostischen Problemlösens behandeln können und daß sie breit einsetzbar sind, da weit schwächere Voraussetzungen zu ihrer Anwendbarkeit erfüllt sein müssen als bei statistischen Ansätzen.

Während das Wissen assoziativer Diagnostiksysteme hauptsächlich aus Symptom-Diagnose-Assoziationen besteht, haben modellbasierte Diagnostiksysteme kausale Ursache-Wirkung-Beziehungen der Art: eine Störung führt zu bestimmten Symptomen. Der Diagnostikprozeß besteht darin, eine möglichst genaue Erklärung für alle beobachteten Symptome durch Simulation der Auswirkungen einer vermuteten Störung zu finden. Abb. 10.8 gibt eine Übersicht über wichtige Eigenschaften der verschiedenen Diagnostikansätze.

	Wissen	Lösbarkeit komplexerer Probleme	Anwen-dungs-spektrum	Effizienz	Qualität der Erklärung	Objektivier-barkeit
statistische und fallvergleichende Ansätze	Falldaten	−	− (+)	0	−	+ (−)
assoziative Ansätze	Erfahrungs-regeln	0	+	+	0	−
modellbasierte Ansätze	kausale Modelle	+	0	−	+	0

Abb. 10.8 Vergleich zwischen falldatenbasierter, assoziativer und modellbasierter Diagnostik (− = gering, 0 = mittel, + = hoch). Die Besonderheiten von fallvergleichenden im Vergleich zu statistischen Ansätzen sind in Klammern angegeben.

10.3 Heuristische Diagnostiksysteme

Heuristische Diagnostiksysteme basieren auf von Experten geschätzten Diagnose-bewertungen und zeichnen sich meist durch eine flexible Kontrollstrategie, durch die Darstellung des diagnostischen Mittelbaus und durch einen im Vergleich zu statistischen Systemen gröberes, aber mehr Bewertungskriterien berücksichtigendes probabilistisches Verrechnungsschema aus (vgl. Kapitel 7.1). Wir stellen zunächst einige bekannte Systeme kurz vor und beschreiben dann als ein typisches Beispiel das Diagnostik-Shell MED2 genauer.

10.3.1 Übersicht über bekannte Systeme

Die vier „klassischen" heuristischen Diagnostiksysteme wurden Mitte der siebziger Jahre entwickelt und stammen alle aus dem medizinischen Bereich.

- MYCIN [Shortliffe 76, Buchanan 84] stellt Diagnosen und Therapien für bakterielle Infektionskrankheiten des Blutes und der Gehirnhaut (Meningitis). Als Kontrollstruktur benutzt es Rückwärtsverkettung mit dem Ziel, die richtige Therapie zu finden. Symptome und Diagnosen werden uniform als assoziative Tripel (Objekt, Attribut, Wert) mit Unsicherheitsfaktoren repräsentiert. Das Expertenwissen wird mit konjunktiven Regeln dargestellt, deren Unsicherheiten nach dem „MYCIN-Modell" (s. Kapitel 7.4) verknüpft werden. Bereits 1980 wurde MYCIN zum ersten Expertensystem-Shell EMYCIN (Essential MYCIN) verallgemeinert, das Vorbild für mehrere kommerzielle Shells wie M1 und S1 (Teknowledge, USA), TWAICE (Nixdorf, Paderborn) und Personal Consultant (Texas Instruments, USA) ist.
- EXPERT ist ein aus CASNET zur Glaukomdiagnostik entwickeltes Diagnostik-Shell [Kulikowski 82, Weiss 84], das sich von EMYCIN vor allem durch folgende Merkmale unterscheidet:
  1. Unterteilung der Objekte in Symptome und Diagnosen und der Regeln in drei Typen (Symptom-Symptom, Symptom-Diagnose, Diagnose-Diagnose), was der Struktur des diagnostischen Mittelbaus (s. Abb. 10.5) entspricht.
  2. Trennung zwischen Diagnosebewertung durch Vorwärtsverkettung und Symptomerfassungsstrategie durch mit verdächtigen Diagnosen assoziierten Fragen.
- PIP [Pauker 76] zur Diagnostik von Ödemen hat eine einfache hypothetisch-deduktive Kontrollstruktur. Die Verdachtsgenerierung geschieht durch eine Teilmenge der Symptome einer Diagnose, die als „Trigger-Symptome" gekennzeichnet sind. Bei der Verdachtsüberprüfung unterscheidet PIP auch formal zwischen kategorischen und probabilistischen Bewertungskriterien, wobei letztere in den „Matching Score" (Pro und Kontra in Abb. 10.7) und in den „Binding Score" (Erklärungswert in Abb. 10.7) differenziert werden.
- INTERNIST [Pople 82, Miller 82] ist das bei weitem größte Diagnostiksystem und hat als Anwendungsgebiet die gesamte Innere Medizin. Um Mehrfachdiagnosen zu erkennen werden die mittels Vorwärtsverkettung aktivierten Diagnosen in Gruppen aufgeteilt, die um die Erklärung derselben Symptome konkurrieren. Wenn der Vorsprung des Spitzenreiters gegenüber den anderen Diagnosen seiner Gruppe genügend groß ist, wird er etabliert (s. Kapitel 7.3). Anschließend werden die betroffenen Symptome als erklärt markiert und zur Erklärung der noch unerklärten Symptomen eventuell weitere Diagnosen gestellt.

Weitere bekannte Systeme sind PROSPECTOR zum Erkennen geologischer Formationen, die Bodenschätze vermuten lassen, und MDX für die Diagnostik des Gallenstausyndroms (Cholestase):

- PROSPECTOR [Gaschnig 82] besitzt einen ausgeprägten diagnostischen Mittelbau, durch den Unsicherheiten nach einer Variante des Theorems von Bayes propagiert werden.
- MDX [Chandrasekaran 83], dessen Mechanismus zur Sprache CSRL [Bylander 86] verallgemeinert wurde, besteht aus verschiedenen Komponenten für die Teilpro-

bleme der Diagnostik: je ein Modell für die Datenvorverarbeitung, für die strenge hierarchische Klassifikation mit der Establish-Refine Strategie und für die unsichere Diagnosebewertung.

Die Systeme zeichnen sich jeweils durch die Einführung einer neuen Idee zur heuristischen Diagnostik aus. Allerdings berücksichtigt keines der Systeme die ganze Bandbreite bewährter Techniken für heuristische Diagnostik. Deren Integration ist die Stärke des im folgenden ausführlicher beschriebenen Diagnostik-Shells MED2.

10.3.2   Die Diagnostik-Shell MED2

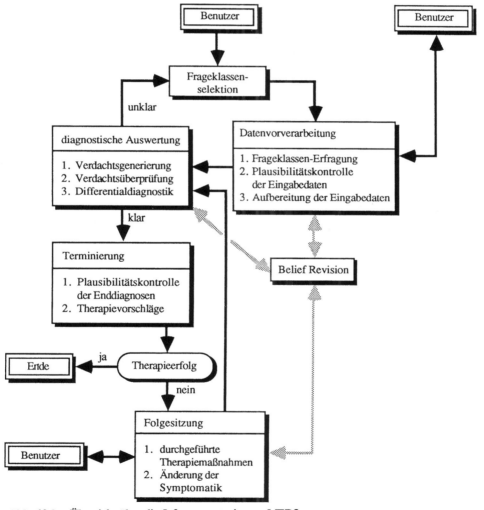

Abb. 10.9   Übersicht über die Inferenzstrategie von MED2

MED2 [Puppe 87a, b] ist ein Diagnostik-Shell, das für ein breites Spektrum von technischen und medizinischen Anwendungen eingesetzt wird (s. auch Kapitel 19). Einen Überblick über die Inferenzstrategie zeigt Abb. 10.9, die im folgenden erläutert wird.

Der Benutzer startet eine Sitzung mit der Angabe seiner Hauptbeschwerden, die aus der Menge der vorgegebenen Frageklassen (Questionsets) ausgewählt werden. Eine Frageklasse ist eine Datenstruktur in MED2, in der eine Gruppe zusammengehöriger Symptome zu einer Einheit zusammengefaßt sind.

Die *Erfragung* einer Frageklasse kann man sich wie das Ausfüllen eines kleinen, eventuell hierarchisch strukturierten Fragebogens zu einem Symptomkomplex vorstellen. Die wichtigsten Fragetypen sind Auswahl der Antwort aus einer Menge vorgegebener Alternativen und Fragen nach einer Zahl oder einem Zeitpunkt. Die *Plausibilitätskontrolle* der Eingabedaten wird mit Wertebereichsüberprüfungen und mit Konsistenzregeln durchgeführt, um logische Widersprüche zu erkennen. Weiterhin können bei automatisch erhobenen Meßwerten Meßgerätefehler als Ausnahmen zu den Regeln der Datenvorverarbeitung angegeben werden, um die Auswertung fehlerhafter Meßwerte zu unterdrücken, wie z.B. bei folgendem Regelschema „Meßwert > Obergrenze ⇒ Meßwert zu hoch; Ausnahme: Meßgerät defekt". Die *Datenvorverarbeitung* endet mit der *Aufbereitung der Rohdaten* zu einfachen Symptominterpretationen (s. Abb. 10.5). Dafür gibt es in MED2 spezielle Regeltypen, die vor allem das Rechnen mit numerischen Daten unterstützen.

Die folgende *diagnostische Auswertung* wird durch das „Working-Memory" gesteuert, das in Analogie zum Kurzzeitgedächtnis des Menschen immer die Menge der aktuellen Verdachtsdiagnosen enthält. Die *Verdachtsgenerierung* geschieht nur mit einer vom Experten spezifizierten Teilmenge von Regeln, die datengesteuert ausgewertet werden, während bei der *Verdachtsüberprüfung* alle Regeln einer Diagnose berücksichtigt werden.

Ein Beispiel für eine Diagnosebewertung zeigt Abb. 10.10. Es stammt aus einer Sitzung mit einer Wissensbasis aus dem Bereich der KfZ-Motor-Diagnostik (MODIS2). Der vollständige Fall ist in [Puppe 87a, Anhang A] dokumentiert.

Die Begründung für die Etablierung der Diagnose „Zündkerzen" (= Zündkerzen defekt) in Abb. 10.10 ergibt sich dabei wie folgt:

- Es liegt kein kategorisches Entscheidungskriterium vor. Kategorische Bedingungen sind „notwendige Bedingungen", „hinreichende Bedingungen" oder „Ausschluß".
- Die probabilistische Grundbewertung ist „wahrscheinlich", da es zwei positive Anhaltspunkte der Stärke „p4" und keine negativen Anhaltspunkte gibt. Die Skala reicht von p1 bis p6 und von n1 bis n6 und entspricht der von INTERNIST (s. Kapitel 7.3).
- Die Prädisposition ist relativ häufig, was durch die Verstärkung der probabilistischen Grundbewertung (40) mit einem Faktor (1.1) berücksichtigt wird (40 * 1.1 = 44).
- Die Diagnose „Zündkerzen" kann zusammen mit den anderen etablierten Diagnosen alle Symptome erklären, d.h. die Gesamtdiagnose ist vollständig.
- Da es keine Differentialdiagnosen für Zündkerzen gibt, reicht für die Etablierung das Überschreiten des absoluten Schwellwertes (42 Punkte) aus.

Die Begründungen der probabilistischen Bewertung und des Erklärungswertes zeigen, daß die „Zündkerzen" eine Verfeinerung der etablierten Diagnose „Zündanlage_Benzin" sind. Wenn eine Diagnose etabliert ist, kann sie wie ein Symptom behandelt werden und z.B. Evidenz für Nachfolgediagnosen liefern.

Zündkerzen	Strength: 44 (wahrscheinlich)
Bewertung von Zündkerzen	etabliert (44)
notwendige Bedingung	: −
hinreichende Bedingung	: −
Ausschluß	: −
PRO	: wahrscheinlich (40)
KONTRA	: neutral (0)
Erklärungswert	: alle Symptome erklärt (98%)
Prädisposition	: relativ häufig
Differentialdiagnostik	: −

Begründung für PRO   : wahrscheinlich (40)
p4 (20)   weil Kaltlauf = Motor schüttelt
              Kontext: Zündanlage_Benzin ist etabliert
p4 (20)   weil Kraftstoffverbrauch = erheblich zu hoch
              Kontext: Zündanlage_Benzin ist etabliert

Begründung der Prädisposition   : relativ häufig
weil Apriori-Wahrscheinlichkeit der Diagnose relativ häufig.

Begründung für Erklärungswert   : alle Symptome erklärt (98%)
40% der Explanationsets werden durch Zündkerzen erklärt.
58% der Explanationsets werden durch andere Diagnosen erklärt.
Zündkerzen erklären:
——> Zündanlage_Benzin
——> X-Fahreigenschaften
——> X-Kraftstoffverbrauch

Abb. 10.10   Beispiel einer Diagnosebewertung in MED2

Die Dialogsteuerung (*Frageklassenselektion* in Abb. 10.9) geschieht durch Aktivierung noch unbekannter Frageklassen, z.B. für aufwendige Untersuchungen. Das geschieht in folgenden Schritten:

- Zuerst werden alle vom Benutzer ausgewählten Frageklassen abgearbeitet.
- Als nächstes werden Frageklassen überprüft, die mit sicheren Regeln indiziert sind, wie z.B.: wenn ein Patient Brustschmerzen hat, dann mache ein EKG und eine Röntgenaufnahme.
- An dritter Stelle aktivieren die Verdachtsdiagnosen aus dem Working-Memory Frageklassen, die zu ihrer Überprüfung notwendig sind. Das entspricht der hypothetisch-deduktiven Vorgehensweise.

MED2 *terminiert*, wenn der Benutzer es wünscht, wenn keine Verdachtsdiagnosen mehr im Working-Memory sind oder wenn alle wichtigen Symptome durch etablierte Diagnosen erklärt sind. Falls MED2 nach einem der ersten zwei Kriterien terminiert, überprüft es routinemäßig das dritte Kriterium zur Plausibilitätskontrolle der Enddiagnosen. Für die etablierten Diagnosen werden *Therapien vorgeschlagen*, die als Varianten der Diagnosen repräsentiert sind und mittels Regeln oder als Standard-Therapien selektiert werden.

Danach kann der Benutzer eine *Folgesitzung* beginnen, in der er die durchgeführten *Therapiemaßnahmen* und die *Änderungen einzelner Symptome* im Vergleich zur vorherigen Sitzung angibt. Die geänderten Symptome und ihre Zeitverläufe, insbesondere auch unter dem Einfluß von Therapiemaßnahmen, bedingen dann eine Revision der alten Ergebnisse, die gegebenenfalls zu neuen Diagnosen und Therapievorschlägen führen. Die in Folgesitzungen und auch in den anderen Phasen notwendige Rücknahme von Schlußfolgerungen (*Belief Revision*) wird mit dem auf die Diagnostik zugeschnittenen ITMS-Algorithmus (s. Kapitel 8.1) effizient durchgeführt.

10.4   Modellbasierte Diagnostiksysteme

Während in heuristischen Systemen die Diagnosen nach ihrer akkumulierten Evidenz bewertet werden, ist bei der kausalen Diagnostik die Qualität der Erklärung maßgebend, d.h. eine Diagnose ist „konsistent", wenn alle beobachteten Symptome aus ihr abgeleitet werden können. Die einfachste Wissensrepräsentation dafür ist die direkte Zuordnung von Ursachen (Diagnosen) zu ihren Wirkungen (Symptomen), z.B. $D1 \rightarrow \{S1, S2, S3\}$; $D2 \rightarrow \{S1, S3, S4, S5\}$. Die kausale Diagnostik ist dann eine Anwendung von Algorithmen zum Finden einer minimalen Mengenüberdeckung [Reggia 83]. Interessant wird es jedoch erst bei der Verwendung komplizierterer Modelle. Dabei müssen zwei Typen unterschieden werden:

1. Modelle, die vom normalen Funktionieren des zu diagnostizierenden Systems ausgehen und Diagnosen als Veränderung des Modells auffassen, die zu den beobachteten Symptomen führen (*„funktionale" Diagnostik*).
2. Modelle, die das Fehlverhalten eines Systems darstellen und Symptome den Diagnosen explizit zuordnen, aber die Zusammenhänge oft genauer modellieren als im obigen Beispiel, indem sie z.B. Zwischenschritte und Aussagen über die Stärke von Beziehungen verwenden (*Überdeckende Diagnostik mit Fehlermodellen oder mit „pathophysiologischen" Modellen*[3]).

Funktionale Modelle sind typisch für den technischen Bereich. Für medizinische Anwendungen eignen sie sich weniger gut, weil das nötige kausale Wissen oft nicht vorhanden ist und weil die Modelle wegen des hohen Vernetzungsgrades und den außerordentlich vielen Rückkopplungsschleifen schon für winzige Anwendungsgebiete sehr komplex werden. Deshalb benutzt man in der Medizin meist pathophysiologische Modelle.

Ein offenes Problem ist die Erprobung der modellbasierten Ansätze im praktischen Einsatz, wozu die Verarbeitung viel größerer Wissensmengen als in den bis jetzt existierenden Demonstrationsbeispielen erforderlich sein wird.

---

3   Pathophysiologie = Lehre vom Fehlverhalten

10.4.1 Funktionale Diagnostik

In funktionalen Modellen werden Eingangsmaterialien durch Komponenten in Ausgangsmaterialien überführt (Beispiel Abb. 10.11).

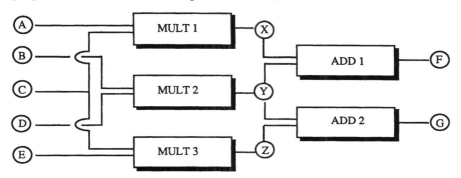

Abb. 10.11   Strukturelle Beschreibung eines Schaltkreises mit drei Multiplizierern und zwei Addierern. Das Verhalten der Multiplizierer wird durch den Constraint „Eingabe 1 * Eingabe 2 = Ausgabe" und das Verhalten der Addierer durch den Constraint „Eingabe 1 + Eingabe 2 = Ausgabe" beschrieben.

Materialien (z.B. A, B, C) werden als Instanzen von Materialientypen (z.B. Variable) repräsentiert und können verschiedene Attribute besitzen, die ihre relevanten Eigenschaften beschreiben. Im Schaltkreisbeispiel ist nur ein Attribut pro Material erforderlich, nämlich der Zahlenwert, aber bei der Modellierung eines Automotors mit Materialien wie Luft, Benzin oder Gasgemisch bräuchte man jeweils mehrere Attribute wie Druck, Verschmutzungsgrad, Oktanzahl, etc. Die Attribute können sowohl Absolutwerte wie im Schaltkreisbeispiel als auch Änderungen repräsentieren, was insbesondere nützlich ist, wenn man die Absolutwerte schlecht messen kann. So würde man z.B. beim Automotor den Verschmutzungsgrad nur als qualitative Änderung mit einem Wertebereich wie „sehr stark verschmutzt", „stark verschmutzt", „schwach verschmutzt" und „normal" angeben.

Komponenten (z.B. MULT1, MULT2, ADD1) werden als Instanzen von Komponententypen (z.B. Multiplizierer, Addierer) repräsentiert und verändern Eigenschaften der Materialien, was mit Regeln oder Constraints ausgedrückt werden kann, z.B. für den Multiplizierer „Berechne den Wert der Ausgabe-Variable aus dem Produkt der Werte der beiden Eingabe-Variablen".

Diagnosen in funktionalen Modellen werden ganz allgemein als abweichendes Verhalten der Komponenten, und Symptome als abnormale Attribut-Werte von Materialien repräsentiert. So würde z.B. ein Defekt in MULT2 einen abnormalen Ausgabewert berechnen, der durch das Modell propagiert wird, so daß schließlich bei den Ausgabe-Materialien falsche Ergebnisse herauskommen.

Das Ziel der Diagnostik mit funktionalen Modellen ist eine Modifizierung des korrekten Modells, so daß es genau die beobachteten Symptome vorhersagt. Dazu darf die Verhaltensbeschreibung der Komponenten verändert werden, so daß die Komponenten andere Ausgabewerte als die aufgrund ihrer Eingabe vorhergesagten Werte berechnen. Wenn es viele theoretische Verhaltensänderungen pro Komponente gibt, von denen in der Praxis aber nur wenige möglich sind, ist es oft sinnvoll, die

relevanten Verhaltensänderungen als Fehlerzustände schon in der Komponenten-
beschreibung explizit anzugeben.

Ein zentrales Problem ist eine effiziente Verdachtsgenerierung von Modelländerungen, die die Symptome erklären können. In dem System von Davis zur Hardwarediagnostik [Davis 84] gibt es dafür folgende Techniken:

- Modellierung der Komponenten auf verschiedenen Abstraktionsebenen, die nur bei
  Bedarf verfeinert werden. Damit soll der Suchraum verkleinert werden.
- Explizite Repräsentation von Wissen über die physikalische Anordnung der Hardware zur Verdachtsgenerierung von Brückenfehlern, bei denen benachbarte Leitun-
  gen kurzgeschlossen sind (Abb. 10.11 zeigt nur die funktionale Anordnung).
- Einteilung der Fehlertypen in Klassen, die in der Reihenfolge ihrer Häufigkeit verdächtigt werden. Die wichtigsten Klassen sind: singuläre Komponentenfehler,
  singuläre Brückenfehler, multiple Komponentenfehler.

Das System von Davis beginnt mit der Feststellung aller Diskrepanzen zwischen
erwarteten und beobachteten Werten von Variablen. Die Verdachtsgenerierung von
singulären Komponentenfehlern erfolgt in zwei Schritten:

1. Bildung von Konfliktmengen: Für jede Diskrepanz wird die Menge aller Komponenten gebildet, die an der Berechnung des fehlerhaften Wertes beteiligt waren.
   Falls in Abb. 10.11 bei F und G Diskrepanzen festgestellt werden, sind die jeweiligen Mengen {ADD 1, MULT 1, MULT 2} und {ADD 2, MULT 2, MULT 3}.
2. Bildung von Treffermengen: Die im ersten Schritt berechneten Mengen werden
   geschnitten. Hier wäre das Ergebnis {MULT 2}.

Bei der Verdachtsüberprüfung wird eine Variablenbelegung für die Ausgabe von
MULT 2 gesucht, die mit den beobachteten Werten von F und G konsistent ist. Wenn
es eine gibt, wird die nächstniedrigere Abstraktionsebene der Komponente MULT 2,
die Bit-Darstellung, untersucht. Andernfalls werden für die nächste Fehlerklasse,
nämlich Brückenfehler, Kandidaten generiert und gegebenenfalls durch eine Erweiterung des Modells um eine Komponente getestet, welche die Brücke repräsentiert.
Wenn mehrere Kandidaten plausibel sind, kann das System auch Tests, d.h. Messungen bestimmter Variablen, vorschlagen, für die die Kandidaten unterschiedliche
Vorhersagen machen.

Eine allgemeine Beschreibung dieser Vorgehensweise gibt Reiter [87], der
allerdings keine physikalischen Repräsentationen, keine Fehlerklassen und keine
Abstraktionsebenen berücksichtigt. In [Hamscher 87] wird gezeigt, daß die meisten
existierenden Systeme trotz unterschiedlicher Terminologien sehr ähnlich sind.

10.4.2 Überdeckende Diagnostik

Ähnlich wie bei der funktionalen Diagnostik wird eine Lösung auch bei der überdek-
kenden Diagnostik danach bewertet, ob mit ihr alle beobachteten Symptome erklärt
werden können. Dazu wird jedoch eine einfachere Wissensrepräsentation benutzt, die
nicht von dem Normalverhalten des betrachteten Systems ausgeht, sondern mit kausale Beziehungen der Art „Zustand1 verursacht Zustand2" auskommt (Abb. 10.12).

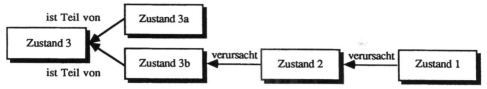

Abb. 10.12 Wissensrepräsentation bei der überdeckenden Diagnostik

Die Symptome entsprechen dabei Endzuständen ohne Wirkungen (in Abb. 10.12 Zustand3) und die Diagnosen Anfangszuständen ohne Ursachen (in Abb. 10.12 Zustand1 und Zustand3a). Die Detailliertheit des Modells kann beträchtlich erhöht werden, wenn die Zustände und ihre Beziehungen auch Parameter wie Schweregrad und Zeitpunkt berücksichtigen, z.B. „Zustand1 verursacht Zustand2, wobei der Schweregrad von Zustand2 abgeschwächt proportional zu dem Schweregrad von Zustand1 ist, und Zustand2 erst einige Tage nach dem Zeitpunkt von Zustand1 auftritt."

Ein bekanntes System auf der Basis der überdeckenden Diagnostik ist ABEL [Patil 82] zur medizinischen Diagnostik von Säure/Base- und Elektrolytstörungen. Die Symptome sind hauptsächlich Messungen der Ionenkonzentration und des pH-Wertes im Blut. Zunächst werden den quantitativen Meßwerten im Rahmen der Datenvorverarbeitung qualitative Zustände zugeordnet (z.B. Serum-Na = 130 → Hyponatriämie). Anschließend werden die Abhängigkeiten dieser Zustände untereinander unter Berücksichtigung ihrer Attribute wie Schweregrad, Startzeit und Dauer ermittelt. Die Attribute helfen bei der Überprüfung, ob ein Zustand stark genug ist, einen anderen zu verursachen und bei der Berechnung, wie sich die Effekte verschiedener Ursachen summieren. Das Ergebnis des ersten Schrittes ist der Aufbau eines Modells oder in nicht eindeutigen Fällen von mehreren Modellen zur Beschreibung des Zustandes des Patienten.

Im zweiten Schritt wird dann eine minimale Menge von Diagnosen gesucht, die die unerklärten Zustände im patientenspezifischen Modell verursachen können. Durch die Berücksichtigung von Schweregrad, Startzeit und Dauer der Zustände können die Diagnosen wesentlich besser als bei einer einfachen Mengenüberdeckung bewertet werden.

Ein weiteres Merkmal von ABEL ist die Darstellung des Modells auf verschiedenen Abstraktionsebenen, die verschiedene Detaillierungsgrade bei der Erklärung des Endergebnisses ermöglichen.

Im allgemeinen ergibt sich die Komplexität und Genauigkeit eines Modells aus der Unterscheidung verschiedener Arten kausaler Beziehungen, von denen hier einige aufgelistet werden:

* verschiedene Typen von Beziehungen, z.B. linear, multiplikativ, mit Schwellwerteffekt, reversibel, irreversibel, usw.,
* Abhängigkeit einer Beziehung von verstärkenden oder abschwächenden Faktoren (Katalysatoreffekt) und von Randbedingungen,
* zeitliche Beziehungen zwischen Ursache und Wirkung, z.B. gleichzeitig, verzögert, überlappend, usw.,
* multikausale Beziehungen,
* verschiedene Abstraktionsebenen.

10.5   Fallvergleichende Diagnostik

Bei der fallvergleichenden Diagnostik wird zu einem gegebenen Fall ein möglichst ähnlicher Fall aus eine Falldatenbank gelöster Fälle gesucht und gegebenfalls dessen Lösung übernommen (Abb. 10.13).

	Neuer Fall	Alter Fall 1	Alter Fall 2	Alter Fall 3
Autotyp	Marke A	Marke B	Marke A	Marke C
Km-Stand	100.000	110.000	95.000	105000
Benzinverbrauch	7	8	8	13
Motor ruckelt	ja	ja	nein	ja
Springt nicht an	meistens	manchmal	immer	meistens
Geräusche	Klopfen	Klingeln und Klopfen	keine	unbekannt
Lösung	?	Zündkerzen verbraucht	Batterie leer	C-Turbo defekt

Abb. 10.13 Fallvergleichende Diagnostik: Wie ähnlich sind die alten Fälle zum neuen Fall?

Ein neuer Fall besteht aus einer Menge von Symptomen mit Ausprägungen (Autotyp = Marke A, Km-Stand = 100.000, usw.) ohne Lösung. Ein alter Fall besteht aus einer Menge von Symptomen mit einer Lösung. In der einfachsten Situation, wo alle Symptome gleich wichtig sind und nur die Ausprägungen „vorhanden" und „nicht vorhanden" haben, berechnet sich die Ähnlichkeit zwischen zwei Fällen als Division der Anzahl gleicher Symptome geteilt durch die Anzahl aller Symptome. Wenn die Symptome unterschiedlich wichtig sind, muß das als statisches „Gewicht" repräsentiert werden: So ist das Symptom „Motor springt nicht an" im allgemeinen sicher wichtiger als der „Km-Stand". Wenn dieses Gewicht von der Ausprägung des Symptoms abhängt, dann muß es dynamisch berechnet werden: So hängt das Gewicht von „Motor ruckelt" von seiner Ausprägung ab: bei „ja" ist es höher als bei „nein". Das Gewicht kann auch von der Lösung des alten Falles abhängen: So ist das Gewicht des Autotyps normalerweise gering, aber es kann sehr wichtig werden, wenn z.B. die Diagnose „C-Turbo defekt" nur bei einem bestimmten Autotyp, nämlich der Marke C, vorkommt. Wenn Symptome mehr als nur die beiden Ausprägungen „vorhanden" und „nicht vorhanden" haben, muß ein Ähnlichkeitsgrad zwischen den Ausprägungen berechnet werden: So sind die beiden Ausprägungen „manchmal" und „meistens" von „Motor springt nicht an" sicher ähnlicher als die beiden Ausprägungen „meistens" und „immer". Eine weitere Schwierigkeit ergibt sich aus dem Versuch, den Benzinverbrauch zu vergleichen, da er von dem jeweiligen Autotyp abhängt. Deswegen muß er vor dem Vergleich in eine aussagekräftige Symptominterpretation „Benzinverbrauch-Bewertung" umgewandelt werden. Das Wissen für diese Datenvorverarbeitung (s. Kap. 10.1.1) sowie für die statischen und dynamischen Gewichtungen und die partiellen Ähnlichkeiten muß vom Experten kommen. Es ist jedoch insgesamt wesentlich weniger Wissen erforderlich als etwa bei der heuristischen oder der modellbasierten Diagnostik. Die Gesamt-Ähnlichkeit zweier Fälle berechnet sich jetzt aus der gewichteten Summe partieller Ähnlichkeiten der Symptome.

Der Basisalgorithmus zur fallvergleichenden Diagnostik besteht aus folgenden Schritten:

Eingabe: Symptome des neuen Falls, Falldatenbank mit gelösten Fällen.
Ausgabe: Liste der ähnlichsten Fälle aus der Falldatenbank

1. Abstraktion der Rohdaten zu Symptominterpretationen,
2. Vorauswahl von Vergleichsfällen aus der Falldatenbank,
3. Berechnung der Ähnlichkeit zwischen dem neuen Fall und den Vergleichsfällen,
4. Ausgabe der ähnlichsten Fälle, gegebenenfalls Interpretation der Differenzen.

Im Gegensatz zur heuristischen und modellbasierten Diagnostik gibt es noch kaum fallvergleichende Diagnostiksysteme, da dieser Bereich erst seit kurzer Zeit intensiver erforscht wird. Eine ausführliche Diskussion findet sich in [Puppe 90, Kap. 12].

10.6   Vorschlag zur Integration

Die bisherigen Diagnostikprogramme konzentrieren sich jeweils nur auf eine Bewertungsart (statistisch, fallvergleichend, assoziativ oder modellbasiert mit den Untertypen überdeckend oder funktional). Da sich ihre Vorzüge ergänzen (Abb. 10.8), bietet ein Zusammenspiel verschiedener Wissensarten attraktive Perspektiven für die Entwicklung zukünftiger Diagnostik-Shells. Ein Hauptproblem dabei ist die Frage der Konsistenz zwischen den verschiedenen Wissensarten, deren Wissen sich zwar überlappt, aber nicht ineinander überführbar ist:

- Statistisches und assoziatives Wissen ähneln sich in der Darstellung probabilistischer Bewertungen. Sie unterscheiden sich jedoch einerseits in der Vielfalt der angebotenen Wissensrepräsentationen, da assoziative Diagnostiksysteme Mechanismen wie multiple Diagnosehierarchien, Regeln mit Symptomkombinationen und Ausnahmen, usw. bieten, die kein Äquivalent in statistischen Wissensrepräsentationen haben, und andererseits in der Exaktheit der probabilistischen Bewertungen, die aus Falldatenbanken errechnet bzw. von Experten geschätzt sind. Die Bedeutung des Unterschiedes zwischen errechneten und geschätzten Symptom/Diagnose-Wahrscheinlichkeiten zeigten Experimente mit dem erfolgreichen, auf dem Theorem von Bayes beruhenden Programm von de Dombal, dessen Erfolgsquote sich drastisch verschlechterte, als die statistischen Wahrscheinlichkeiten durch Schätzwerte von Experten ersetzt wurden [de Dombal 72].
- Assoziatives und kausales Wissen kann je nach Detaillierungsgrad denselben diagnostischen Mittelbau repräsentieren, oder er kann bei kausalem Wissen wesentlich verfeinert sein (gegebenenfalls auf verschiedenen Abstraktionsebenen). Der grundsätzliche Unterschied besteht darin, daß auch bei gut strukturierten heuristischen Systemen die probabilistischen Bewertungen meist eine große Rolle spielen, während typische kausale Systeme nur überprüfen, ob Diagnosen mit den beobachteten Symptomen konsistent sind, ohne dabei vergleichbares probabilistisches Wissen zu berücksichtigen.
- Die fallvergleichende Diagnostik unterscheidet sich prinzipiell von allen anderen Wissensarten, da ihr Wissen weniger auf einer Abstraktion von Einzelfällen beruht, sondern ein neuer Fall direkt mit abgespeicherten Fällen einer Datenbank verglichen wird.

Ein Ansatz zur Integration besteht darin, die Wissensarten so zu erweitern oder einzuschränken, daß keine Konsistenzprobleme entstehen. Beispiele sind:

- Erweiterung kausaler Modelle durch probabilistische Bewertungen, z.B. [Reggia 83],
- Kompilierung von kausalem Wissen in heuristische Regeln zur Effizienzsteigerung, z.B. [Chandrasekaran 82, Steels 85].

Das Hauptproblem „kausaler probabilistischer Modelle" besteht in dem Wissenserwerb, der schon in heuristischen Systemen extrem aufwendig ist, aber durch die Unsicherheitsangaben für die zusätzlichen Details kausaler Modelle noch aufwendiger wird. Bei der Kompilierung kausalen Wissens ist ein gravierender Nachteil, daß die resultierenden Regeln keine probabilistischen Bewertungen enthalten, was ihren Nutzen erheblich beschränkt.

Unser Vorschlag zur Integration besteht darin, den Konsistenzanspruch zumindest teilweise aufzugeben und dafür Kriterien zu definieren, wann welche Wissensart zum Einsatz kommt (s. Abb. 10.14).

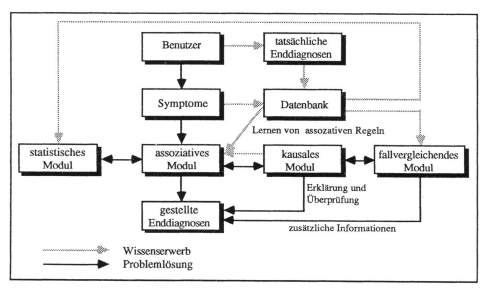

Abb. 10.14 Mögliches Zusammenspiel von statistischer, assoziativer, kausaler und fallvergleichender Diagnostik

Wegen seiner Effizienz und Flexibilität sollten diagnostische Probleme zunächst von einem assoziativen Problemlöser verarbeitet werden. Für abgegrenzte, kleine, aber wichtige Teilbereiche, die schwierig zu lösen sind und für die die Voraussetzungen zur Anwendung statistischer Methoden gegeben sind, wie bei der Differentialdiagnose akuter Bauchschmerzen in de Dombals Programm, kann ein statistisches System eingesetzt werden, das der assoziative Problemlöser als Unterprogramm aufruft und mit dessen Ergebnis er weiterarbeitet.

Kausale Modelle repräsentieren das Hintergrundwissen zur Diagnostik. Sie können gebraucht werden (einen Ansatz für die Punkte 1 bis 3 enthält z.B. [Simmons 87]):

1. *Zur Rechtfertigung und Erklärung der Endergebnisse:* eine kausale Modellierung ermöglicht meist eine bessere Begründung einer Diagnose als die Angabe der assoziativen Regeln, die zu ihrer Etablierung geführt haben.

2. *Zur Überprüfung verdächtiger Diagnosen:* in einem Modell ist das Überprüfen vorgegebener Diagnosen wesentlich einfacher als deren effiziente Generierung, wozu heuristisches Wissen erforderlich wäre. Dabei können sowohl von einem assoziativen System hergeleitete Verdachtsdiagnosen überprüft und bei Mehrdeutigkeiten miteinander verglichen als auch von einem Benutzer vermutete Hypothesen kritisiert werden.

3. *Zum Problemlösen:* während assoziative und auf pathophysiologischen Modellen basierende Systeme nur Diagnosen stellen können, die in ihrer Wissensbasis explizit vorhanden sind, sind funktionale Modelle umfassender, da in ihnen Fehler allgemein als Diskrepanz zwischen erwartetem und beobachtetem Verhalten definiert sind. Deswegen können sie prinzipiell auch neu auftretende Diagnosen erkennen. Allerdings ist die Verdachtsgenerierung komplexerer Fehlerklassen wie die Brückenfehler im System von Davis sehr aufwendig und erfordert Zusatzwissen.

4. *Zur Unterstützung des Wissenserwerbs:* sowohl bei der Generierung assoziativer Regeln aus Falldaten als auch bei ihrer Verallgemeinerung, Spezialisierung oder Qualifikation durch Ausnahmen kann ein kausales Modell Hintergrundwissen zur Plausibilitätskontrolle der neuen Regel liefern. Ein vielversprechender Ansatz wird im RX-Projekt (s. Kapitel 13.3) verfolgt.

Ähnlichkeiten zwischen dem aktuellen Fall und früheren Fällen aus der Datenbank liefern gegebenenfalls zusätzliche Informationen zur Diagnostik und insbesondere zur Therapie und Prognose. Wenn zwei Fälle besonders ähnlich sind, kann auch auf eine Analyse des neuen Falls mit den anderen Modulen verzichtet werden.

Diese Kopplung ist natürlich nur dann möglich, wenn die Wissensarten tatsächlich verfügbar sind. So würde das Fehlen geeigneter Falldatenbanken den statistischen und fallvergleichenden Ansatz ausschließen, mangelndes Grundwissen wie in der psychosomatischen Medizin den kausalen Ansatz oder fehlendes Erfahrungswissen wie z.B. bei neuen technischen Systemen den assoziativen Ansatz. Aber auch in solchen Bereichen ließe sich mit einem integrierten Diagnostik-Shell, das nach den skizzierten Prinzipien aufgebaut ist, wenigstens das vorhandene Wissen in natürlicher Weise darstellen.

10.7 Zusammenfassung

Diagnostik ist ein wichtiger Einsatzbereich von Expertensystemen, dessen Wissensrepräsentationen und Problemlösungsstrategien relativ gut verstanden sind. Dieses Wissen schlägt sich in heuristischen Diagnostik-Shells nieder, die den Aufbau von Wissensbasen auch unmittelbar durch den Bereichsexperten möglich erscheinen lassen (vgl. auch Kapitel 13.3). Das ist die wichtigste Voraussetzung zur kosteneffektiven Entwicklung und Wartung großer Systeme. Eine wesentliche Leistungssteigerung ist durch die Integration von statistischem, heuristischem, modellbasiertem und fallvergleichendem Wissen in einem System zu erwarten.

11. Konstruktion

Der Problemlösungstyp Konstruktion unterscheidet sich von der Diagnostik dadurch, daß die Lösung aus kleinen Bausteinen zusammengesetzt werden muß, anstatt ausgewählt werden zu können. Zur Konstruktion gehören Planung, bei der eine Folge von Handlungen (Operatoren) zum Erreichen eines Zielzustandes gesucht wird (Abb. 11.1), Konfigurierung zum Entwurf eines Objektes aus Komponenten, das bestimmten Anforderungen genügen muß (Abb. 11.2) und Zuordnung, bei der zwei vorgegebene Objektmengen unter Beachtung von Randbedingungen einander zugeordnet werden (Abb. 11.3). Diese Einteilung kann jedoch nur eine grober Anhaltspunkt sein, da insbesondere die Abgrenzung zwischen Planung und Konfigurierung unklar ist. Häufig entspricht die zeitliche Anordnung von Operatoren bei der Planung einer räumlichen Anordnung von Komponenten bei der Konfigurierung. Das drückt sich auch in der Umgangssprache aus: so kann man „eine Reise planen" oder „einen Reiseplan konfigurieren".

Abb. 11.1 Grundstruktur von Planungsproblemen: Gegeben sind Ausgangs- und Zielzustand, gesucht ist eine Sequenz von Operatoren, die den Ausgangs- in den Zielzustand überführen.

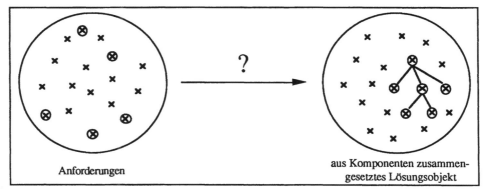

Abb. 11.2 Grundstruktur von Konfigurierungsproblemen, bei den aufgrund von Anforderungen das Lösungsobjekt aus Komponenten zusammengesetzt wird.

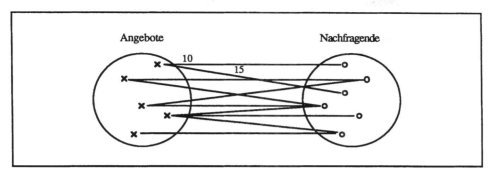

Angebote   Nachfragende

10
15

Abb. 11.3 Grundstruktur von Zuordnungsproblemen: Gegeben sind mindestens zwei Objekt-mengen und verschiedenartige Randbedingungen (z.B. die durch Zahlen angedeuteten Präferenzen), gesucht ist eine möglichst optimale Zuordnung.

11.1 Diskussion von Beispielproblemen

Um die Konstruktionstechniken besser erläutern zu können, diskutieren wir zunächst einige Beispielprobleme: Stundenplanerstellung, Konfigurierung von Computern, Planen molekulargenetischer Experimente, zwei Planungsprobleme bei der Werkstoff-bearbeitung und Planen in der Klötzchenwelt.

* Stundenplanerstellung: gegeben sind Räume, Lehrer, Schulklassen, Fächer und Zuordnungen, welche Lehrer welche Fächer mit wieviel Stunden in welchen Klas-sen unterrichten, z.B. Lehrer Maier unterrichtet drei Stunden Deutsch in Klasse 5a, zwei Stunden Deutsch in Klasse 7b usw. Gesucht ist der Stundenplan, der festlegt, wann und in welchen Räumen die Stunden unterrichtet werden.
* Konfigurierung von Computern: gegeben sind die Hauptkomponenten, aus denen der Computer bestehen soll. Gesucht ist ein Layout, wie die Komponenten in einem Gehäuse untergebracht werden sollen, und welche Hilfskomponenten (z.B. Kabel) zusätzlich gebraucht werden.
* Planen von molekulargenetischen Experimenten: gegeben sind die allgemein verfügbaren Substanzen und Organismen, die durchführbaren Aktionen und das Ziel des Experimentes (z.B. die Herstellung von Insulin). Gesucht ist eine Sequenz von Aktionen zur Erreichung des Zieles und eine Spezifikation der für das Experiment benötigten Substanzen und Organismen.
* Werkstoffbearbeitung-1: gegeben sind der Rohling, die Beschreibung des Zielzu-standes und die möglichen Bearbeitungsaktionen (z.B. bohren, schleifen, lackieren usw.). Gesucht ist eine Sequenz von Bearbeitungsaktionen, die den Rohling in den Zielzustand transformiert.
* Werkstoffbearbeitung-2: gegeben ist eine Menge von Rohlingen, für jeden Rohling eine Spezifikation der Bearbeitungsaktionen, und eine Zuordnung, welche Bearbei-tungsaktionen mit welchen Maschinen ausgeführt werden können. Gesucht ist ein (optimaler) Maschinenbelegungsplan.
* Klötzchenwelt: gegeben ist eine Menge von Klötzchen in einer bestimmten Anord-nung, eine gewünschte Zielanordnung, und ein Roboter mit einer Menge von

möglichen Aktionen. Gesucht ist eine Sequenz von Aktionen zum Herstellen der gewünschten Anordnung der Klötzchen.

Die Beispiele deuten an, daß Konstruktionsprobleme wesentlich heterogener als z.B. Diagnostikprobleme sind. Entsprechend unserer groben Einteilung von Problemtypen gehören zur *Zuordnung* die Stundenplanerstellung (Zuordnung von Unterrichtseinheiten zu Räumen und Zeiten) und die Werkstoffbearbeitung-2 (Zuordnung von Bearbeitungsaktionen zu Maschinen), zur *Konfigurierung* die Konfigurierung von Computern und zur *Planung* die übrigen drei Beispiele: das Planen von Experimenten, die Festlegung von Bearbeitungsaktionen der Werkstoffbearbeitung-1 und das Verschieben von Klötzchen. Dabei kann man verschiedene Komplexitätsstufen unterscheiden: Wenn es wie bei der einfachen Klötzchenwelt nur wenige Operatoren gibt (das Aufnehmen und Abstellen von Klötzchen), ist das Hauptproblem das Herausfinden der richtigen Reihenfolge der Operatoren. Wenn es wie bei der Werkstoffbearbeitung-1 viele Operatoren gibt, muß man zunächst die geeigneten Operatoren zur Erreichung des Zielzustandes bestimmen. Wenn es wie beim Planen von molekulargenetischen Experimenten auch unklar ist, welche Substanzen und Organismen man benötigt, müssen außer den Operatoren auch die Objekte ausgewählt werden.

Um den Auswahlvorgang von Operatoren oder Objekten zu vereinfachen, benutzt man Begriffshierarchien, z.B. werden die Operatoren beim Planen molekulargenetischer Experimente in vier Hauptgruppen (Mischen, Vermehren, Verändern und Sortieren) und zahlreiche Untergruppen (z.B. Vermehren durch Kaufen oder Züchten usw.) eingeteilt. Äquivalent dazu werden auch die Laborobjekte in Hauptgruppen (Organismen, Kulturen, DNS-Strukturen, Enzyme, Antibiotika und Proben) und Untergruppen eingeteilt. Die Endknoten dieser Hierarchien sind konkrete Objekte und primitive Operatoren. Während beim Planen molekulargenetischer Experimente überwiegend nur *taxonomische Hierarchien* (A ist eine Untergruppe von B) verwendet werden, sind in anderen Bereichen auch *kompositionelle Hierarchien* nützlich, in denen Teilbeziehungen ausgedrückt werden (A ist ein Teil von B). Taxonomische und kompositionelle Hierarchien sind oft auch die Grundelemente der Wissensrepräsentation für die Konfigurierung.

11.2   Konstruktionsmethoden

Konstruktionsprobleme zeichnen sich gewöhnlich durch einen sehr großen Lösungsraum aus, z.B. bei einem Zuordnungsproblem mit zwei Objektgruppen von je n Elementen in der Größenordnung von n! oder bei einem Planungsproblem mit einer durchschnittlichen Operatorsequenz der Länge n und durchschnittlich m Alternativen bei der Operatorauswahl in der Größenordnung von m^n. Die Grundlage für Konstruktionsmethoden sind daher häufig Suchtechniken. Jedoch scheitert eine einfache Breiten- oder Tiefensuche meistens an dem zu hohen Aufwand. Durch Einbau von heuristischem Wissen läßt sich der Suchaufwand oft erheblich reduzieren. Dafür eignet sich insbesondere die Hill-Climbing-Strategie, bei der an jeder Verzweigung Wissen verfügbar sein muß, um die lokal beste Alternative auszuwählen. Da Sackgassen nicht ausgeschlossen werden können, sind zum Backtracking außerdem Rücksetztechniken erforderlich, die effizient mit einem TMS (Kap. 8) und gegebenenfalls mit Zusatzwissen realisiert werden können.

Weitere Grundtechniken sind Abstraktion und Modularisierung, mit denen das Ausgangsproblem in eine Menge von kleineren Problemen zerlegt wird, die möglichst unabhängig voneinander lösbar sein sollen. Die Hauptschwierigkeit ist der Umgang mit den oft unvermeidlichen Verletzungen der Unabhängigkeitsannahme. Schließlich kann man auch versuchen, das Problem umzuformulieren, um es in einer anderen Darstellung einfacher lösen zu können. Ein Beispiel ist die Generierung von (einfachen) Constraints aus der ursprünglichen Problemstellung, die dann mit einem Constraint-Propagierungssystem ausgewertet werden können.

Aus diesen Grundideen lassen sich einige effiziente Problemlösungsmethoden ableiten, die bei ausreichendem Wissen den Suchraum so handhabbar machen, daß nur noch sehr wenige Alternativen ausprobiert werden müssen[1]:

1. *Skelett-Konstruieren* (Abstraktion + Modularisierung + lokale Auswahlheuristiken): Das Konstruktionswissen ist hierarchisch in einem nicht-rekursiven Und-Oder-Graphen strukturiert, dessen Expansion mit heuristischen Regeln gesteuert wird. Und-Knoten repräsentieren Teil-von-Beziehungen oder Skelett-Pläne, von denen jeder Nachfolgeknoten bearbeitet werden muß. Oder-Knoten repräsentieren Spezialisierungsbeziehungen oder Konstruktionsalternativen, von denen nur ein Nachfolgeknoten ausgewählt wird. Spezialfälle des Skelett-Konstruierens umfassen die Auswahl und Verfeinerung von *Skelett-Plänen aus einer Bibliothek* und die *Phaseneinteilung*, bei der ein einziger Standard-Skelett-Plan benutzt wird.

2. *Vorschlagen-und-Verbessern* (Hill-Climbing + wissensbasiertes Rücksetzen): Es wird mit heuristischen Regeln immer die lokal beste Alternative vorgeschlagen. Bei Sackgassen wird mit heuristischen Regeln eine geeignete Korrekturmöglichkeit ermittelt und mit einem TMS umgesetzt. Eine Erweiterung von Vorschlagen-und-Verbessern für Zuordnungsprobleme ist *Vorschlagen-und-Vertauschen*, bei der die Vorschläge und Korrekturen mit Objekttyp-spezifischem statt Objektinstanzen-spezifischem Wissen ermittelt werden.

3. *Least-Commitment* (Problemumformulierung + Constraint-Propagierung): Zunächst wird das Problem strukturell umformuliert, und das einfachere Problem kann dann häufig mit Constraint-Propagierung oder Basissuchstrategien gelöst werden.

Diese Techniken funktionieren jedoch nur, wenn man viel Erfahrungswissen über den Anwendungsbereich hat. Für Planungsprobleme mit wenig Erfahrungswissen eignet sich die Differenzenmethode (means-ends-analyis), bei der zunächst die Differenz zwischen Ausgangs- und Zielzustand festgestellt und dann ein Operator gesucht wird, der diese Differenz maximal verringert. Falls der ausgewählte Operator nicht direkt anwendbar ist oder seine Aktion den Zielzustand nicht vollständig herleitet, wird für jede der beiden neuen Differenzen rekursiv ein Unterziel generiert, bis ein vollständiger Plan vorliegt. Im allgemeinen wird auch dabei zunächst mit Groboperatoren geplant, die später verfeinert werden.

---

1 Eine ausführliche Beschreibung dieser Problemlösungsmethoden findet sich in [Puppe 90, Kap. 13 - 17].

Bei der Differenzenmethode kann die obengenannte Schwierigkeit von *Interaktionen* zwischen unabhängig voneinander verfeinerten Groboperatoren besonders leicht auftreten, da in die Grobplanformulierung (im Gegensatz zum Skelett-Konstruieren) kein Erfahrungswissen eingeht. Für die Behandlung von Interaktionen gibt es verschiedene Techniken, die wir am Beispiel des Problems „Streiche die Leiter und die Decke" erläutern:

- Der Plan wird umgestellt, indem der blockierte Operator vor dem ihn blockierenden Operator ausgeführt wird (*lineares Planen mit Verschieben*, z.B. ABSTRIPS in [Cohen 81, Kapitel 15]). Wenn zunächst ein vollständiger Plan der Form „1. streiche die Leiter und 2. streiche die Decke" generiert worden ist, wird nach Entdeckung der Interaktion der zweite Operator nach vorne verschoben, so daß er vor dem ersten Operator ausgeführt wird.
- Man vermeidet das Festlegen einer Reihenfolge, solange kein zwingender Grund dazu besteht (*nicht-lineares Planen*). Bei der Verfeinerung des Planes werden Interaktionen als Beschränkungen (Constraints) zwischen den betroffenen Operatoren und Objekten notiert und erst aufgelöst, wenn eine eindeutige Entscheidung möglich ist (*Least-Commitment*, s.o). Die Auswertung der Beschränkungen wird dann durch Constraint-Propagierung gelöst. Im Beispiel wird die Reihenfolge beider Operationen erst festgelegt, nachdem die Interaktion entdeckt wurde.
- Wenn es nicht anders möglich ist, kann man auch einen zusätzlichen Planschritt generieren, der die verletzte Voraussetzung des Operators wiederherstellt. In diesem Fall würde man sich zum Streichen der Decke eine neue Leiter besorgen oder warten, bis die alte getrocknet ist.

Wenn die Planerstellung selber kompliziert wird, weil z.B. verschiedene Methoden miteinander kombiniert werden müssen, dann kann auch die Anwendung von Planungstechniken zur Planerstellung sinnvoll sein (Meta-Planen, Beispiel: Stefiks MOLGEN, s.u.).

Beim menschlichen Planen kommt noch ein zusätzlicher Aspekt hinzu, der bei den hier vorgestellten Methoden fehlt, nämlich das Ausnutzen sich bietender Gelegenheiten (*opportunistisches Planen* [Hayes-Roth 80]). Dabei werden zunächst Teilpläne erstellt, die lokal besonders günstig erscheinen, und dann geeignet koordiniert. Da Menschen eine viel reichere Welt an Zielen und Objekten haben als Planungssysteme, muß das opportunistische Vorgehen für die beschränkten Aufgaben von Planungssystemen jedoch nicht optimal sein und wurde bisher kaum benutzt.

11.3   Konstruktionssysteme

Viele bekannte Systeme stammen aus den frühen siebziger Jahren und operieren in Spielzeugwelten (GPS, STRIPS, ABSTRIPS, NOAH, usw.; eine Übersicht enthält [Cohen 81, Kapitel 15].). Wir diskutieren hier zwei andere bekannte Konstruktionssysteme, R1 und MOLGEN, die in der Praxis eingesetzt werden.

R1 (XCON) [McDermott 82, 84, Barker 89] konfiguriert die Computer von DEC und ist wohl das erfolgreichste Expertensystem mit einem angeblichen Nutzen von vielen Millionen Dollar pro Jahr. Seine Eingabe ist ein Auftrag eines Kunden, und es liefert als Ausgabe Diagramme, die die räumliche Anordnung zwischen den bestellten Komponenten zeigen. Falls Komponenten im Auftrag fehlen oder falsch ausgelegt sind, werden diese von R1 ergänzt. Da R1 ein Konfigurieungsproblem löst, wäre das Skelett-Konstruieren oder Vorschlagen-und-Verbessern naheliegend. Tatsächlich ist R1 aber als relativ vorwärtsverkettetes Regelsystem in OPS5 realisiert. Strukturierungen können dabei nur indirekt dargestellt werden, so auch die Zerlegung der Konfigurierungsaufgabe in sechs Phasen, d.h. in nacheinander ausführbare Teilprobleme ohne Interaktionen:

1. den Kundenauftrag auf Korrektheit und Vollständigkeit prüfen,
2. die CPU-Box konfigurieren,
3. die Unibus-Module konfigurieren und auf Steckplätze verteilen,
4. die Panels konfigurieren,
5. einen Rahmenplan für alle Komponenten generieren,
6. alle Komponenten verkabeln.

Innerhalb der Phasen werden die Teilprobleme durch eine Menge von Regeln gelöst, die die Konfigurierung schrittweise erweitern. Obwohl es eine Teilaufgabe gibt, die nur mit „Probieren" und Backtracking lösbar ist, kommt R1 ohne ein TMS aus, da die wenigen falsch herleitbaren Variablen einfach mit anderen Regeln überschrieben werden können. Die Zugehörigkeit der Regeln zu Phasen wird in der ersten Aussage des Bedingungsteils der Regeln angegeben. Wenn alle Regeln einer Phase abgearbeitet sind, feuert eine Regel, die den Übergang von einer Phase zur nächsten angibt. Da diese Regel nur den alten Zustand als Prämisse hat, bewirkt die Konfliktlösungsstrategie von OPS5, in der spezialisierte Regeln vor allgemeinen Regeln berücksichtigt werden, daß diese Regel erst zum Schluß einer Phase aktiviert wird. Die implizite Repräsentation von allgemeinem Konfigurierungswissen in OPS5 (Phasenübergang mittels einer Konfliktlösungsstrategie und Backtracking durch Überschreiben) beeinträchtigt die Transparenz der Wissensbasis. Tatsächlich ist R1 extrem aufwendig zu warten, was nur durch den großen Nutzen finanzierbar ist. Wir vermuten daher, daß es mit den erwähnten Konfigurierungsmethoden leichter wartbar wäre. Tatsächlich wurde in den letzten Jahren mit RIME [Bachant 88, Barker 89] ein Hilfssystem zum Wissenserwerb speziell für R1 entwickelt, welches insbesondere die explizite Repräsentation von Kontrollwissen erlaubt.

Der Name MOLGEN bezeichnet zwei verschiedene Systeme, die beide molekulargenetische Experimente planen. Stefiks MOLGEN [Stefik 81] verwendet die Techniken der Differenzenmethode, der Least-Commitment-Strategie mit Constraint-Propagierung und Meta-Planen, während Friedlands MOLGEN [Friedland 79] dasselbe Expertenwissen mit der Methode des Skelett-Konstruierens auswertet. Eine Synthese beider Systeme ist in SPEX [Friedland 85] versucht. Das Wissen ist in allen drei Systemen in einer hierarchischen Wissensbasis repräsentiert, in der Operatoren und Objekte als Frames in einer taxonomischen Vererbungshierarchie dargestellt werden (s. Kapitel 11.1).

Stefiks MOLGEN beginnt mit der Feststellung von Differenzen zwischen Ausgangs- und Zielzustand, für deren Reduktion abstrakte Operatoren ausgewählt werden (s. Abb. 11.4).

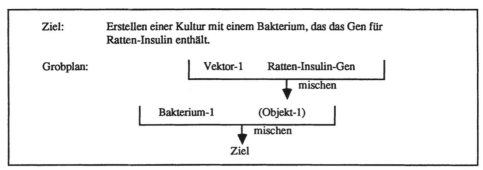

Abb. 11.4   Plangenerierung mit Differenzenanalyse in Stefiks MOLGEN

Bei der Planverfeinerung werden die beteiligten Objekte (Vektor-1 und Bakterium-1 in
Abb. 11.4) nicht sofort instantiiert, sondern als Variablen repräsentiert und für ihre
Abhängigkeiten Constraints generiert. Die Verfeinerung der Operatoren produziert
immer mehr Constraints zwischen den Objekten, die die zulässigen Lösungen
zunehmend einschränken. Wenn der Wertebereich einer Variablen genügend stark
beschränkt ist, so daß nur noch eine Alternative übrigbleibt, wird sie instantiiert. Die
Vorgehensweise bei der Planverfeinerung (z.B. ob ein Operator verfeinert, ein
Constraint ausgewertet oder der Plan erweitert werden soll) wird durch Meta-Planen
über eine Agenda gesteuert, bei der der nächste Planschritt nach einer festgelegten
Prioritätsverteilung ausgewählt wird.

	Ziel: Planung eines Experimentes zur Festlegung von „Intrastrang-Komplementarität" in einer DNA (d.h. Feststellung, ob ein DNA-Strang zueinander komplementäre Teilstücke enthält).	
1.	Auswahl des Skelettplanes: Für „Intrastrang-Komplementarität" ist der angegebene Skelettplan abgespeichert.	
2.	Verfeinerung: Die einzelnen Operatoren werden stufenweise immer mehr präzisiert (das Endergebnis steht auf der rechten Seite).	

	Skelettplan	Verfeinerung
(1)	Denaturiere (Spalte die Stränge der DNA)	Erhitze die Probe
(2)	Renaturiere (Umkehrung der Denaturierung)	Schnelles Abkühlen der Probe
(3)	Zerstöre alle einsträngige DNA	Benutze das Enzym „S1-Nuclease"
(4)	Finde die restliche DNA	Benutze die Technik „Gel-Filtration"

Abb. 11.5   Skelett-Konstruieren mit Friedlands MOLGEN

Stefiks MOLGEN beginnt mit relativ dürftigen Anfangsplänen und verfügt wegen der
Repräsentation von Interaktionen als Constraints und dem Meta-Planen über leistungsfähige Verfeinerungsstrategien. Demgegenüber beginnt Friedlands MOLGEN
mit relativ guten Skelettplänen, die von Experten stammen und bei deren Verfeinerung
weniger Komplikationen auftreten. Die Pläne sind als eine Sequenz abstrakter Operatoren repräsentiert, die normalerweise nicht durch zusätzliche Operatoren ergänzt,

sondern nur präzisiert werden müssen. Jede Verfeinerung eines Operators oder Objektes wird durch Regeln gesteuert, die ähnlich wie bei der Establish-Refine-Technik einen Nachfolger aussuchen. Falls Vorbedingungen der Regel noch unbekannt sind, weil sie auf noch nicht verfeinerte spätere Planungsschritte Bezug nehmen, wird die Verfeinerung dieses Schrittes verschoben, bis die anderen Teile des Planes abgearbeitet sind, und erst beim nächsten „Durchlauf" wieder neu aufgegriffen. Ein Beispiel aus Friedlands MOLGEN zeigt Abb. 11.5.

11.4 Zusammenfassung

Die drei Haupttypen von Konstruktionsproblemen sind die Planung, bei der ein Ausgangs- in einen Zielzustand überführt wird, die Konfigurierung, bei der aufgrund von Anforderungen ein Lösungsobjekt aus vorgegebenen Bausteinen zusammengesetzt wird, und die Zuordnung, bei der alle Objekte einer Gruppe möglichst optimal Objekten einer anderen Gruppe zugeordnet werden sollen. Wichtige erfahrungsbasierte Problemlösungsmethoden sind das Skelett-Konstruieren für die Planung und Konfigurierung, bei der Skelettpläne ausgewählt und verfeinert werden, die Vorschlagen-und-Verbessern-Strategie für die Konfigurierung bzw. die Vorschlagen-und-Vertauschen-Strategie für die Zuordnung, bei denen lokal optimale Vorschläge und lokal optimale Korrekturen zur Auflösung der unvermeidbaren Widersprüche bekannt sein müssen sowie die Least-Commitment-Strategie, bei der typischerweise zunächst Constraints generiert und später ausgewertet werden. Eine allgemeine Problemlösungsmethode insbesondere für Planungsprobleme ist die Differenzenmethode, bei der Operatoren nach der maximalen Verringerung von Differenzen ausgewählt werden.

Ein ziemlich gut verstandenes Konstruktionsproblem ist die Konfigurierung von Objekten wie in R1 (XCON) [McDermott 82, 84, Barker 89] zur Konfigurierung von Computern. Anspruchsvolle Planungssysteme sind die beiden MOLGENs und SPEX [Friedland 79, Stefik 81, Friedland 85] zur Planung molekulargenetischer Experimente, bei denen viele Planungstechniken (Skelett-Konstruieren, Differenzenmethode, Metaplanen, Least-Commitment-Strategie) und eine hierarchisch strukturierte Wissensbasis eingesetzt wurden.

Eine ausführliche Beschreibung von frühen Planungsystemen findet sich in [Cohen 81, Kapitel 15], ein Ansatz für eine Planungs- und Konfigurierungs-Shell, die die meisten hier dargestellten Techniken integriert, in [Neumann 87, Cunis 91], für eine Zuordnungs-Shell in [Poeck 91], eine Übersicht über erfahrungsbasierte Konstruktionstechniken in [Puppe 90] und über allgemeine Konstruktionstechniken in [Hertzberg 86, 89].

12. Simulation

Mit der Simulation wird das Verhalten eines Systems auf der Basis eines Systemmodells vorhergesagt. Die Simulation dient oft zur Überprüfung von Problemlösungen bei der Diagnostik, beim Planen oder bei der Zuordnung. Andere Ziele sind Prognosen wie bei der Wettervorhersage, Schwachstellenanalysen wie bei einer Fabriksimulation oder tutorielle Zwecke wie bei einem Flugsimulator. Im Kontext von Expertensystemen sind vor allem relativ einfache Simulationen interessant, die keinen "schwarzen Kasten" darstellen, sondern für Menschen noch nachvollziehbar sind. Das Systemmodell besteht gewöhnlich aus Komponenten und Materialien (vgl. funktionale Diagnostik in Kap. 10.4.1). Die Simulation kann man als Komplement zum Planen auffassen: Während beim Planen Anfangs- und Zielzustand gegeben sind und Aktionen zum Erreichen des Zieles gesucht werden, sind bei der Simulation der Anfangszustand und die Aktionen (Prozesse) bekannt und der Endzustand gesucht. Zustände sind durch die Werte der Parameter (Materialien-Attribute) gekennzeichnet.

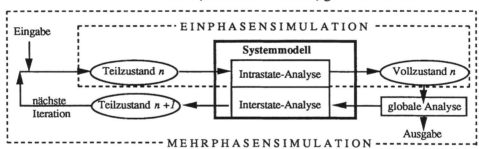

Abb. 12.1   Struktur der Einphasen- und Mehrphasensimulation. Die Intrastate-Analyse berechnet aus einem "Teilzustand" mit partieller Parameterbelegung einen "Vollzustand", die Interstate-Analyse berechnet den Übergang in einen Folgezustand, der zunächst nur partiell bekannt ist, und die globale Analyse entscheidet u.a. die Terminierung. Die möglichen Verzweigungen in verschiedene Folgezustände sind nicht dargestellt.

Während in manchen Anwendungsbereichen mit einer *Einphasen-Simulation* direkt aus dem Anfangszustand der Endzustand ermittelt werden kann, ist in anderen Bereichen auch der zeitliche Verlauf von Parametern wichtig. Bei dieser *Mehrphasen-Simulation* wird aus dem Anfangszustand zunächst ein Zwischenzustand hergeleitet, dann überprüft, welche Parameter sich aufgrund aktiver Prozesse ändern, wobei Unsicherheiten als Verzweigungen dargestellt werden, die Konsequenzen der geänderten Parameter auf andere Parameter berechnet und dieses Verfahren solange fortgesetzt, bis ein Gleichgewichtszustand ohne aktive Prozesse erreicht, eine Schleife entdeckt oder die Simulation zu komplex wird. Dabei wird zwischen drei Problem-lösungsschritten iteriert:

- Intrastate-Analyse: *Vervollständigung der Parameterbelegung eines Zustandes.* Aus den gegebenen Parameterwerten und dem Systemmodell werden die Absolutwerte und gegebenenfalls die Änderungs-tendenzen aller Parameter ermittelt.
- Interstate-Analyse: *Übergang zu Folgezuständen.* Die Änderungstendenzen der Parameter werden auf ihre Absolutwerte angewendet, so daß neue Werte für eine Teilmenge der Parameter berechnet wer-den. Wenn das Systemmodell Mehrdeutigkeiten enthält, muß in verschiedene Folgezustände verzeigt werden.
- Globale Analyse: *Steuerung des Übergangs:* Erkennen von Schleifen, Gleichge-wichtszuständen und Vereinigungen von Verzweigungen, usw.

Während bei der Einphasen-Simulation nur eine Intrastate-Analyse erforderlich ist, werden bei der Mehrphasen-Simulation alle Analyse-Stadien mehrfach durchlaufen (Abb. 12.1). Im folgenden verfeinern wir die Typisierung der Simulation durch Unterteilung in numerische, analytische und qualitative Simulation und beschreiben Kuiper´s QSIM und Long´s System als zwei Beispiele zur qualitativen Mehrphasen- und Einphasensimulation. Eine ausführliche Darstellung von Problemlösungsmetho-den zur Simulation findet sich in [Puppe 90, Kap. 21 - 24].

12.1 Simulationstypen

Es gibt verschiedene Möglichkeiten, ein Systemmodell zu repräsentieren (Struktur-beschreibung) und Parameterwerte zu berechnen (Verhaltensbeschreibung), welche wir am Beispiel des einfachen Hitzeflußsystems (Abb. 12.2) illustrieren [Kuipers 84]:

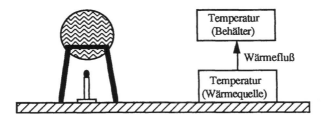

Abb. 12.2 Einfaches Hitzeflußsystem mit den Parametern "Temp (Wärmequelle)", "Temp (Behäl-ter)" und "Wärmefluß". Außerdem ist ein Hilfsparameter "Temperaturdifferenz (Δ Temp)" nützlich.

1. Bei der *numerischen Simulation* (Abb. 12.3) werden in die Gleichungen der Strukturbeschreibung Zahlenwerte eingesetzt und die Verhaltensbeschreibung durch eine Folge von Zeitpunkten mit Parameterwerten dargestellt.
   Vorteile: Exakte Verhaltensbeschreibung; einfache Berechnung.
   Nachteile: Partielles Wissen kann nicht dargestellt werden, d.h. es muß ein Zahlenwert für jeden Parameter und jede Konstante festgelegt werden (z.B. die Annahme „0,1" in der zweiten Gleichung von Abb. 12.3).

numerische Strukturbeschreibung:	Δ Temp = Temp (Wärmequelle) - Temp (Behälter) Wärmefluß = 0,1 Δ Temp $\dfrac{d}{dt}$ Temp (Behälter) = Wärmefluß

numerische Verhaltensbeschreibung:

t (Zeit)	1	2	3	4	...
Temp (Behälter)	300	370	433	490	...
Temp (Wärmequelle)	1000	1000	1000	1000	...
Δ Temp	700	630	567	510	...
Wärmefluß	70	63	57	51	...

Abb. 12.3   Numerische Simulation des einfachen Hitzeflußsystems von Abb. 12.2.

2. Bei der *analytischen Simulation* wird die Verhaltensbeschreibung durch algebraische Umformungen der Strukturbeschreibung und Auflösung nach den interessanten Variablen erzeugt (Abb. 12.4).

Vorteile: Exakte Verhaltensbeschreibung; Darstellung von partiellem Wissen, da z.B. für die Konstanten keine Zahlenwerte eingesetzt werden müssen.

Nachteile: Es sind mächtige Berechnungstechniken erforderlich (z.B. Integration), deren Grenzen bei komplexeren Beispielen schnell erreicht werden.

Analytische Strukturbeschreibung:	Δ Temp = Temp (Wärmequelle) - Temp (Behälter) Wärmefluß = Δ Temp* k {k ist eine Konstante} $\dfrac{d}{dt}$ Temp (Behälter) = Wärmefluß
Analytische Verhaltensbeschreibung:	Temp (Behälter) = Temp (Wärmequelle) - C $*$ e^{-kt}

Abb. 12.4   Analytische Simulation des einfachen Hitzeflußsystems von Abb. 12.2.

3. Bei der *qualitativen Simulation* wird der Wertebereich der Parameter auf qualitativ interessante Werte beschränkt, d.h. er kann jeweils größer, gleich oder kleiner als seine Landmarkenwerte sein. Ein Landmarkenwert ist meist ein anwendungsspezifischer Schwellwert, z.B. ist die Temperatur der Wärmequelle ein Landmarkenwert für die Temperatur des Behälters. Entsprechend werden in der Strukturbeschreibung auch die Beziehungen zwischen den Parametern nur qualitativ ausgedrückt. Die Verhaltensbeschreibung besteht jetzt weder aus einer im Prinzip unendlichen Tabelle noch einer Exponentialgleichung, sondern aus einer Folge oder einem Zyklus von qualitativ verschiedenen Zuständen (Abb. 12.5).

Vorteile: Einfache Berechnung; Darstellung von partiellem Wissen.
Nachteile: Ungenaue (qualitative) Verhaltensbeschreibung.

Qualitative Strukturbeschreibung:

(1) $\Delta Temp = Temp\ (W\ddot{a}remquelle) \ominus Temp\ (Beh\ddot{a}lter)$

(2) $\left(\dfrac{d}{dt}\right) Temp\ (Beh\ddot{a}lter) = W\ddot{a}rmeflu\beta$

(3) $W\ddot{a}rmeflu\beta = M^{+}\ (\Delta Temp)$

Dabei bedeuten:

$M^{+}\ (X) = Y$ Y ist eine monoton steigende Funktion von X

$\left(\dfrac{d}{dt}\right) X = Y$ Y ist eine monotone Funktion der Änderungsrate von X

$X = Y \ominus Z$ Qualitative Subtraktion: daraus kann man folgern, daß
wenn $Z > 0$, dann auch $X > Y$; wenn $Z = 0$, dann auch $X = Y$ usw.

Qualitative Verhaltensbeschreibung:

	Zustand1 Absolutwert	Zustand1 Änderung	Zustand2 Absolutwert	Zustand2 Änderung
Temp (Behälter)	< Temp (Wärmequelle)	zunehmend	= Temp (Wärmequelle)	konstant
Temp (Wärmequelle)	= Temp (Wärmequelle)	konstant	= Temp (Wärmequelle)	konstant
Δ Temp	> 0	abnehmend	= 0	konstant
Wärmefluß	> 0	abnehmend	= 0	konstant

Abb. 12.5 Qualitative Simulation des einfachen Hitzeflußsystems von Abb. 12.2

Bei physikalischen Prozessen sind die Voraussetzungen der numerischen Simulation, d.h. exakte Zahlenwerte für alle Parameter anzugeben, kaum erfüllbar. Dagegen eignet sie sich gut für Scheduling-Probleme, bei denen Terminkalender oder Maschinenauslastungen simuliert werden. Ein Beispiel ist ein Problem aus der Fertigung: verschiedene Fertigungsobjekte müssen von verschiedenen Maschinen in einer bestimmten Reihenfolge bearbeitet werden. Welche Tagesproduktion kann bei gegebenen Rahmenbedingungen erreicht werden? Eine vereinfachte strukturelle Beschreibung für dieses Problem könnte wie in Abb. 12.6 aussehen:

Objekte \ Maschinen	M1	M2	M3	M4	...
O1	20	–	15	10	...
O2	10	–	–	20	...
O3	–	20	20	–	...
O4	5	5	5	5	...

Abb. 12.6 Fertigungsmatrix: Das Fertigungsobjekt O1 beansprucht die Maschine M1 20 min., M3 15 min. und M4 10 min., usw.

Für die Simulation braucht man eine diskrete Uhr, deren kleinste Zeiteinheit in diesem Beispiel 5 min. wäre. Bei jedem „Vorrücken" der Uhr wechseln die Fertigungsobjekte, deren Zeitdauer abgelaufen ist, die Maschine, bzw. kommen in eine Warteschlange für eine durch andere Objekte belegte Maschine. Das Ergebnis ist der Ausstoß fertiger Teile pro Zeit.

Während die numerische Simulation durch ihren fehlenden Abstraktionsgrad begrenzt ist, werden bei der analytischen Simulation die Strukturbeschreibungen schon bei kleinen Anwendungen sehr komplex. Wenn die damit verbundenen algebraischen Operationen jedoch handhabbar sind, ist sie die optimale Vorgehensweise.

Die Idee der qualitativen Simulation besteht darin, die Strukturbeschreibung so weit zu vereinfachen, daß einfache algebraische Techniken benutzt werden können und trotzdem die qualitativ wichtigen Zustandsübergänge herleitbar bleiben. Parameter werden mit Relationen und Referenzwerten beschrieben, z.B. Temp (Behälter) < Temp (Wärmequelle). Die Referenzwerte orientieren sich meist an „qualitativen Landmarkenwerten", die für die Simulation eine besondere Bedeutung haben, z.B. Temperatur im Gleichgewichtszustand oder maximale Geschwindigkeit. Die Relationen beschränken sich meist auf die Vergleiche „größer", „kleiner" oder „gleich" relativ zu den Landmarkenwerten und auf die Änderungsraten „zunehmend", „gleichbleibend" und „abnehmend" eines Parameters. Da die Landmarkenwerte im wesentlichen vom Experten vorgegeben werden müssen, eignet sich die qualitative Simulation nur für im Prinzip gut verstandene Systeme. Das Hauptproblem ist die Behandlung von Unsicherheiten, wenn aus einem Zustand heraus verschiedene Folgezustände möglich sind. Die meisten Programme verzweigen dann, was schnell zu einer kombinatorischen Explosion führen kann. Methoden zur Reduktion der Verzweigungsrate sind z.B. in [Kuipers 87] beschrieben.

12.2   Qualitative Mehrphasensimulation: Kuipers QSIM

QSIM (Qualitative Simulation [Kuipers 84]) ist ein typisches System zur qualitativen Mehrphasensimulation mit verschiedenen Anwendungen aus einfachen medizinischen und physikalischen Bereichen. Dazu gehört die bereits erwähnte qualitative Simulation des einfachen Hitzeflußsystems. Wir beschreiben hier die Vorgehensweise von QSIM etwas genauer. Die Wissensrepräsentation von QSIM entspricht der von Constraint-Systemen mit Variablen (Parametern) und Constraints. Die für die Simulation wichtigste Erweiterung ist, daß die Parameter zwei Werte haben, ihren Absolutwert und ihre Änderungstendenz. Entsprechend können Constraints in QSIM beide Werte propagieren. Der Wertebereich eines Parameters besteht bei der Änderungstendenz nur aus den drei Werten Zunahme, Abnahme und Konstanz, während er bei dem Absolutwert aus einer der Relationen (größer, kleiner oder gleich) zu Landmarkenwerten besteht. Ein Parameter kann beliebig viele Landmarkenwerte haben. Sie werden normalerweise vom Experten vorgegeben, unter bestimmten Umständen kann das System auch selbst welche generieren (s.u.). Die drei Haupttypen von Constraints wurden bereits erwähnt:

- qualitative arithmetische Constraints: $X = Y \oplus Z$ oder $X = Y \odot Z$

- funktionale Constraints: $X = M^+(Y)$ X ist eine monotone steigende Funktion von Y.

- ableitende Constraints: $X = \left(\dfrac{dY}{dt} \right)$ X ist eine monotone Funktion der Änderungsrate von Y.

Die Constraints werden als Tabellen und einfache Regeln repräsentiert, wobei die maximal mögliche Informationsmenge propagiert wird. Einen Ausschnitt aus der internen Repräsentation des Constraints $X \oplus Y = Z$ zeigt Abb. 12.7.

---

1. Propagierung der qualitativen Absolutwerte von Parametern:

$X = 0 \Leftrightarrow Y = Z$	$X < 0 \Leftrightarrow Y > Z$	z.B. „Wenn X größer als 0 ist,
$Y = 0 \Leftrightarrow X = Z$	$Y > 0 \Leftrightarrow X < Z$	dann ist Y kleiner als Z."
$X > 0 \Leftrightarrow Y < Z$	$Y < 0 \Leftrightarrow X > Z$	

2. Propagierung der Änderungstendenzen von Parametern:

Die Tabelle gibt die Änderungstendenz für Z an, falls X und Y bekannt sind.

Y \ X	Zu	Kon	Ab
Zu	Zu	Zu	?
Kon	Zu	Kon	Ab
Ab	?	Ab	Ab

Zu = Zunahme
Kon = Konstanz
Ab = Abnahme

z.B. „Wenn X und Y zunehmen, dann nimmt auch Z zu."

Abb. 12.7 Teilmenge der Regeln und Tabellen zur Repräsentation des Constraints $X \oplus Y = Z$

Die drei Phasen der Simulation werden wie folgt realisiert: die *Intrastate-Analyse* wird durch eine Constraint-Propagierung zur Berechnung der vollständigen Parameterbelegung aus den Anfangswerten ausgeführt. Für die *Interstate-Analyse* gibt es drei Typen von Vorhersage-Regeln (s. Abb. 12.8):

Die Anwendung einer Vorhersageregel ändert den Absolutwert eines Parameters, was eine neue Intrastate-Analyse notwendig macht. Falls mehrere Parameter sich unabhängig voneinander verändern oder ein Parameter nicht eindeutig bestimmt werden kann (z.B. bei $X \oplus Y = Z$, Z nimmt zu und Y nimmt ab), wird eine Fallunterscheidung vorgenommen, sofern nicht zu viele Fälle unterschieden werden müssen. Andernfalls wird die Beschreibung vereinfacht und dann erst die hoffentlich einfachere Fallunterscheidung durchgeführt. Dazu gibt es Vereinfachungsregeln, die den Einfluß zweier Constraints zu einem Constraint zusammenfassen, z.B.: $(Z = X \oplus Y)$ & (Y ist konstant) $\Rightarrow (Z = M^+(X))$ oder $(Z = M^+(Y))$ & $(Y = M^+(X)) \Rightarrow (Z = M^+(X))$

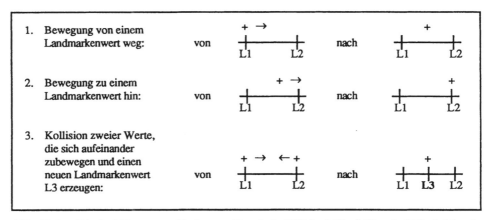

Abb. 12.8   Die drei Typen von Vorhersage-Regeln in QSIM. „L1", „L2" und „L3" sind Landmarkenwerte für die Parameter, „←" und „→" geben die Änderungstendenz an, und „+" ist der
Absolutwert des Parameters in dem alten bzw. dem neuen Zustand.

QSIM kann auch erkennen, wenn die Folgezustände von Fallunterscheidungen
identisch sind und die Verzweigungen zusammengeführt werden können. Ein Beispiel
für die Anwendung aller dieser Mechanismen ist das in [Kuipers 84] ausführlich
beschriebene Doppel-Hitzeflußsystem, bei dem im Vergleich zum einfachen Hitzeflußsystem (s. Abb. 12.2) auch simuliert wird, daß der Behälter zusätzlich Wärme an
die Umgebung abgibt. Das Ergebnis der Analyse ist die Entdeckung eines neuen
Landmarkenwertes für die Temperatur des Behälters, der zwischen der Temperatur
der Wärmequelle und der Temperatur der Umgebung liegt und bei dem das System
einen stabilen Zustand erreicht hat. Ein etwas größeres Beispiel ist die Simulation des
„nephrotischen Syndroms", bei dem aus dem Sinken der Eiweiß-Konzentration im
Blut die Ansammlung von Wasser im Gewebe simuliert wird. Trotzdem sind die
Anwendungsbeispiele im Vergleich zu Problemen aus der Praxis sehr einfach.

12.3   Qualitative Einphasensimulation: Longs System

Kuipers System QSIM ist unfähig, den Nettoeffekt entgegengesetzter Einflüsse auf
einen Parameter zu berechnen, da es kein Wissen über Größenordnungen der
Einflüsse hat. Deswegen ist sein Anwendungsgebiet auf kleine Gebiete beschränkt,
und es ist Aufgabe des Modell-Entwicklers, die unwichtigen Beziehungen aus dem
Modell wegzulassen. Wenn man z.B. das Fließen von Wasser in eine Badewanne
simulieren will und als aktive Prozesse das Einfließen und das Verdampfen des
Wassers definiert, dann kann QSIM nicht schließen, daß das Wasser überlaufen wird,
da die Prozesse sowohl eine Zunahme als auch eine Abnahme des Wasserstandes
vorhersagen.
     Das System von Long [86] versucht dagegen, qualitative Aussagen mit Wissen
über Größenordnungen der Stärke von Beziehungen zu verknüpfen, um einen stark
vernetzten Anwendungsbereich, nämlich die Vorhersage von Therapieeffekten auf das

Herz-Kreislaufsystem, zu modellieren. Dabei geht Long davon aus, daß sich quasi momentan nach einer "Störung" des Herz-Kreislaufsystems durch Medikamente ein neues Gleichgewicht einstellt. Daher kommt Longs System mit einer Einphasensimulation aus. Weiterhin verfügt es über einen Spezialalgorithmus zur Behandlung von Rückkopplungsschleifen.

Die Wissensrepräsentation von Longs System besteht wie bei QSIM aus Parametern und Beziehungen zwischen ihnen. Die Parameter haben zwei Attribute: ihre Änderung gegenüber ihrem Ausgangswert und manchmal auch die Größenordnung des Absolutwertes. Die Beziehungen sind im Gegensatz zu QSIM gerichtet und gewichtet, z.B. bewirkt eine Änderung des Parameters x eine n-fache Änderung des Parameters Y mit sechs möglichen Gewichtungen für n: +1.5, +1.0, +0.5, –0.5, –1.0, –1.5. Ein Problem ist, eine einfache Darstellung für die verschiedenartigen Typen von Beziehungen zwischen zwei Parametern zu finden. Dazu gehören:

- *Mehrfach-Beziehungen* (z.B. zwischen Pulsfrequenz und Herzminutenvolumen: (1) Pulsfrequenz * Herzschlagvolumen = Herzminutenvolumen; (2) Je höher die Pulsfrequenz, desto geringer das Herzschlagvolumen),
- *additive Beziehungen,*
- *muliplikative Beziehungen,*
- *nicht-lineare Beziehungen* (z.B. Frank-Sterling-Beziehung: Wenn der Blutdruck des einlaufenden Blutes in die Herzkammer niedrig ist, dann hat steigender Blutdruck starken Einfluß auf das Schlagvolumen. Wenn der Blutdruck des einlaufenden Blutes in die Herzkammer hoch ist, dann hat steigender Blutdruck wenig Einfluß auf das Schlagvolumen),
- *Beziehungen, die Zeit erfordern* (z.B. die Verstärkung der Herzmuskulatur wegen Herzinsuffizienz).

In Longs System werden alle Typen von Beziehungen linear approximiert und nichtlineare Beziehungen in annähernd lineare Abschnitte aufgeteilt (s. Abb. 12.9):

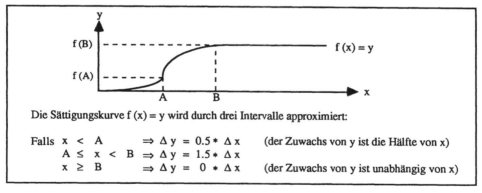

Die Sättigungskurve f (x) = y wird durch drei Intervalle approximiert:

Falls   x < A $\Rightarrow \Delta y = 0.5 * \Delta x$ (der Zuwachs von y ist die Hälfte von x)
       A ≤ x < B $\Rightarrow \Delta y = 1.5 * \Delta x$
       x ≥ B $\Rightarrow \Delta y = 0 * \Delta x$ (der Zuwachs von y ist unabhängig von x)

Abb. 12.9   Aufteilung einer nicht-linearen Beziehung in drei abschnittsweise lineare Beziehungen mit unterschiedlichen Verstärkungsfaktoren.

Um das gültige Intervall und den zugehörigen Verstärkungsfaktor einer abschnittsweise linearen Beziehung zu bestimmen, wird die Größenordnung des Absolutwertes des Parameters gebraucht. Dazu reichen jedoch qualitative Angaben wie,, normal",

„hoch" und „niedrig" aus. Long gibt an, daß diese Parameter gerade solche sind, die dem Arzt geläufig und deren Werte einfach meßbar oder herleitbar sind.

Alle Beziehungen haben ein Attribut, das die Größenordnung der Zeit abgibt, die zur Ausprägung des Effektes erforderlich ist. Dabei wird angenommen, daß bei wesentlich kleineren Zeitintervallen der Effekt nicht auftritt.

Die große Menge von Rückkopplungsschleifen (über 150) und der hohe Vernetzungsgrad (zwischen zwei Zuständen kann es 70 Pfade geben) in Longs Modell vom Herz-Kreislaufsystem erfordern einen effizienten Inferenzmechanismus. Dazu adaptiert Long einen Algorithmus zur Analyse von Signalflüssen mit mehrfachem Input und Output [Manson 56], was wegen der Beschränkung auf lineare Beziehungen möglich ist. Ausgangspunkt der Simulation ist die Änderung eines oder mehrerer Parameter, z.B. durch eine Therapie. Daraus werden schrittweise die Auswirkungen auf alle übrigen Parameter berechnet.

Der Gesamteinfluß eines Parameters auf einen anderen ist die Summe der Änderungen entlang aller Pfade zwischen zwei Parametern. Die Änderung entlang eines Pfades ist das Produkt der Gewichtungen aller Kanten auf den Pfaden, abgeschwächt durch die berührten Rückkopplungsschleifen. Die Rückkopplungsschleifen und die Pfade zwischen zwei Parametern werden vorberechnet. Ein einfaches Beispiel für den Verrechnungsalgorithmus ohne Rückkopplungsschleifen zeigt Abb. 12.10.

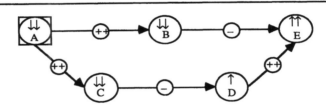

Wissensrepräsentation: • A, B, C, D und E sind Parameter wie Puls, Blutdruck, Betazustand usw.
• Die Pfeile bei den einzelnen Parametern bedeuten die Änderungen gegenüber dem Ausgangswert, wobei Pfeile nach unten eine Erniedrigung und Pfeile nach oben eine Erhöhung anzeigen.
• Die Kanten repräsentieren Ursache-Wirkungs-Beziehungen, wobei ⊕ oder ⊕⊕ eine Erhöhung und ⊖ oder ⊖─⊖ eine Erniedrigung um das 0.5- bzw. 1.0-fache der Ausgangsänderung andeuten.

Der Einfluß von A, dessen Wert durch eine Therapie gesenkt wurde ($\downarrow\downarrow$ = -1.0), auf E wird wie folgt berechnet (im Bild sind die Pfeile bei A der Ausgangszustand, die übrigen Pfeile werden vom Simulationssystem errechnet):
Gewinn des Pfades A -> B -> E = (Änderung von A) * (Gewichtung von A -> B) * (Gewichtung von B -> E) = (-1.0) * (+1.0) * (-0.5) = (+0.5).
Gewinn des Pfades A -> C -> D -> E = (Änderung von A) * (Gewichtung von A -> C) * (Gewichtung von C -> D) * (Gewichtung von D -> E) = (-1.0) * (+1.0) * (-0.5) * (+1.0) = (+0.5).
Summe der beiden Pfade: (+0.5) + (+0.5) = (+1.0) = Änderungstendenz von E.

Abb. 12.10   Beispiel der Propagierung in Longs System ohne Rückkopplungsschleifen

Rückkopplungsschleifen führen zu einer Abschwächung der Propagierung von Werteänderungen. Wenn z.B. in Abb. 12.7 eine Rückkopplungsschleife von D nach C existiert (D $\pm\pm_>$ F, F $\pm\pm_>$ C), dann würde der Gewinn von A nach C (A $\pm\pm_>$ C) nicht X sondern X / (1 − (Stärke der Rückkopplungsschleife)) betragen, was in dem erweiterten Beispiel in Abb. 12.7 1 / (1 + 0.5) = 0.66 für C ergeben würde (die Stärke der Rückkopplungsschleife ist das Produkt der Gewichtungen von C → D → F → C = − 0.5 ∗ 1.0 ∗ 1.0 = − 0.5).

Die Details des Algorithmus sind in [Long 86] beschrieben. Kausale Beziehungen, die Zeit erfordern, werden nur dann berücksichtigt, wenn das Zeitintervall, in dem die Simulation stattfindet, entsprechend groß gewählt wurde.

Die Simulation hat nur geringen Erklärungswert, wenn alle vorhandenen Einflüsse zwischen den Zuständen gezeigt werden, da die meisten wegen der vielen Rückkopplungsschleifen stark abgeschwächt sind oder sich wechselseitig aufheben. Die Erklärungskomponente von Longs System ist deshalb in der Lage, die wichtigsten Pfade zwischen zwei Zuständen, d.h. den stärksten Pfad und weitere Pfade, deren Stärke einen wählbaren Prozentsatz des stärksten Pfades nicht unterschreiten, graphisch hervorzuheben. Weiterhin wird die Stärke einer Zustandsänderung nicht durch den Zahlenwert, sondern durch einen daraus hergeleiteten qualitativen Wert wie „schwach erhöht", „erhöht", „stark erhöht" bzw. „erniedrigt" angegeben.

12.4   Zusammenfassung

Die Technik der qualitativen Simulation dient zur Vorhersage in Bereichen, in denen die konventionellen Typen der Simulation (numerisch und analytisch) zu detailliert bzw. zu aufwendig sind.

Die Kernidee ist die Vereinfachung der Struktur- und Verhaltensbeschreibung des zu simulierenden Systems auf qualitative Zusammenhänge wie z.B. „wenn der Parameter A steigt, steigt auch der Parameter B". Die daraus resultierenden Unsicherheiten, wenn mehrere Einflüsse für einen Parameter mit unterschiedlichen Vorzeichen zusammentreffen, werden meist durch eine Fallunterscheidung und paralleles Weiterverfolgen der möglichen aktiven Prozesse behandelt. Bekannte Ansätze zur qualitativen Mehrphasensimulation sind QSIM [Kuipers 84], ENVISION [de Kleer 84] und QPT [Forbus 84]. QPT (Qualitative Process Theory) basiert auf einer anderen Wissensrepräsentation, bei bei dem nicht Komponenten und ihre Parameter wie die Temperatur der Wärmequelle, sondern Prozesse wie der Wärmefluß die Hauptobjekte in der Strukturbeschreibung sind. Ein vergleichende Darstellung der Ansätze findet sich in [Bredeweg 88] und [Struß 89]. Allerdings führt die Vernachlässigung der Größenordnungen der relevanten Parameter leicht zu einer kombinatorischen Explosion der Fallunterscheidungen. Ein System, das die Größenordnung qualitativer Zusammenhänge relativ detailliert modelliert, ist das qualitative Einphasensimulations-System von Long [86].

Eine ausführliche Darstellung der qualitativen Simulation findet sich in [Iwasaki 89]. Es darf jedoch nicht übersehen werden, daß die derzeitigen Systeme zumeist noch sehr einfache Fragestellungen behandeln und kaum praxisreif sind.

Teil IV

Entwicklung von Expertensystemen

13. Wissenserwerb

Der Wissenserwerb umfaßt die Identifikation, Formalisierung und Wartung des Wissens, das ein Expertensystem benötigt, um Probleme lösen zu können. Durch die getrennte Darstellung von Problemlösungswissen und Problemlösungsstrategien und die daraus resultierende leichte Zugänglichkeit und Modifizierbarkeit des Wissens erleichtern Expertensysteme im Vergleich zu konventionellen Programmen diese Aufgabe beträchtlich. Trotzdem bleibt das Kernproblem bei der Entwicklung von Expertensystemen der Wissenserwerb, dessen Lösungsansätze die Erfolgschancen eines Expertensystemprojektes bestimmen. Die drei Grundarten des Wissenserwerbs sind:

- Indirekter Wissenserwerb: ein Wissensingenieur befragt einen Experten und formalisiert die Ergebnisse für das Expertensystem. Hierbei stehen Interviewtechniken im Vordergrund (s. Kapitel 13.2). Diese Wissenserwerbsmethode ist aufwendig und fehleranfällig und wird daher nur gewählt, wenn die anderen Methoden nicht anwendbar sind.
- Direkter Wissenserwerb: der Experte formalisiert sein Wissen selbst. Diese Methode erfordert komfortable Wissenserwerbssysteme, die auf einem guten Verständnis der Problemlösungsstrategien im Anwendungsbereich aufbauen müssen (s. Kapitel 13.3).
- Automatischer Wissenserwerb: das Expertensystem extrahiert sein Wissen selbständig aus Falldaten oder verfügbarer Literatur. Während hinreichend gute textverstehende Systeme noch nicht existieren, ist das Lernen aus Falldaten heute schon weiter vorangeschritten (s. Kapitel 13.4). Allerdings sind die derzeitigen Systeme noch nicht praxisreif.

13.1 Phasenmodelle für den Wissenserwerb

Ein Standardphasenmodell des Wissenserwerbs zeigt Abb. 13.1. Da es ziemlich abstrakt ist, wird es durch das Phasenmodell in Abb. 13.2, das auch Vorschläge zur Durchführung der einzelnen Phasen und Angaben über Hilfsmittel enthält, konkretisiert. Während der verschiedenen Phasen des Wissenserwerbs gilt, daß die Mitarbeit eines Wissensingenieurs in den späteren Phasen umso wichtiger ist, je mangelhafter die vorherigen Phasen bearbeitet wurden. In diesem Unterkapitel beschreiben wir, wie eine strukturierte Entwicklung von Expertensystemen aussehen sollte.

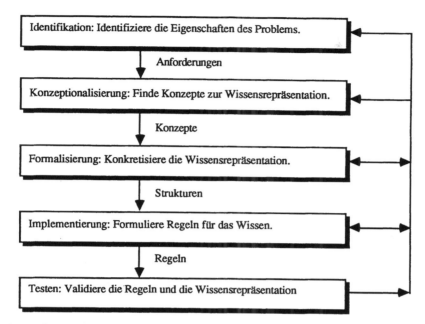

Abb. 13.1   Standardphasenmodell des Wissenserwerbs (nach Buchanan [83, S. 139])

PHASEN	BESCHREIBUNG	DURCHFÜHRUNG	HILFSMITTEL
Problemcharakterisierung	Identifikation der Problemlösungsstrategie und der Wissensrepräsentation	Wissensingenieur befragt Experten	Interviewtechniken und Protokolle
Shell-Entwicklung	Bereitstellung eines Expertensystem-Shells mit komfortabler Wissenserwerbskomponente	Auswahl oder Neuentwicklung durch den Wissensingenieur	allgemeines Expertensystem-Werkzeug
Aufbau der Wissensbasis	Formalisierung des Expertenwissens	Experte, eventuell unterstützt durch Wissensingenieur	Shell
Wartung der Wissensbasis	Tuning und Weiterentwicklung, Anpassung an neue oder geänderte Anforderungen	Experte, eventuell unterstützt durch automatische Analysetechniken	Falldatenbank

Abb. 13.2   Konkretes Phasenmodell des Wissenserwerbs

Während der Identifikation in Abb. 13.1 werden die Leistungsanforderungen an das zukünftige Expertensystem und die verfügbaren Ressourcen wie Hardware, Zeit, Geld und Mitarbeit von Experten beschrieben. Diese Phase wird in Kapitel 17 „Rahmenbedingungen für den betrieblichen Einsatz" behandelt und fehlt in Abb. 13.2. Die nächsten beiden Phasen der Konzeptionalisierung und Formalisierung in Abb. 13.1 entsprechen der Problemcharakterisierung in Abb. 13.2. Die Problemcharakterisierung ist nur sehr wenig strukturierbar und sollte deshalb in intensiver Zusammenarbeit zwischen Wissensingenieur und Experte durchgeführt werden. Eine solche Strukturierung versuchen Wielinga und Breuker [86], deren Ansatz zusammen mit Interviewtechniken in Kapitel 13.2 beschrieben wird. Das Ergebnis der Problemcharakterisierung sollte ein abstraktes Verständnis einer geeigneten Problemlösungsstrategie und Wissensrepräsentation im Anwendungsgebiet sein.

Der nächste Schritt ist die Umsetzung dieses abstrakten Problemverständnisses in ein konkretes Programm. Dabei wird die Phase der Implementierung aus Abb. 13.1 in Abb. 13.2 in zwei Phasen, nämlich Shell-Entwicklung und Aufbau der Wissensbasis, zerlegt. Diese Trennung ist ein wesentlicher Teil der Expertensystem-Methodologie und vereinfacht die Wartung des Systems erheblich bzw. macht sie überhaupt erst möglich. Die Shell-Entwicklung kann nur vom Wissensingenieur durchgeführt werden und erfordert eine abstrakte Modellierung des Anwendungsbereichs. Die Shell soll den Experten in die Lage versetzen, nach einer kurzen Einarbeitungszeit seine Wissensbasis weitgehend selbständig aufzubauen und zu ändern. Dazu muß sie Problemlösungsstrategien und Wissensrepräsentationen auf einem möglichst hohen Abstraktionsniveau bereitstellen. Weiterhin muß die Shell über eine komfortable Wissenserwerbskomponente (einschließlich Erklärungskomponente zur Fehlerlokalisierung) verfügen, die den Umgang in einer dem Experten vertrauten Begriffswelt ermöglicht. Während in günstigen Fällen eine passende Shell mit Wissenserwerbskomponente verfügbar ist, muß sie für andere Projekte neu entwickelt werden. Eine wesentliche Hilfe können dabei allgemeine Expertensystemwerkzeuge sein (s. Kap. 16).

Die Benutzung einer adäquaten Shell ermöglicht es dem Experten, sein Wissen selbst zu formalisieren und auf die vorgegebenen Wissensrepräsentationen abzubilden. Um die Einarbeitungszeit in die Shell für den Experten zu verkürzen, sollte der Wissensingenieur ihn dabei unterstützen und ihm die Mechanismen der Shell im Kontext der Anwendung erklären. Wenn der Experte nicht direkt am Terminal arbeiten möchte, erstellt er die Wissensbasis auf dem Papier, und läßt sie von anderen Personen eingeben. Wichtig ist, daß der Experte in der Wissensrepräsentation des Expertensystems „denkt". Nur so werden dann deren Schwächen klar und Übertragungs- und Kommunikationsfehler vermieden.

Der Hauptvorteil der Trennung in Shell-Entwicklung durch einen Wissensingenieur und Aufbau der Wissensbasis durch den Experten zeigt sich bei der Test- oder Wartungsphase, die bei in der Praxis eingesetzten Expertensystemen nie endet. Die Wartung eines Systems ist umso effizienter, je kürzer die Rückkopplungsschleifen zwischen der Entdeckung von Mängeln und deren Verbesserung durch den Experten mit anschließenden Tests sind. Vor allem in dieser Phase sollte der Experte mit der Shell selbständig umgehen können. Der Experte kann bei der Fehlersuche durch Hilfsprogramme unterstützt werden, z.B. durch automatische Konsistenztests der Wissensbasis oder durch eine Falldatenbank, die die vom Expertensystem bereits korrekt gelösten Testfälle durchspielt und die Auswirkungen von Änderungen der

Wissensbasis daran überprüft. Sehr wichtig ist auch die automatische Erstellung strukturierter und übersichtlicher Ausdrucke der Wissensbasis, ohne die man schnell den Überblick verlieren würde.

Den zunehmenden Aufwand für die vier Phasen illustriert Abb. 13.3.

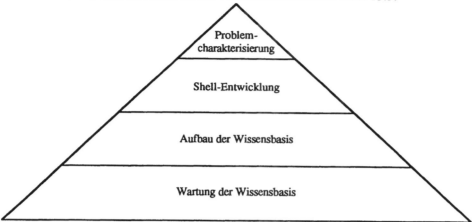

Abb. 13.3   Veranschaulichung des zunehmenden Aufwandes der verschiedenen Phasen aus Abb. 13.2 bei größeren Expertensystemprojekten

Bei gut verstandenen Problemen kann der Aufwand für die ersten beiden Phasen durch den Kauf einer geeigneten Shell erheblich verringert werden. Dagegen läßt sich der Aufwand für die letzten beiden Phasen kaum reduzieren. Vor allem die Wartung der Wissensbasis wird wegen der geringen Erfahrungen meist erheblich unterschätzt. Falls die Wartung eines Expertensystems nur in Zusammenarbeit von Experte und Wissensingenieur möglich ist, sind die Kosten für einen langfristigen Einsatz oft zu hoch.

Wenn keine geeignete Shell zur Verfügung steht und erst entwickelt werden muß, oder sogar das Problem selbst sehr kompliziert und wenig verstanden ist, wird sich das Durchlaufen der Rückkopplungsschleifen aus Abb. 13.1 und 13.2 nicht vermeiden lassen. Typisch dafür ist das schnelle Erstellen von Prototypen („Rapid Prototyping"), die vor allem dem Zweck der Erfahrungssammlung und dem Testen von Konzepten dienen und danach weggeworfen und durch bessere Prototypen ersetzt werden. Beim Rapid Prototyping muß der Wissensingenieur natürlich in allen Wissenserwerbsphasen die Hauptrolle spielen. Der Experte übernimmt diese Rolle erst, wenn sich ein Shell-Prototyp stabilisiert und der Aufbau einer größeren Wissensbasis möglich wird. Methoden zur Unterstützung des Wissensingenieurs werden im folgenden Abschnitt vorgestellt. Eine kritische Diskussion des Rapid Prototyping findet sich in [Karbach 90].

13.2   Problemcharakterisierung und Interviewtechniken

Zunächst wird in diesem Unterkapitel eine strukturierte Vorgehensweise zur Problemcharakterisierung und dann werden Interview- und Protokollmethoden für den Dialog zwischen Wissensingenieur und Experte beschrieben.

13.2.1 Problemcharakterisierung nach der KADS-Methode

KADS (Knowlege Acquisition, Documentation and Structuring [Wielinga 84, 86; de Greef 85]) ist eine allgemeine Methode zum strukturierten Wissenserwerb, die eine Problemcharakterisierung unabhängig von einem Implementierungsformalismus liefern soll. Wielinga und Breuker postulieren vier Ebenen, auf denen das Expertenwissen beschrieben und analysiert werden kann:

- *Bereichsebene (domain level):* Hier werden die Fachbegriffe („concepts") des Anwendungsbereichs, die Relationen dazwischen und darauf aufbauende Strukturen beschrieben. In der Medizin können das z.B. Namen von Krankheiten und Krankheitsklassen oder Begriffe der Datenvorverarbeitung, wie Schockindex und seine Definition als Quotient aus Puls und Blutdruck sein.
- *Inferenzebene (inference level):* Auf dieser Ebene werden die Fachbegriffe und Relationen gemäß ihrer Rolle beim Problemlösen in „Metaklassen" und „Wissensquellen" eingeteilt. In der Diagnostik wären typische Metaklassen Symptome (z.B. Brustschmerz), Prädispositionsfaktoren (z.B. Alter und Rauchen), Verdachtshypothesen, Enddiagnosen und Therapien. Ein Begriff, wie z.B. Infektion, kann dabei auch je nach seiner Rolle in verschiedene Metaklassen fallen, so z.B. als Verdachtsdiagnose, die bestätigt werden muß, als Enddiagnose, für die eine Therapie ausgewählt werden soll oder als Symptom für andere Diagnosen. Die Wissensquellen setzen Metaklassen zueinander in Beziehung und klassifizieren Inferenzwissen z.B. als verschiedene Typen von Regeln, hierarchisches Wissen oder Wissen zur Verdachtsgenerierung bzw. Verdachtsüberprüfung. Metaklassen und Wissensquellen sind das Vokabular für die Charakterisierung der Problemlösungsstrategie in der nächsten Ebene.
- *Ebene der Problemlösungsstrategie (task level):* Auf dieser Ebene werden mit den zuvor definierten Metaklassen und Wissensquellen Problemlösungsstrategien formuliert. Die Hypothesize-and-Test-Strategie (s. Kapitel 10.1) der Diagnostik ließe sich z.B. wie folgt skizzieren:

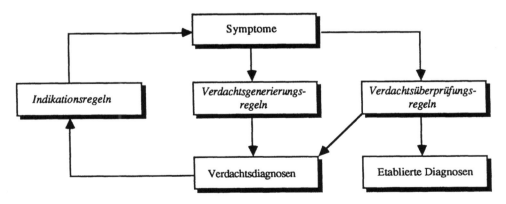

Wielinga [86] beschreibt ein umfangreicheres Beispiel einer Problemlösungsstrategie für die Risikoabschätzung von Kreditvergaben. Das Ergebnis dieser Ebene bildet die Basis für die Auswahl oder Entwicklung eines Shells.

- *Strategieebene (strategic level):* Wielinga und Breuker begründen die Notwendigkeit einer Strategieebene mit der großen Flexibilität, die Experten bei der Handhabung von Problemlösungsstrategien zeigen. Experten beobachten die Erfolge ihrer
  Vorgehensweise, reagieren auf Mißerfolge und erkennen frühzeitig Sackgassen.
  Diese Fähigkeiten sollen auf der Strategieebene simuliert werden. Allerdings geben
  Wielinga und Breuker an, daß sie bisher noch keine Methoden zur Erreichung
  dieser Flexibilität konkretisiert haben [Wielinga 86, S. 317].

Die Inferenz- und Problemlösungsstrategieebenen von KADS entsprechen in etwa der
Konzeptionalisierung und Formalisierung von Buchanan in Abb. 13.1. Allerdings ist
die hier skizzierte „bottom-up" Analyse (von den Interview- und Protokolldaten des
Experten über die Bereichs- und Inferenzebenen zur Problemlösungsstrategie) in der
Praxis sehr schwer ohne Vorwissen über das Problemlösungsverhalten im Anwen-
dungsbereich durchzuführen. Wesentliche Bestandteile der KADS-Methode sind
daher „Interpretationsmodelle", die typische Problemlösungsstrategien auf abstrakter
Ebene beschreiben (s. Kapitel 10 – 12 über Diagnostik, Konstruktion und
Simulation). Ein Interpretationsmodell dient dabei als Rahmen, innerhalb dessen die
Informationen von Experten bewertet, klassifiziert und zu einer detaillierten Problem-
lösungsstrategie zusammengesetzt werden. Sie spielen eine ähnliche Rolle wie schnell
entwickelte Prototypen, die aber nicht implementiert, sondern auf einer abstrakten
Ebene spezifiziert sind.

13.2.2 Interviewtechniken

Interviewtechniken dienen dem Wissenstransfer vom Experten zum Wissensingenieur
und können sowohl zur Problemcharakterisierung (Phase 1 in Abb. 13.2) als auch
zum Aufbau einer Wissensbasis (Phase 3 in Abb. 13.2) benutzt werden. Das Ergebnis
sind immer verbale Aufzeichnungen, die anschließend vom Wissensingenieur interpretiert werden müssen. Interviewtechniken können nach zwei Kriterien aufgeteilt
werden [Wielinga 84, Hoffman 87]: nach der Art des Interviews und nach der Art von
Testfällen, deren Lösung während des Interviews beobachtet und kommentiert wird.
Die wichtigsten Interviewtypen sind:

- *Unstrukturiertes (traditionelles) Interview:* während der Experte über sein Wissen
  spricht oder Testfälle löst, stellt der Wissensingenieur mehr oder weniger spontane
  Fragen.
- *Introspektion:* der Experte beschreibt von sich aus, wie er einen Fall löst oder
  welche Problemlösungsstrategie er benutzt.
- *Laut-Denken-Protokoll:* der Experte denkt laut, während er ein Problem löst. Im
  Gegensatz dazu beschreibt er bei der Introspektion eine Zusammenfassung seines
  Problemlösungsverhaltens, nachdem er einen Fall gelöst hat.
- *Strukturiertes Interview:* Protokolle, die mit einer der anderen Interviewmethoden
  bereits erstellt sind, werden von demselben oder von einem anderen Experten
  kommentiert und ergänzt.

Während das unstrukturierte Interview und die Introspektion dem Wissensingenieur
helfen, mit dem Problembereich vertraut zu werden, bekommt man mit dem Laut-

Denken-Protokoll die zuverlässigsten Aussagen über die Problemlösungsstrategien, die der Experte tatsächlich benutzt. Ein strukturiertes Interview ist zur Validierung gewonnener Daten und zum Ausfüllen von Lücken nützlich.

Ein wichtiges Kriterium von Testfällen, vor allem für Laut-Denken-Protokolle, ist die Ähnlichkeit des Falles mit der realen Problemsituation des Experten. Ein anderes Kriterium ist der Schwierigkeitsgrad des Falles. Daraus ergeben sich folgende Arten von Testfällen:

* Typische Fälle, die der Experte routinemäßig löst.
* Fälle mit begrenzter Informationsangabe: dabei werden dem Experten bestimmte, normalerweise vorhandene Informationen vorenthalten, um die Bedeutung von Einzelinformationen herauszufinden.
* Fälle mit Beschränkung der Verarbeitungskapazität: mögliche Beschränkungen sind die Zeit, die dem Experten zur Problemlösung zur Verfügung gestellt wird, oder bestimmte Fragestellungen, auf die sich der Experte konzentrieren soll.
* Schwierige Fälle, die der Experte nicht routinemäßig lösen kann: zu schwierigen Fällen wird man übergehen, wenn die Basisproblemlösungsstrategien identifiziert sind.

Obwohl der Begriff Wissensingenieur nahelegt, daß die Extraktion des Wissens von Experten eine im Prinzip gut verstandene Tätigkeit sei, trifft eher das Gegenteil zu, so daß man besser von „Wissenskünstlern" reden sollte. Es wurde bereits hervorgehoben, daß die Auswertung der Expertenäußerungen ein Interpretationsmodell erfordert, d.h. es wird in gewisser Weise gerade das vorausgesetzt, was das Ergebnis der Analyse sein soll. Ein anderes Hauptproblem ist die (unvermeidliche) Unvollständigkeit der verbalen Daten von Experten. Gründe dafür sind [Wielinga 84]:

* Experten vergessen meist, viele wichtige Faktoren zu nennen, da sie sie für selbstverständlich halten oder das Wissen nicht durch entsprechende Reize aktiviert wird.
* Komplexere Wissensbereiche, vor allem bildhaftes Wissen, können verbal kaum adäquat beschrieben werden.
* Teile des Wissens können unbewußt sein.
* In der Sprache wird viel Wissen durch Referenz auf als bekannt vorausgesetztes Wissen kommuniziert. Dieses Wissen muß der Wissensingenieur aufgrund seines Verständnisses des Problembereichs ergänzen, was natürlich sehr problematisch ist.
* Experten können aus vielen Gründen nicht dazu motiviert sein, ihr Wissen preiszugeben.
* Viele Experten haben Schwierigkeiten, ihre Vorgehensweise zu erklären. Das ist auch für Laut-Denken-Protokolle kritisch, die nur dann einen Wert haben, wenn durch das laute Denken das Problemlösungsverhalten des Experten nicht wesentlich verzerrt wird.

Auch wegen dieser Schwierigkeiten liegt es nahe, daß man Interviewtechniken vor allem zur Problemcharakterisierung einsetzt und dem Experten zum Aufbau der Wissensbasis eine geeignete Shell bereitstellt, mit der er weitgehend selbständig arbeiten kann (vgl. Aufbau der Wissensbasis in Abb. 13.2). Dadurch verringern sich viele der erwähnten Probleme beträchtlich.

13.3 Wissenserwerbssysteme für Experten

Wenn der Problembereich hinreichend gut verstanden ist, sollte eine Shell entwickelt bzw. gekauft werden. Für die Entwicklung braucht der Wissensingenieur Kenntnisse der Wissensrepräsentationen (Kapitel 3 – 9), der Problemlösungsstrategien (Kapitel 10 – 12) und einer Programmierumgebung (z.B. LISP). In diesem Kapitel stellen wir interessante Wissenserwerbskomponenten verschiedener Shells vor. Um als Basis für die letzten beiden Phasen des Aufbaus und der Wartung der Wissensbasis in Abb. 13.2 dienen zu können, sollten sie eine dem Experten bekannte Wissensrepräsentation verwenden und eine Kommunikation auf einer angemessenen Abstraktionsebene ermöglichen. Wichtige Anforderungen für eine möglichst einfache Kommunikation sind:

- Bereitstellung von „Zwischenrepräsentationen", die eine schrittweise Verfeinerung des Expertenwissens in die vom Expertensystem geforderte „Endrepräsentation" ermöglichen. Das ist vor allem bei einer anspruchsvollen Wissensrepräsentation wichtig.
- Menüartige oder graphische Unterstützung der Eingabe.
- Verschiedene Eingabemodi (für Anfänger und Fortgeschrittene).
- Gleichartigkeit von Eingabe- und Änderungsmodus und sofortige Überprüfbarkeit von Änderungen in der laufenden Sitzung (wegen der Notwendigkeit einer schnellen Rückkopplung).
- Verwaltung einer Falldatenbank und Mechanismen, mit denen die Auswirkungen von Änderungen der Wissensbasis auf bereits gelöste Fälle getestet werden können.
- Syntaktische Konsistenztests und – soweit möglich – auch semantische Konsistenztests der Wissensbasis.

Allgemein gilt, daß ein Wissenserwerbssystem den Experten um so besser unterstützt, je mehr es sich auf einen Anwendungsbereich spezialisiert. Da die meisten der im folgenden beschriebenen Wissenserwerbssysteme (ETS/AQUINAS, CLASSIKA, TEIRESIAS und MORE/MOLE) die Diagnostik unterstützen, skizzieren wir zunächst allgemeine Vorgehensweisen zum diagnostischen Wissenserwerb. Außerhalb der Diagnostik gibt es nur wenig leistungsfähige Wissenserwerbssysteme. Eines davon ist OPAL, das Ärzten eine graphische Wissenseingabe für die Therapieplanung von bösartigen Tumoren zur Verfügung stellt und in Kapitel 13.3.6 dargestellt wird.

13.3.1 Vorgehensweise zum diagnostischen Wissenserwerb

Beim diagnostischen Wissenserwerb stehen die zwei „Metaklassen" Symptome und Diagnosen und ihre Beziehungen zueinander im Vordergrund. Ausgehend von dem Schema der diagnostischen Wissensrepräsentation in Abb. 10.4 gibt es zwei komplementäre Vorgehensweisen: diagnoseorientierter und symptomorientierter Wissenserwerb (s. Abb. 13.4).

Bei der diagnoseorientierten Vorgehensweise beginnt man mit der Erfassung und hierarchischen Strukturierung der Diagnosen, die das System erkennen soll. Für diese Diagnosen werden Profile erstellt, d.h. es werden jeweils alle Symptome aufgelistet, die für oder gegen die Diagnose sprechen. Anschließend werden Symptominterpretationen zu erfragbaren Symptomen aufgelöst, die Symptome in Fragen und Fragegruppen zusammengefaßt und die Fragen hierarchisch strukturiert.

Diese Vorgehensweise eignet sich vor allem zur schnellen Entwicklung von Prototypen. Ihr Nachteil ist ihre Änderungsfeindlichkeit, da die so erfaßte Symptomatik sich nur für die Herleitung der anfangs berücksichtigten Diagnosen eignet. Beim Hinzufügen von weiteren Diagnosen bzw. einer Ausweitung des Anwendungsgebietes muß sie im allgemeinen geändert werden.

Diesen Nachteil kann man durch die symptomorientierte Vorgehensweise vermeiden. Voraussetzung ist, daß man bereits einen verhältnismäßig guten Überblick über das Anwendungsgebiet besitzt. Man beginnt dann mit der systematischen Erfassung und Strukturierung aller Symptome, von denen man weiß, daß sie wichtig sind. Zur Herleitung von Diagnosen erstellt man sich die Diagnoseprofile auf dem Fundament der bereits erfaßten Symptome, so daß das Hinzufügen weiterer Diagnosen ohne Umstrukturierung der existierenden Wissensbasis erfolgen kann.

Bei beiden Vorgehensweisen muß noch anderes Wissen für ein lauffähiges System hinzugefügt werden, das je nach der Mächtigkeit der Wissensrepräsentation, die der Wissenserwerbskomponente zugrunde liegt, stark variieren kann. Die Bewertung der Diagnosen kann z.B. eine probabilistische Gewichtung der Symptome in den Diagnoseprofilen, die Festlegung von Ausnahmen, die Berücksichtigung der Prädisposition und die Angabe der Differentialdiagnosen erfordern. Darüberhinaus muß Wissen zur Vorgehensweise bei der Symptomerfassung und zur Therapie ergänzt werden.

1.	diagnoseorientierte Vorgehensweise	2.	symptomorientierte Vorgehensweise
I.	Diagnosen erfassen und strukturieren	I.	Symptome erfassen und strukturieren
II.	Diagnoseprofile erstellen	II.	einfache Symptominterpretationen ergänzen
III.	Auflösung von Symptominterpretationen	III.	Diagnosen erfassen und strukturieren
IV.	Symptome zusammenfassen und strukturieren	IV.	Diagnoseprofile erstellen
V.	weiteres Wissen hinzufügen (Diagnosebewertung, Therapie, Symptomerfassung usw.)		

Abb. 13.4   Diagnostische Wissenserwerbsmethoden

13.3.2   ETS/AQUINAS

ETS [Boose 84] ist eine sehr einfache Wissenserwerbskomponente. Mit ihr können zwar nur primitive Wissensbasen aufgebaut werden, aber sie hilft den Experten, sich mit der Rolle von Symptomen, Diagnosen und Regeln in der Diagnostik vertraut zu machen und das Basiswissen des Anwendungsgebietes zu formalisieren. ETS

verwendet eine psychologische Methode, das Konstruktgitterverfahren [Kelly 55], bei
dem der Experte zunächst verschiedene Diagnosen nennt und dann nach einem
Symptom gefragt wird, wodurch sich jeweils zwei Diagnosen von einer dritten unterscheiden. In einem zweiten Schritt werden die Korrelationen aller Diagnosen zu allen
Symptomen in dem Konstruktgitter (einer Symptom/Diagnose–Matrix) vom Experten
vervollständigt. Aus dem Konstruktgitter werden dann Regeln für ein Expertensystemwerkzeug generiert, die die Korrelationen zwischen den Symptomen und Diagnosen repräsentieren. Für die probabilistische Bewertung der Symptom-Diagnose-
Regeln benutzt ETS einmal die Stärke einer Korrelation im Konstruktgitter (die der
Experte auf einer Skala von 1 bis 5 angibt) und zum anderen die ebenfalls vom
Experten stammende relative Wichtigkeit der Symptome.

Eine Weiterentwicklung von ETS ist AQUINAS [Boose 87], das auch Hierarchien
von Symptomen und Diagnosen berücksichtigt und bei dem ein Konstruktgitter
jeweils für Symptome und Diagnosen der gleichen Abstraktionsebene ausgefüllt
werden. Weiterhin erlaubt AQUINAS auch die Benutzung von numerischen oder
Multiple-Choice-Fragen anstelle der One-Choice-Fragen von ETS.

Mit ETS wurden über 500 kleine Wissensbasen entwickelt, und Boose gibt an,
daß die Entwicklungszeit größerer Projekte durch die Gewöhnung der Experten an die
diagnostische Grundstruktur um etwa ein bis zwei Monate verkürzt wird. Da ETS und
AQUINAS viele diagnostische Probleme unberücksichtigt lassen (z.B. Steuerung des
Dialogs zur Symptomerfassung, Feinheiten der Diagnosebewertung und der Datenvorverarbeitung), muß der Experte relativ bald auf ein anderes Wissenserwerbssystem
umsteigen.

13.3.3 CLASSIKA

CLASSIKA [Gappa 89] ist eine Neuentwicklung der Wissenserwerbskomponente
von MED2 (s. Kapitel 10.3.2), die dank einer durchgängig graphischen Oberfläche
mit Hierachien, Formularen und Tabellen Experten weitgehend selbständig den
Aufbau von Wissensbasen ermöglicht. Im folgenden skizzieren wir CLASSIKA
anhand der wichtigsten Aktionen beim Aufbau einer neuen Wissensbasis.

Der erste Schritt ist die Definition der Terminologie, d.h. der Namen für die
Symptome und Diagnosen, die direkt in grahischen Hierarchien eingegeben werden.
Als nächstes werden zu jedem Objekt lokale Informationen, d.h. Attribut-Werte
hinzugefügt. Dazu füllt der Benutzer objekttypspezifische Formulare aus. Schließlich
muß das Beziehungswissen eingegeben werden. Das ist in CLASSIKA ohne Benutzung der Tastatur ausschließlich mit "Maus-Klicks" möglich.

Zur Eingabe von Regeln zwischen verschiedenen Symptomen oder verschiedenen
Diagnosen, z.B. Weiterfrage-Regeln, Regeln zur Herleitung von Symptominter-
pretationen oder Regeln zur Verfeinerung von Diagnosen, werden die entsprechenden
Linien in den Hierarchien mit der Maus selektiert. Daraufhin erscheint ein
Regelformular (bei vielen Regeln kann auch eine Tabelle gewählt werden), in das die
mit der Linie verbundenen Objekte in der Vorbedingung bzw. Aktion des
Regelformulars voreingetragen sind und der Benutzer den Rest der Regel spezifiziert.

Die meisten Regeln dienen jedoch zur Herleitung der Diagnosen aus Symptomen
(vgl. Abb. 10.5). Zu ihrer Eingabe bietet CLASSIKA zwei Sorten von Tabellen an, in

denen entweder mehrere Diagnosen mit einfachen Regeln oder eine Diagnose mit
komplexen Regeln bewertet werden können. Die Objekte in den Zeilen und Spalten
werden aus den Hierarchien durch Zeigen mit der Maus ausgewählt, und die Regel-
bewertungen über Pop-up-Menüs eingegeben. Weitere Tabellen gibt es zur Bewertung
anderer Objekte, z.B. zur Selektion von Merkmalsklassen, zur Plausibilitätskontrolle
der Symptome und zur Bewertung von Therapie-Vorschlägen. Die erstellte Wissensbasis ist jederzeit direkt test- und ablauffähig.

13.3.4 TEIRESIAS

TEIRESIAS [Davis 79] ist eine der ersten Wissenserwerbskomponenten, die für die
Benutzung durch Experten entworfen wurde. Sie unterstützt die interaktive Fehler-
korrektur der Wissensbasis von MYCIN durch Rückverfolgung des Fehlers mit einer
Erklärungskomponente und durch eine quasi-natürlichsprachliche Schnittstelle zur
Eingabe und Änderung von Regeln. Die Interpretation neuer Regeln wird durch
Regelmodelle unterstützt, die TEIRESIAS aus den bereits existierenden Regeln in
MYCIN generiert. Ein Regelmodell hat folgende Struktur:

- *Beispiele:* Menge der Regeln, die zur Generierung des Regelmodells dienten.
- *Vorbedingung:* Charakterisierung der Vorbedingung einer typischen Regel des
  Modells.
- *Aktion:* Charakterisierung der Aktion einer typischen Regel des Modells.
- *Verallgemeinerung:* Zeiger zu allgemeineren Regelmodellen.
- *Spezialisierung:* Zeiger zu spezielleren Regelmodellen.

Mit der Verallgemeinerung und Spezialisierung wird eine Hierarchie von Modellen
aufgebaut. Zur Charakterisierung der Vorbedingung und Aktion einer typischen Regel
faßt TEIRESIAS Gemeinsamkeiten der Beipielregeln zusammen. Die Gemeinsamkeiten betreffen hauptsächlich Attribute und Prädikate einer Regel (die Vorbedingung
einer MYCIN-Regel besteht aus Aussagen folgender Struktur: „Prädikat Objekt
Attribut Wert", z.B. „Same Organism Morphology Rod") und haben folgende
Struktur: (Attribut-1 Prädikat-1 Bewertung-1) oder ((Attribut-2 Prädikat-2) (Attribut-3
Prädikat-3) (Attribut-4 Prädikat-4) Bewertung-2). Die Bewertung ist eine Zahl und
gibt dabei an, wie häufig die angegebenen Kombinationen von Attributen und Prädikaten in den Beispielregeln vorkommt.
   Wenn der Experte bei einem falsch diagnostizierten Fall den Fehler, z.B. eine
fehlende Regel, mit der Erklärungskomponente identifiziert hat, kann er eine neue
Regel in natürlichsprachlicher Formulierung eintippen. Die Eingabe wird von
TEIRESIAS nach Schlüsselwörtern und deren Synonymen durchsucht, die zum Auswählen und Ausfüllen syntaktischer Regelschemata verwendet werden. Eine zusätzliche Wissensquelle ist das zu dem Regelschema passende semantische Regelmodell,
aus dem Erwartungen über die Prädikate und Attribute abgeleitet werden können.
TEIRESIAS zeigt dann dem Experten seine Interpretation der Regel, die der Experte
korrigieren kann. Wenn TEIRESIAS verschiedene Interpretationen für möglich hält,
zeigt es nacheinander alle Alternativen an. Nachdem die Regel korrekt übersetzt ist,
überprüft TEIRESIAS die neue Regel auf Vollständigkeit. Falls in dem Regelmodell
eine Kombination von Attributen vorkommt, von dem die neue Regel nur eine

Teilmenge enthält, fragt TEIRESIAS den Experten, ob er die Regel durch Aussagen über die fehlenden Attribute der neuen Regel erweitern will. Abschließend prüft TEIRESIAS, ob die neue Regel den identifizierten Fehler in der Sitzung tatsächlich beheben kann.

TEIRESIAS unterstützt nicht den Aufbau einer Wissensbasis, sondern nur die Fehlerkorrektur. Seine Besonderheit ist die quasi-natürlichsprachliche Eingabeform der Regeln, die beim Experten kein Vorwissen über die Regelsyntax voraussetzt. Die Interpretation der Eingabe ist laut Davis trotz der einfachen Mechanismen zum Verstehen der natürlichen Sprache (Schlüsselwörter und Schemata) wegen der Verwendung des Regelmodells zufriedenstellend. Da das Regelmodell nur Regularitäten der Wissensbasis beschreibt, dürfte es sich jedoch nur in entsprechend regulär aufgebauten Wissensbasen einsetzen lassen. Weiterhin ist eine natürlichsprachliche Kommunikation sehr eingabeintensiv und deswegen umständlich zu handhaben. Auch aus diesen Gründen blieb TEIRESIAS ein reines Forschungsprojekt und wurde weder für MYCIN noch für das Nachfolgeprojekt ONCOCIN (vgl. OPAL, Kapitel 13.3.6) von Experten benutzt.

13.3.5 MORE/MOLE

MORE [Kahn 86, 88] und das Nachfolgesystem MOLE [Eshelman 86, 88] sind „aktive" Wissenserwerbssysteme, die den Benutzer gezielt nach fehlenden Informationen fragen. Während MORE eine statische Analyse einer Wissensbasis durchführt und Vorschläge für eine allgemeine Erhöhung der diagnostischen Trennschärfe macht, konzentriert sich MOLE auf eine dynamische Analyse, bei der Korrekturvorschläge für einen falsch diagnostizierten Fall gegeben werden.

MORE analysiert eine Wissensbasis, indem es nach unzureichenden Bedingungen für die Herleitung einer Hypothese sucht. Zur Behandlung solcher Schwächen verfügt es über acht Strategien, mit denen nach zusätzlichen Informationen für die Diagnosebewertung gefragt werden kann:

• Hypothesen-Unterscheidung (differentiation): wenn eine Hypothese nicht von einer anderen unterschieden werden kann, wird nach zusätzlichen Symptomen für die Hypothese gefragt.
• Pfad-Unterscheidung (path differentiation): wenn ein Pfad nicht von einem anderen unterschieden werden kann, wird nach zusätzlichen Zwischengliedern zur Aufspaltung des Pfades gefragt. Ein Pfad ist eine Beziehung von einem Symptom über Symptominterpretation und Grobdiagnosen zu einer Enddiagnose. Da die Zwischenglieder auf dem Pfad meist noch von den anderen Symptomen unterstützt werden, dienen sie zur Differenzierung und Erhöhung der Evidenz.
• Pfad-Unterteilung (path division): wenn ein Pfad von einem Symptom zu einer Hypothese schwach bewertet ist, wird nach Zwischengliedern auf dem Pfad gefragt, die eine höhere Evidenz für die Hypothese besitzen.
• Häufigkeitsangaben (frequency conditionalization): hierbei wird nach Prädispositionsfaktoren gefragt, die die generelle Häufigkeit einer Hypothese beeinflussen.
• Symptomverfeinerung (symptom conditionalization): Hierbei wird nach Randbedingungen gefragt, von denen das Auftreten eines Symptoms unter der Voraussetzung einer Hypothese abhängt.

- Symptomunterscheidung (symptom distinction): wenn ein Symptom eine Diagnose nur schwach unterstützt, wird nach Feinausprägungen des Symptoms gefragt, die stärkere Evidenz für die Diagnose liefern.
- Test-Unterscheidung (test differentiation): hierbei wird nach zusätzlichen Testmethoden gefragt, mit denen ein Symptom mit größerer Genauigkeit bestimmt werden kann.
- Test-Faktoren (test conditionalization): hierbei wird nach Faktoren gefragt, die die Genauigkeit eines Testes beeinflussen können.

Die Strategien beschreiben allgemeine Techniken, wie sie auch ein Wissensingenieur bei der Befragung eines Experten verwenden könnte. Allerdings hat sich ihre Implementierung als weniger hilfreich als erwartet herausgestellt, da es zu viele Stellen gibt, wo potentielle Informationen fehlen, und Experten auf die meisten Fragen keine zusätzlichen Informationen lieferten [Eshelman 86, S. 953]. Deswegen ist in dem Nachfolgesystem MOLE das Schwergewicht auf die fallbezogene Befragung des Experten verlagert und von den acht Strategien zur statischen Analyse wurde nur die Hypothesen-Unterscheidung beibehalten.

MOLE verlangt bei der Wissenseingabe keine vollständige Spezifikation der Wissensbasis von Experten, sondern ergänzt fehlende Einträge selbständig, vor allem fehlende Evidenzwerte mit Defaultwerten. Wenn dann in einer Beispielsitzung eine falsche Diagnose gestellt wird, versucht MOLE zunächst durch Manipulation der Evidenzwerte der an der falschen Diagnose beteiligten Regeln den Fehler zu korrigieren. Dabei berücksichtigt MOLE die Zuverlässigkeit eines Evidenzwertes, die sich daraus ableitet, ob ein Evidenzwert vom Experten angegeben oder per Default gesetzt wurde und ob er schon in früheren Sitzungen verändert wurde. Falls durch Manipulation der Evidenzwerte keine Korrektur möglich ist, versucht MOLE herauszufinden, welche strukturellen Veränderungen der Wissensbasis zur Fehlerbehandlung nötig sind. Eine von MOLE vorgeschlagene Fehlerkorrektur muß vom Experten bestätigt werden, bevor sie in die Wissensbasis aufgenommen wird.

Es ist ein offenes Problem, ob die Kritik der MOLE-Entwickler an MORE, daß Experten mit den Fragen von MORE wenig anfangen können, sich nicht auch auf MOLE überträgt. Je größer und vielfältiger eine Wissensbasis wird, und je mächtiger die Repräsentationssprache ist, desto mehr Möglichkeiten gibt es zur Fehlerkorrektur und desto schwieriger ist es für eine Wissenserwerbskomponente, der ja das Hintergrundwissen des Experten fehlt, den besten Vorschlag herauszufinden. Die Alternative zum aktiven Frageverhalten einer Wissenserwerbskomponente ist die Bereitstellung einer mächtigen Erklärungskomponente, mit der der Experte selbst schnell mögliche Ursachen einer falschen Diagnose lokalisieren kann.

13.3.6   OPAL

OPAL [Musen 87, 89] ist die Wissenserwerbskomponente von ONCOCIN (s. Kapitel 18.3.3), mit der Protokolle zur Therapieplanung bei Tumoren spezifiziert werden können. ONCOCIN basiert auf einer Form des wissensbasierten Planens mit Planskeletten, bei dem in Abhängigkeit vom Erfolg der einzelnen Aktionen auch Schleifen und alternative Pfade durchlaufen werden können. Dadurch entsteht eine große Ähnlichkeit zu Flußdiagrammen. Da OPAL für die Benutzung durch Ärzte entwickelt wurde, versucht es die Art und Weise, wie Ärzte Flußdiagramme zu Papier bringen, auf dem Bildschirm zu simulieren. Das Ergebnis ist die Ermöglichung einer graphischen Programmierung, bei der der Experte „Icons" (kleine Bilder), die Aktionen und Verzweigungen repräsentieren, auswählt und durch Pfeile vernetzt (Abb. 13.5).

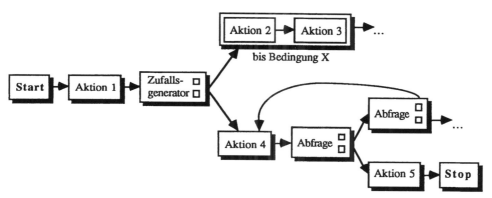

Abb. 13.5   Graphische Programmierung von Flußdiagrammen in OPAL. Die Aktionen sind Behandlungen mit bestimmten Medikamenten; als Kontrolleinheiten dienen einfache Abfragen, Zufallsgeneratoren oder das Durchlaufen von Schleifen, bis eine Bedingung erfüllt ist.

Die Abfragen in den Kontrolleinheiten beziehen sich auf Symptome und Laborwerte von Patienten. Um die Abfrage zu vereinfachen, kann der Arzt auch Symptominterpretationen verwenden, die mit Regeln aus den Rohdaten hergeleitet werden. Die Regeln für diese Art der Datenvorverarbeitung bilden einen unabhängigen Bestandteil der Wissensbasis von ONCOCIN. Ihre Eingabe unterstützt OPAL ebenfalls durch graphische Hilfsmittel, indem z.B. verschiedene Arten von Formularen für verschiedene Typen von Vorbedingungen der Regeln bereitgestellt werden.

OPAL ist für Experten ohne jegliches Vorwissen über den Umgang mit Computern entworfen worden und ist so komfortabel, daß der Experte keine Tastatur braucht; sogar Zahlen werden durch Auswahl der einzelnen Ziffern spezifiziert und nicht eingetippt. Da OPAL die schon existierende Beschreibungssprache für Protokolle simuliert, soll es von Ärzten fast ohne Einarbeitungszeit benutzt werden können. Die Kombination von geringer Einarbeitungszeit und schneller Handhabbarkeit versucht OPAL durch hochgradige Spezialisierung auf ein Anwendungsgebiet zu erreichen.

13.4 Automatisierter Wissenserwerb

Da der Wissenserwerb auch mit sehr komfortablen und problemspezifischen Wissenserwerbssystemen sehr aufwendig ist, wäre eine (Teil-)Automatisierung äußerst attraktiv. Lernfähige Systeme sind jedoch noch nicht praxisreif, sondern Gegenstand der Grundlagenforschung der künstlichen Intelligenz. Die enormen Schwierigkeiten der Entwicklung selbstlernender Expertensysteme zeigen folgende Überlegungen:

*   Ohne Vorwissen ist kein Lernen möglich (dies ist eine Variante des Slogans „in the knowledge lies the power" von Feigenbaum). Die meisten Expertensysteme haben jedoch nur relativ wenig Wissen über ihren Anwendungsbereich.
*   Ein Mensch braucht etwa fünf bis zehn Jahre intensiver Beschäftigung mit einem Anwendungsbereich, bevor er ein Experte auf diesem Gebiet ist. Obwohl das nicht notwendigerweise auch für Programme gelten muß, gibt es doch einen Hinweis auf die möglicherweise notwendigen, komplexen Rückkopplungsschleifen zwischen dem Lernenden und seiner Umgebung.

Die meisten derzeitigen Lernsysteme operieren in hochgradig vorstrukturierten Spielzeugwelten. Die wenigen für Expertensysteme relevanten Entwicklungen beziehen sich fast ausschließlich auf die Diagnostik. Dabei wird meist versucht, mit Falldaten, zu denen die korrekten Lösungen bekannt sind, die Wissensbasis zu verbessern. Man kann dabei folgende Komplexitätsstufen des Lernen unterscheiden, wobei die vierte Stufe mit den heutigen Techniken nicht realisierbar ist:

1. Adjustieren von Evidenzwerten in Regeln,
2. Ändern der Regelstruktur,
3. Generierung neuer Regeln,
4. Erweiterung des Vokabulars (z. B. durch Erkennen neuer Symptome).

Am erfolgreichsten ist das automatische Adjustieren von Evidenzwerten. Das ist allerdings nichts Neues; im erweiterten Sinn kann man auch Bayes-Programme (s. Kapitel 7.1) als Lernprogramme dieser Art bezeichnen, da sie bei einer Vergrößerung der zugrundeliegenden Falldatenbank ihre statistischen Korrelationen neu berechnen. Das Adjustieren von Parametern hat auch eine Tradition in Spielprogrammen, die eine große Zahl von Stellungen durch eine Kombination von Stellungsbewertungsfunktionen abschätzen, welche in Abhängigkeit vom Spielergebnis modifiziert werden (z.B. beim berühmten Checker-Programm von Samuel [59]). In Expertensystemen wird die Manipulation von Evidenzwerten umso schwieriger, je vielfältiger die Wissensrepräsentation ist, da die Änderungsmöglichkeiten dann rasch zunehmen und eine heuristische Auswahl getroffen werden muß, die wiederum Zusatzwissen erfordert. Andererseits bietet eine reichere Wissensrepräsentation mehr Lernpotential, das z.B. beim erklärungsbasierten Lernen (Explanation-Based Learning [de Jong 86]) ausgenutzt wird. Die Hauptidee dabei ist, daß eine Korrelation zwischen Parametern nur dann als potentiell relevant angesehen wird, wenn aus dem Zusatzwissen eine kausale Beziehung zwischen den Parametern hergeleitet werden kann. Im folgenden beschreiben wir zwei Beispielsysteme. Während SEEK nur Evidenzwerte vorgegebener Regelstrukturen adjustiert, kann RX mittels Zusatzwissen auch neue Regeln aus einer Falldatenbank generieren.

13.4.1 SEEK

SEEK [Politakis 82] ist die Lernkomponente des Expertensystems AI/Rheum, das mit dem Diagnostik-Shell EXPERT (s. Kapitel 10.3) erstellt wurde. In AI/Rheum werden die Symptome einer Diagnose in Haupt- und Nebensymptome eingeteilt und die Diagnosen nach folgendem Schema in eine von vier Bewertungsklassen (gesichert, wahrscheinlich, möglich, unbekannt) eingeordnet:

Diagnose A	gesichert	wahrscheinlich	möglich
hinreichende Bedingung	mindestens vier Hauptsymptome	mindestens zwei Hauptsymptome & mindestens zwei Nebensymptome	mindestens drei Hauptsymptome
notwendige Bedingung	X-Test positiv	X-Test positiv	———
Ausschluß	Y-Test positiv	———	———

Eine Spalte ist in der Terminologie von AI/Rheum eine Regel. Aufgrund seiner Falldatenbank erstellt SEEK Statistiken, wie oft eine Regel richtig oder falsch gefeuert hat oder hätte feuern sollen. Bei einer großen Diskrepanz versucht SEEK, eine kritische Regel zu verallgemeinern oder zu spezialisieren, indem es die notwendige Bedingung oder den Ausschluß abschwächt oder die Anzahl der erforderlichen Haupt- bzw. Nebensymptome in der hinreichenden Bedingung erniedrigt oder erhöht. Die Auswirkungen einer Regelmanipulation wird dann in der gesamten Falldatenbasis getestet. Die tatsächliche Übernahme der geänderten Regel in die Wissensbasis wird allerdings vom Experten entschieden.

Das Lernen neuer Regelstrukturen, das in SEEK in einer Änderung der vordefinierten Liste von Haupt- und Nebensymptomen einer Diagnose oder bei „normalen" Regeln in dem Finden neuer Vorbedingungen bestehen würde, führt zu einer dramatischen Zunahme der Manipulationsmöglichkeiten. Deswegen wird es nur in wenigen Expertensystemen versucht, und das Problem durch Berücksichtigung von nur relativ wenigen Symptomen und Diagnosen vereinfacht (z.B. PLANT/DS [Michalski 80] zur Diagnose von Sojabohnenerkrankungen).

13.4.2 RX

Ein anspruchsvolles Projekt zur Generierung neuer Regeln ist das RX-System [Blum 82, Walker 86], das kausale Zusammenhänge aus einer großen zeitorientierten Datenbank für Rheumaerkrankungen entdecken kann. Die Zeitdatenbank speichert für jeden Patienten und jede Untersuchung einen Datensatz (Record) ab, der typischerweise ca. 50 Parameter (Symptome, Diagnosen und Therapien) enthält. Für einen Patienten existieren durchschnittlich über einen Zeitraum von fünf Jahren Aufzeichnungen, die jedoch nicht vollständig ausgefüllt sein müssen.

RX wertet die Datenbank mit zwei Wissensbasen über medizinisches und statistisches Wissen und mit zwei Inferenzkomponenten aus: das „Discovery-Modul" generiert eine Liste möglicher kausaler Relationen, die vom „Study-Modul" statistisch überprüft werden. Kausalität ist in RX definiert als eine Beziehung zwischen der Ursache A und der Wirkung B, bei der 1) A zeitlich vor B auftritt, 2) die Intensitäten von A und B korrelieren und 3) keine andere Variable C bekannt ist, die die Korrelation erklären kann.

Das Discovery-Modul überprüft für je zwei Parameter der Datenbasis (z.B. für ein Medikament und einen Laborwert), ob die beiden ersten Bedingungen der Kausalität zutreffen. Dabei wird ein Schätzwert der vermutlichen zeitlichen Verzögerung zwischen Ursache und Wirkung aus der Wissensbasis abgeleitet. Um die Effizienz dieses Algorithmus zu verbessern, wird die Korrelation nur in den zehn Patientendatensätzen berechnet, bei denen die beiden relevanten Parameter am häufigsten eingetragen sind. Das Ergebnis ist eine nach der Stärke der Korrelation geordnete Liste von potentiellen Beziehungen zwischen zwei Parametern mit Angabe ihrer zeitlichen Verzögerungen.

Das Study-Modul führt für die aussichtsreichsten Korrelationen eine vollständige statistische Analyse durch, bei der vor allem auch die dritte Eigenschaft der Kausalität, nämlich das Fehlen von anderen Erklärungen der Korrelation berücksichtigt wird. Kontrolliert werden müssen alle Störfaktoren (confounding variables), die entweder einen bekannten Einfluß sowohl auf die Ursache als auch die Wirkung oder nur auf die Wirkung der zu überprüfenden Beziehung haben. Die Störfaktoren werden mit Hilfe der medizinischen Wissensbasis, in der entsprechendes kausales Wissen abgespeichert ist, generiert und auf eine minimale Menge reduziert. Zur Behandlung von Störfaktoren gibt es drei Techniken:

1. Alle Patientendatensätze, in denen Störfaktoren auftreten, werden nicht berücksichtigt. Das ist die sicherste Methode.
2. Bei den Patientendatensätzen mit Störfaktoren werden nur die Zeitintervalle, innerhalb der die Störfaktoren wirksam waren, nicht berücksichtigt. Das erfordert allerdings eine Abschätzung, wie lange die Wirkung von Störfaktoren anhält.
3. Es werden keine Patientendatensätzen eliminiert, sondern der Einfluß der Störfaktoren wird in der Statistik durch Berechnungen ausgeglichen. Dabei hat man jedoch immer ein „ungutes Gefühl".

Die Auswahl der adäquaten Technik richtet sich vor allem nach dem Verhältnis zwischen den durch jeweils einen Störfaktor betroffenen Records zu den insgesamt vorhandenen Records. Die Entscheidungskriterien sind als Regeln repräsentiert, z.B. je kleiner das Verhältnis ist, desto eher kann man Records unberücksichtigt lassen. Ebenfalls mit Regeln wird eine statistische Methode ausgewählt, die sich für die Durchführung der Analyse eignet. Schließlich wird das Ergebnis der Analyse, die Stärke der Beziehung zwischen den beiden Variablen und ihrer Varianz, in einer Signifikanzklasse von 1 bis 10 bewertet.

RX hat viele bekannte und einige weniger bekannte Beziehungen in der Rheumatologie wiederentdeckt. Ein Schwerpunkt der gegenwärtigen Arbeit ist die Verbesserung des Discovery-Moduls, dessen systematische Vorgehensweise für die Untersuchung großer Datenmengen ungeeignet ist [Walker 86].

Während das einfache Adjustieren von Evidenzwerten in Regeln wie bei SEEK relativ unproblematisch ist und das Generieren neuer Regeln aus einer größeren Datenbank wie bei RX sehr viel Vorwissen erfordert, ist die anfangs erwähnte vierte Komplexitätsstufe des Lernens, das Erweitern des Vokabulars, derzeit nicht möglich, da das Wissenserwerbssystem immer nur mit den in der Wissens- oder Datenbank vorgegebenen Symptomen, Diagnosen und Therapien arbeiten kann.

13.5 Zusammenfassung

Es wird zunehmend klarer, daß der Wissenserwerb das Hauptproblem bei der Entwicklung von Expertensystemen ist. Dabei spielt bisher der Wissensingenieur als Dolmetscher zwischen Experte und Expertensystem noch eine zentrale Rolle. Wegen der hohen Kosten und der Übertragungsverluste dieser Vorgehensweise ist eine direkte Kommunikation des Experten mit dem Expertensystem günstiger, was den Einsatz komfortabler Wissenserwerbskomponenten erfordert. Beispiele für Wissenserwerbskomponenten, die für Experten entworfen wurden, sind ETS [Boose 84], TEIRESIAS [Davis 79], MOLE [Eshelman 88], TDE [Kahn 87], CLASSIKA [Gappa 89], SALT [Marcus 88a] und OPAL [Musen 87]. Die Problemcharakterisierung und gegebenenfalls die Entwicklung problemspezifischer Wissenserwerbskomponenten bleiben Aufgaben des Wissensingenieurs. Methoden zur Strukturierung der Problemcharakterisierung sind Interviewtechniken [Hofmann 87] und die KADS-Methode [Wielinga 86]. Ausführliche Diskussionen über den indirekten und direkten Wissenserwerb finden sind in [Marcus 88b] und [Karbach 90].

Der von Seiten der Industrie vielfach geforderte automatische Wissenserwerb muß als Fernziel betrachtet werden. Die Hauptprobleme sind die inhärente Beschränkung eines Expertensystems auf ein vorgegebenes Vokabular an Objekten des Anwendungsbereiches und die Tatsache, daß ohne viel Vorwissen kein Lernen möglich ist. Deswegen beschränken sich die meisten praxisbezogenen Lernansätze auf eine Optimierung der Wissensbasis wie bei SEEK [Politakis 82]. Weitergehende Ansätze zum Lernen aus Falldatenbanken erfordern die Berücksichtigung von Hintergrundwissen wie beim RX-Projekt [Blum 82, Walker 86]. Jedoch muß bei allen Ansätzen ein Experte die Übernahme neuer oder geänderter Regeln in der Wissensbasis kontrollieren, da die Ansätze nicht gut genug für eine unkontrollierte Manipulation der Wissensbasis sind.

14. Erklärungsfähigkeit

Die Erklärungsfähigkeit von Expertensystemen wird oft als Besonderheit im Vergleich zu konventionellen Programmen hervorgehoben. Sie fällt quasi als Nebenprodukt der Trennung von Wissen und Problemlösungsstrategien an, da eine brauchbare Erklärung oft einfach darin besteht, das zur Problemlösung benutzte Wissen anzugeben. Daher ist es für die häufig schwierige Beurteilung von Programmen als Expertensysteme und für die Bewertung ihrer Fähigkeiten eine gute Heuristik, sich die Erklärungskomponente anzuschauen, da sie die innere Struktur des Systems transparent macht. Während die Form der Erklärungen Aufschluß über die Wissensrepräsentation gibt, zeigt der Inhalt die Qualität des Wissens an. Unangemessen lange Erklärungen deuten auf eine mangelnde Strukturierung des Wissens hin. Im folgenden werden zunächst Techniken und Zwecke von Erklärungen beschrieben, die dann für die drei Problemlösungstypen Diagnostik, Planung und Simulation konkretisiert werden.

14.1 Erklärungstechniken

Es gibt zwei grundsätzlich verschiedene Erklärungstechniken:

- *Direkte Erklärungen,* die aus dem Programmcode abgeleitet werden.
- *Indirekte Erklärungen,* die aus dem Wissen des Programmierers bzw. des Experten über den Programmcode abgeleitet werden.

Während direkte Erklärungen eine Aufbereitung der einzelnen Problemlösungsschritte (des *Trace*) sind, die zu dem zu erklärenden Ergebnis geführt haben, bestehen indirekte Erklärungen meist aus einfachen Texten oder Modellen, mit denen der Programmierer Teile seines Programms kommentiert hat. Für eine gute Erklärungskomponente sind beide Typen notwendig:

- Direkte Erklärungen zeigen, welche zusammengesetzten oder primitiven Teile des Programmes zur Herleitung eines Ergebnisses notwendig waren und welche Rolle sie dabei gespielt haben (z.B. Regeln zur Herleitung einer Diagnose).
- Indirekte Erklärungen dienen zur Begründung der primitiven Teile (z.B. der Korrektheit der Regeln) und sind oft auch die einfachste Art, die globale Vorgehensweise zu rechtfertigen (z.B. die Benutzung der Hypothesize-and-Test-Strategie).

Der eigentliche Fortschritt der Expertensysteme liegt bei den direkten Erklärungen. Konventionelle Programme können meist nur die Sequenz von Funktions- und Prozeduraufrufen anzeigen, die zur Herleitung der Schlußfolgerung durchgeführt wurde.

Diese „Erklärung" ist nicht falsch, sondern „nur" zu detailliert; und zwar umso detaillierter, je niedriger das Abstraktionsniveau der Programmiersprache ist. Bei guten direkten Erklärungen werden unnötige Details, vor allem programmtechnische Einzelheiten, unterdrückt. Dies ist in Expertensystemen leicht möglich, da sie über eine explizite Wissensrepräsentation verfügen. Dabei unterscheidet Clancey [83] drei Haupttypen von für die Erklärung relevantem Wissen:

- *strategisches Wissen:*   Wissen zur Rechtfertigung der Reihenfolge von Aktionen, die das Expertensystem durchführt.
- *strukturelles Wissen:*   Wissen über die Beziehungen zwischen den Objekten eines Expertensystems.
- *unterstützendes Wissen:*   Wissen für indirekte Erklärungen.

In MYCIN beziehen sich die beiden Haupterklärungsoptionen „Warum?" und „Wie?" auf strategisches bzw. strukturelles Wissen: Die Frage „Warum wurde die aktuelle Frage gestellt?" beantwortet MYCIN vor dem Hintergrund der rückwärtsverketteten Auswertung von Regeln mit der Angabe des aktuellen Ziels, der aktuell untersuchten Regel zur Erreichung des Ziels und der unbekannten Vorbedingung in der Regel, zu deren Klärung die aktuelle Frage gestellt wurde. Die andere Frage „Wie ist eine Schlußfolgerung hergeleitet worden?" wird einfach mit der Aufzählung aller gefeuerten Regeln beantwortet, deren Aktionsteil die Schlußfolgerung enthält. Falls ein Parameter in der Vorbedingung einer Regel selbst eine Schlußfolgerung ist, kann er auf die gleiche Art erklärt werden. Unterstützendes Wissen wird in MYCIN z.B. durch die Angabe einer Literaturreferenz zur Rechtfertigung einer Regel angegeben.

Zur Verbesserung der Erklärungsfähigkeit von MYCIN schlägt Clancey folgende Erweiterungen zur Darstellung von strategischem, strukturellem und unterstützendem Wissen vor:

1. Die Reihenfolge, wie die Fragen in MYCIN gestellt werden, hängt von der programminternen Reihenfolge der Regeln für eine Schlußfolgerung und der Reihenfolge der Prämissen in der Vorbedingung einer Regel ab. Wenn die Reihenfolge signifikant ist, sollte sie für Erklärungszwecke explizit repräsentiert sein. Dazu eignen sich Meta-Regeln [Davis 80] oder höhere Problemlösungs-strategien wie Hypothesize-and-Test, die die Abarbeitungsstrategie der Regeln steuern, z.B. „Untersuche immer die Regel der verdächtigsten Hypothese mit dem geringsten Aufwand zur Symptomerfassung zuerst". Noch wichtiger ist die Typisierung der verschiedenen Prämissen der Vorbedingung einer Regel (s. Beispiel der „alkoholischen Regel" aus MYCIN in Kapitel 4.4) als Kernbedingungen, Aktivierungsbedingungen für die Regel (Kontext) und Aktivierungsbedingungen für eine einzelne Prämisse (Dialogwissen; Clancey nennt sie „screening clauses").

2. MYCIN-Regeln sind oft sehr kompakt, z.B. wird in der erwähnten alkoholischen Regel direkt von Alkoholismus auf das Bakterium E. Coli geschlossen. Die Angabe von Zwischenschritten kann die Erklärungsfähigkeit einer Regel meist verbessern, z.B. daß Alkoholismus das Immunsystem schwächt, und deswegen Infektionen begünstigt. Eine gute Darstellung der Struktur der Wissensbasis kann auch Zusammenhänge zwischen Regeln besser aufzeigen, z.B. hängen die alkoholische Regel und die Regel „wenn (WBC niedrig) dann (ist E. Coli möglich)" zusammen, weil ein niedriger WBC-Wert (White Blood Count = Zahl

der weißen Blutkörperchen) ein direkter Indikator für eine geschwächte Immunabwehr ist. Dieser Zusammenhang ist in der MYCIN-Wissensbasis nicht explizit
dargestellt, da die Schwächung der Immunabwehr nicht als eigenständiger
Parameter repräsentiert ist. In MYCIN wird die überproportionale Verstärkung des
Verdachtes auf E. Coli durch beide Regeln dadurch unterbunden, daß die alkoholische Regel als Kontext-Bedingung das Fehlen von Laborergebnissen hat, zu
denen auch der WBC-Wert gehört, und so nur eine der beiden Regeln feuern
kann. Die Beispiele machen deutlich, daß eine gute Struktur der Wissensbasis der
wichtigste Faktor für eine gute Erklärung ist. Andererseits können zusätzliche
Zwischenschritte in einer Schlußfolgerungskette den Problemlösungsprozeß
unnötig verkomplizieren (z.B. durch Festlegen zusätzlicher Unsicherheitsfaktoren)
und sollten dann besser als unterstützendes Wissen nur für Erklärungszwecke
dargestellt werden.

3. Bis auf Quellenzitate für Regeln fehlt unterstützendes Wissen in MYCIN
   vollständig. Clancey [83] diskutiert die Arten von Zusatzwissen, die ein Student
   braucht, um sich die Regel leichter zu merken, und unterscheidet dabei verschiedene Regeltypen:

   - empirische (assoziative) Regeln, z.B. Korrelationen, deren zugrundeliegende
     Kausalität unbekannt ist,
   - Regeln, die Weltwissen repräsentieren, z.B. daß beim Militär bestimmte Unter-
     suchungen routinemäßig gemacht werden,
   - Regeln, die Fachbegriffe definieren,
   - kausale Regeln.

Bei den ersten drei Regeltypen reicht zur Erklärung die Angabe des Regeltyps aus.
Dagegen sollte man kausale Regeln durch Angabe des zugrundeliegenden kausalen
Prozesses und durch die Beziehungen der Regelprämissen zu dem Prozeß erklären.
Beispielsweise verläuft eine bakterielle Infektion im allgemeinen nach dem Grob-
muster: Eindringen der Bakterien in den Körper, Transport der Bakterien zum Ort der
Infektion, Vermehrung der Bakterien und Verursachung der Beschwerden. Viele
Regeln kann man dadurch erklären, daß man sie zu einer Phase des Prozesses in
Beziehung setzt, z.B. die alkoholische Regel über die geschwächte Immunabwehr zur
Begünstigung der Vermehrung der Bakterien.

14.2 Zweck von Erklärungen

Verschiedene Benutzer stellen sehr unterschiedliche Anforderungen an eine Erklärungskomponente. Erklärungen dienen:

- zur Plausibilitätskontrolle der Lösung und zur Transparenz des Lösungsweges für
  den *Laien*, der ein Expertensystem zur Konsultation benutzt,
- zur Nachvollziehbarkeit des Lösungsweges und zur Darstellung wichtiger Prinzipien des Anwendungsbereichs für den *Studenten*, der ein Expertensystem zur Ausbildung benutzt,
- zum Nachweis der Korrektheit der vorgeschlagenen Lösung und eventuell zur

Kritik an alternativen Lösungsmöglichkeiten für den *Fachmann*, der eine Beratung in schwierigen Fällen sucht,

* zur Zurückführung des Ergebnisses auf das zugrundeliegende Wissen für den *Experten*, der die Wissensbasis aufgebaut hat und Fehler lokalisieren will.

Darüber hinaus zeichnet sich eine gute Erklärung dadurch aus, daß sie das Vorwissen des Benutzers berücksichtigt, denn nichts ist langweiliger als eine Erklärung von Sachverhalten, die einen nicht interessieren oder die man schon kennt.

Derzeitige Expertensysteme können diese Vielfalt von Anforderungen noch nicht annähernd befriedigen. In den meisten Expertensystemen reflektieren die Erklärungen die Vorgehensweise des Systems und helfen hauptsächlich dem Experten bei der Fehlerlokalisierung. Wieweit sie auch für andere Benutzertypen geeignet sind, hängt davon ab, wie gut die Wissensbasis strukturiert ist, wie explizit strategisches Wissen repräsentiert ist und ob spezielle Problemlösungsstrategien für Problemtypen verwendet wurden.

Unterstützendes Wissen kann die Erklärungsfähigkeit wie folgt verbessern:

* ein Lexikon zur Erklärung der Fachterminologie für den Laien,
* eine allgemeine Beschreibung der Problemlösungsstrategien für den Laien,
* eine Typisierung der Regeln und eine Erklärung der kausalen Regeln durch den zugrundeliegenden kausalen Prozeß für den Studenten [Clancey 83],
* Referenzen auf Fachliteratur, auf Statistiken oder auf bekannte Experten zur Rechtfertigung von Regeln für den Fachmann.

14.3 Erklärungen für die Diagnostik

Die Erklärungsmöglichkeiten in der Diagnostik werden primär durch die Art des Wissens bestimmt. Ein statistisches Programm kann als Erklärung nicht mehr als seine Symptom-Diagnose-Korrelationen angeben. Die Erklärung wird aber durch Weglassen unwichtiger Korrelationen wesentlich verbessert: wenn man für die wahrscheinlichste Diagnose das wichtigste Symptom und zusätzlich nur die Symptome, die einen gewissen Prozentsatz der Evidenz des wichtigsten Symptoms erreichen, angibt, wird die Erklärung übersichtlicher. Entsprechend sollte man als Differentialdiagnosen nicht alle Diagnosen ausdrucken, sondern wieder nur die, die einen gewissen Prozentsatz der Evidenz der besten Diagnose erreichen.

Bei der fallvergleichenden Diagnostik besteht die Erklärung aus dem Nachweis der Ähnlichkeit des neuen Falls mit einem früheren Fall. Wichtig sind hier Begründungen, warum eventuelle Unterschiede zwischen den beiden Fällen nicht ins Gewicht fallen, und umgekehrt, warum Unterschiede zu anderen ähnlich erscheinenden Fällen kritischer sind.

Bei heuristischen Diagnostiksystemen hängt die Qualität der Erklärung wesentlich von der Problemlösungsstrategie und der Wissensstrukturierung ab. So werden z.B. in MED2, das nach der Hypothesize-and-Test-Strategie vorgeht (s. Kapitel 10.3.2), die etablierten und die verdächtigen Diagnosen automatisch während des Dialogs angezeigt. Auf Anfrage kann sich der Benutzer jederzeit während des Dialogs den kompletten Systemzustand anzeigen und begründen lassen. Dazu gehören:

1. Erklärungen zum Systemzustand: außer über etablierte und verdächtigte Diagnosen kann der Benutzer sich auch einen Überblick über die Symptome verschaffen, der nach Fragegruppen (Questionsets) oder zu erklärenden Symptomgruppen (Explanationsets) strukturiert ist.

2. Erklärungen zum Dialog: dazu gehört die Begründung der aktuellen Fragegruppe, die entweder durch Indikationsregeln oder nach einer expliziten Kosten/Nutzen Abwägung zur Überprüfung verdächtiger Diagnosen aktiviert ist, und die Begründung der aktuellen Frage einer Fragegruppe, die entweder als Standardfrage oder zur Präzisierung eines allgemeinen Symptoms gestellt wird.

3. Begründungen von Schlußfolgerungen: dazu benutzt MED2 unterschiedliche Erklärungsschemata für Diagnosen und für im Rahmen der Datenvorverarbeitung hergeleitete Symptominterpretationen. Während bei den Symptominterpretationen meist die Angabe einer Regel ausreicht, werden bei den Diagnosen die verschiedenen Bewertungskriterien wie kategorisches und probabilistisches Wissen, positive und negative Evidenz, Prädisposition und Erklärungswert getrennt begründet (s. Abb 10.7). Weiterhin kann man sich auch erklären lassen, warum Regeln nicht gefeuert haben, z.B. zur Begründung der Nicht-Etablierung oder des Nicht-Ausschlusses einer Diagnose. Die Erklärungsfähigkeit von MED2 erschöpft sich in der Angabe von Regeln, die zur Etablierung einer Schlußfolgerung geführt haben. Unterstützendes Wissen für kausale Regeln ist nicht vorhanden.

4. Abfrage allgemeiner Informationen aus der Wissensbasis: dazu gehören die Bedeutung einzelner Symptome in Vorbedingungen von Regeln, die hierarchische Darstellung der Diagnosen und Informationen über Fragegruppen und Fragen.

Bei modellbasierten Diagnostiksystemen besteht die Erklärung in der Angabe der Kausalkette, die von der Ursache (Diagnose) zu dem beobachteten Symptom führt. Durch die Darstellung des kausalen Netzwerkes auf verschiedenen Abstraktionsebenen kann ABEL (s. Kapitel 10.4.2) Erklärungen von unterschiedlichem Detaillierungsgrad erzeugen, d.h. mit unterschiedlich vielen Zwischengliedern und Rückkopplungsschleifen in der Kausalkette. Das ist eine wichtige Voraussetzung zur Anpassung der Erklärung an das Vorwissen des Benutzers.

14.4   Erklärungen für die Konstruktion

Bei der Konstruktion braucht man meist weniger zu erklären als bei der Diagnostik. In der Diagnostik ist die Lösung zu einem Problem oft ein Schlagwort (d.h. eine Diagnose), dessen Adäquatheit nicht offensichtlich ist und begründet werden muß. Bei Planungsproblemen besteht die Lösung dagegen aus einer Sequenz von Aktionen zum Erreichen eines Zielzustandes und bei Zuordnungsproblemen aus einer Anordnung von Komponenten, die jeweils für sich selbst sprechen und daher nicht erklärt zu werden brauchen. Da bei der Konstruktion das Problem meist vollständig spezifiziert vorliegt, werden während des Problemlösungsprozesses im allgemeinen keine Fragen mehr gestellt, was einen weiteren Aspekt des in der Diagnostik notwendigen Erklärungsbedarfes überflüssig macht.

   In vielen Fällen reicht es für die Erklärungskomponente eines Konstruktionssystems aus, den Grobplan und den aktuellen Verfeinerungsstand anzuzeigen und die gewählten Verfeinerungsschritte durch Angabe der entsprechenden Auswahlregeln oder Constraints zu begründen. Als Ergänzung kann ein Simulationssystem sehr nützlich sein, mit dem der Benutzer Modifikationen des Planes durchführen und sich die Ergebnisse anzeigen lassen kann.

14.5 Erklärungen für die Simulation

Bei der Simulation ist die wichtigste Aufgabe einer Erklärungskomponente, die Abhängigkeit der (Teil-) Ergebnisse von den Ausgangsparametern und von fehleranfälligen oder modifizierbaren Komponenten des zu simulierenden Systems anzuzeigen. Wegen der oft vielfältigen Abhängigkeiten ist eine übersichtliche graphische Darstellung des Netzwerks bzw. von Teilen des Netzwerks notwendig. In qualitativen Simulationssystemen, die keine Größenordnungen von Einflüssen darstellen können (z.B. bei QSIM, s. Kapitel 12.2), wird diese Abhängigkeit jeweils durch einen eigenen Pfad in der Simulation dargestellt. Bei Simulationssystemen mit genauerer qualitativer oder quantitativer Darstellung der Größenordnungen von Einflüssen sollte bei multiplen Einflüssen für einen Parameter gezeigt werden, welcher Einfluß oder welche Einflüsse am wichtigsten sind. Das wird in Longs System (s. Kapitel 12.3) erreicht, indem der Pfad mit dem stärksten Einfluß auf einen Parameter sowie andere Pfade, deren Einflüsse einen Mindestprozentsatz des Einflusses des stärksten Pfades erreichen, graphisch hervorgehoben werden.

14.6 Nutzung für tutorielle Zwecke

Da das Wissen in guten Expertensystemen strukturiert aufbereitet ist und auch viele praktisch nützliche Heuristiken enthält, ist der Einsatz für tutorielle Zwecke naheliegend. Dabei kommen jedoch neue Anforderungen auf das Expertensystem zu:

- Die Problemlösungsstrategie und das Wissen des Expertensystems sollten dem menschlichen Problemlösen möglichst ähnlich sein. So eignet z.B. sich die heuristische Diagnostik besser für tutorielle Zwecke als die statistische Diagnostik.
- Der Benutzer sollte die Wissensbasis sowohl systematisch wie ein Buch lesen als auch explorativ nach seinen Interessen erarbeiten können. Exploratives Lesen wird durch die Hypertext- und Hypermediatechnik unterstützt, bei der man detaillierte Informationen prinzipiell zu jedem Begriff auf einer Bildschirmseite durch einfaches Zeigen mit der „Maus" auf den Begriff bekommen kann. Dadurch können auch verschiedenartige Informationsquellen wie Bilder und Texte oder freier Text und strukturiertes Wissen miteinander integriert werden, z.B. indem man sich zu einem Begriff wie „verbrauchte Zündkerze" durch einen Mausklick eine Lexikondefinition, ein Bild oder seine Herleitungsregeln zeigen lassen kann. Ein Beispiel für eine Integration von Hypertext- und Expertensystemen enthält [Meinl 90].
- Die Initiative der Problemlösung sollte beim Benutzer und nicht beim Expertensystem liegen, das stattdessen die Problemlösungen oder bei Bedarf auch die Problemlösungsschritte des Benutzers kommentiert oder kritisiert. Weiterhin ist eine Einstellung auf verschiedene Benutzertypen wünschenswert. Dazu sollte das Wissen in verschiedenen Detaillierungsgraden und in verschiedenen Wissensarten

angeboten werden. Letzteres illustrieren wir am Beispiel eines tuoriellen Diagno-
stiksystems mit heuristischem, fallvergleichendem und den beiden Arten von
modellbasiertem Wissen (vgl. Kap. 10), an dem wir derzeit arbeiten. Gegeben ist
jeweils ein vollständig oder partiell beschriebener Fall, den der Benutzer lösen soll:

— *Kritik mit heuristischem Wissen:* Der Benutzer verdächtigt eine Diagnose oder
  schlägt einen Test zur Überprüfung einer Diagnose vor. Außerdem kann der
  Benutzer seine Vorschläge durch Angabe der dafür ausschlaggebenden Symptome begründen. Die Vorschläge des Benutzers und ihre Begründungen vergleicht das System mit seinen interen Schlußfolgerungen und den dazu maß-
  geblichen Symptomen, die es aufgrund seiner gefeuerten Regeln berechnet.

— *Kritik mit fallvergleichendem Wissen:* Der Benutzer stellt eine Analogie des
  neuen zu einem bereits gelösten Fall aus einer Fallbibliothek her. Das Expertensystem überprüft zunächst die Differenzen und Ähnlichkeiten in den Symp-
  tomausprägungen zwischen beiden Fällen und bewertet dann die Unterschiede.
  Falls der Benutzer Unterschiede über- oder unterbewertet hat, wird er darauf
  hingewiesen.

— *Kritik mit Fehlermodellen:* Der Benutzer schlägt eine Diagnose vor und gibt
  an, welche Symptome dadurch erklärt sind. Das System überprüft, ob die
  Symptome durch die Diagnose tatsächlich überdeckt werden und ob die
  Schweregrade konsistent sind.

— *Kritik mit funktionalen Modellen:* Ein funktionales Modell ist besonders attraktiv für tutorielle Zwecke bei der Fehlerdiagnose: Einerseits kann der Benutzer in das korrekte funktionale Modell des zu diagnostizierenden Systems Fehler einbauen, von denen er glaubt, daß sie die beobachteten Symptome verursachen. Daraufhin zeigt das System dem Benutzer, was diese Änderungen
  tatsächlich bewirken. Andererseits kann der Benutzer an dem die Fehler simulierenden funktionalen Modell Korrekturmaßnahmen vornehmen, worauf das
  System deren Wirkungen simuliert und dem Benutzer zeigt, ob die Symptome
  sich verbessern, gleichbleiben oder sich sogar verschlechtern.

14.7 Zusammenfassung

Erklärungskomponenten können im allgemeinen nicht bessere Erklärungen liefern, als
die Wissensrepräsentation eines Expertensystems zuläßt. Clancey [83] unterscheidet
strategisches Wissen über die Vorgehensweise des Systems, strukturelles Wissen
über Beziehungen zwischen Objekten und unterstützendes Wissen, das Zusatzwissen
für Erklärungszwecke umfaßt, welches zur Problemlösung nicht gebraucht wird. Die
explizite Repräsentation von strategischem und strukturellem Wissen wird auch in
XPLAIN [Swartout 83] und EES [Neches 85] hervorgehoben, wo diese Wissens-
formen als „domain principles" bzw. „domain models" bezeichnet werden und den
Kern der Erklärungskomponente bilden.

  Eine wichtige Aufgabe von Erklärungskomponenten ist die Orientierung der Erklärung an Vorwissen, Interesse und Typ des Benutzers. Zunehmende Bedeutung wird
die Nutzung von Expertensystemen für tutorielle Zwecke finden. Eine allgemeine
Übersicht über „intelligente Tutorsysteme" enthält [Wenger 87].

15. Dialogschnittstellen

Für die Gestaltung der Dialogschnittstelle gelten bei Expertensystemen keine prinzipiell anderen Richtlinien wie bei anderen Programmen. Da aber der Erfolg eines Expertensystemprojektes oft entscheidend von der Qualität der Benutzeroberfläche abhängt, beschreiben wir in diesem Kapitel in grober Form Anforderungen an Dialogschnittstellen und allgemeine Techniken zur Gestaltung einer Benutzeroberfläche, und konkretisieren sie für die unterschiedlichen Dialogkomponenten eines Expertensystems (Interviewer-, Erklärungs- und Wissenserwerbskomponente). Eine ausführliche Anleitung für die Gestaltung einer guten Benutzeroberfläche findet sich z.B. in [Apple 87] und [Shneiderman 87].

15.1 Anforderungen an Dialogschnittstellen

Das Hauptproblem bei der Gestaltung einer Dialogschnittstelle ist, daß sich widersprechende Anforderungen befriedigt werden müssen, deren Kompromißlösungen für verschiedene Benutzertypen unterschiedlich ausfallen. Die Basisanforderungen an die Dialogkomponente sind:

- hohe Interaktionsgeschwindigkeit,
- geringe Einarbeitungszeit,
- hohe Fehlertoleranz.

Für Benutzer, die häufig und lange mit einem System arbeiten müssen, ist die Dauer der Einarbeitungszeit sekundär gegenüber einer hohen Interaktionsgeschwindigkeit. Für gelegentliche Benutzer ist dagegen eine einfache Einarbeitung, möglichst ohne Vorbereitungszeit, und eine hohe Fehlertoleranz mit automatischen Korrekturhinweisen bei falscher Bedienung entscheidend.

Da die Einarbeitungszeit auch von dem allgemeinen Vorwissen des Benutzers über das Anwendungsgebiet und über den Umgang mit Computern abhängt, ist die Auswahl einer Zielgruppe unvermeidlich. Eine bewährte Technik zur Verminderung des Konfliktes Anfänger versus fortgeschrittener Benutzer sind redundante Eingabemöglichkeiten, so daß der Benutzer mit zunehmender Vertrautheit von ausführlichen, leicht verständlichen zu knappen, effizienten Interaktionen wechseln kann.

Die Anforderungen an eine gute Dialogschnittstelle sind umso schwieriger zu erfüllen, je mächtiger das System ist, d.h. je mehr Interaktionsmöglichkeiten bestehen. Diese Beobachtung hat Einfluß auf den Gesamtentwurf eines Expertensystems, indem man bei zusätzlichen Mechanismen den Nutzen mit ihren Kosten (Verkomplizierung der Dialogkomponente) vergleichen muß. Eine Lösung besteht darin, daß man sich in der Version für Anfänger auf einen Kern von Mechanismen beschränkt.

15.2 Allgemeine Techniken

Außer der traditionellen zeilenorientierten Eingabe über Tastatur werden heute auf den meisten Rechnern eine Fülle von Mechanismen zur Gestaltung einer Dialogschnittstelle bereitgestellt. Dazu gehören:

* Darstellung von verschiedenartiger Information in verschiedenen Bildschirmfenstern (Windows): die Idee ist die Simulation eines Schreibtisches, auf dem mit verschiedenen Dokumenten gleichzeitig gearbeitet werden kann. Fenster können während einer Interaktion vom Benutzer erzeugt, gelöscht und übereinander gelegt werden. Der Begriff Fenster soll auch andeuten, daß man bei größeren Dokumenten nur einen Teil des Inhalts sehen kann. Andere Teile kann man durch Verschieben des Fensters (scrolling) sichtbar machen.
* Anschauliche Darstellung von Objekten durch Graphiken und Bilder.
* Eingabe durch Zeigen mit einer Maus: damit kann prinzipiell jedes Objekt auf dem Bildschirm einfach und schnell ausgewählt („angeklickt") werden.
* Darstellung der Aktionen, die mit einem Objekt verbunden sind, durch Menüs: bei den dynamischen „Pop-Up-Menüs" erscheinen beim Anklicken eines Objektes die mit dem Objekt assoziierten Kommandos als Menü auf dem Bildschirm. Nach der Auswahl und Ausführung eines Kommandos verschwindet das Menü wieder. Eine andere Variante sind statische „Pull-Down-Menüs", bei denen Kommando-Menüs vom oberen Bildschirmrand heruntergeklappt werden.
* Hervorhebung und Strukturierung von Informationen durch Farbe.

Mit diesen Hilfsmitteln und einem möglichst großen Bildschirm kann man sehr attraktive Benutzeroberflächen entwerfen. Die wichtigsten Dialogtypen sind:

* Menüs,
* Kommandosprachen (ähnlich wie Programmiersprachen),
* (pseudo-) natürlichsprachliche Texteingabe,
* Ausfüllen von Masken,
* Manipulation von vorbelegten Menüs, Texten oder Masken.

Die einfachste Form des Dialoges sind Menüs, bei denen der Benutzer Kommandos auswählt. Sie erfordern keine Einarbeitungszeit, und der Benutzer kann kaum falsche Eingaben machen. Mit der Maustechnik kann man auf alle Objekte auf dem Bildschirm direkt zugreifen, wovon die wichtigsten mit Farbe hervorgehoben werden können, und Pop-Up- und Pull-Down-Menüs helfen, auch eine große Auswahl von Kommandos übersichtlich darzustellen. Trotzdem haben Menüs Grenzen, wenn mehr Objekte ausgewählt werden können, als auf den Bildschirm passen bzw. als der Benutzer überblicken kann. Eine hierarchische Strukturierung der Informationen wie bei BTX kann das Problem nur begrenzt lösen, da sich durch den wiederholten Selektionsvorgang die Interaktionsgeschwindigkeit verlangsamt.

Kommandosprachen haben in etwa die entgegengesetzten Eigenschaften von Menüs. Sie eignen sich für die schnelle Eingabe von Kommandos aus einer großen, schlecht hierarchisierbaren Befehlsmenge. Ihr Nachteil ist die lange Einarbeitungszeit, die viele Benutzer abschreckt. Andererseits lassen sie sich leicht in Richtung von Programmiersprachen erweitern (Variablen, Verzweigung, Rekursion usw.).

Natürlichsprachliche Texteingabe wird vielfach als die attraktivste Lösung für Dialogschnittstellen in Expertensystemen angesehen, da das Vorwissen des Benutzers bei der normalen Kommunikation ausgenutzt wird. Leider hat auch diese Dialogform schwerwiegende Nachteile:

- Die Eingabe dauert lange, da der Text eingetippt werden muß, was weit aufwendiger als die Eingabe mit Menüs oder Kommandosprachen ist.
- Der Benutzer kann sich nur schwer ein Modell von dem System machen. Da zum einen die natürlichsprachliche Schnittstelle und zum anderen das zugrundeliegende Expertensystem stark beschränkt sind, muß der Benutzer durch Probieren herausbekommen, was das System tatsächlich versteht (was bei Kommandosprachen und Menüs offensichtlich ist). Dieses Ausprobieren kann den Vorteil der geringen Einarbeitszeit wieder zunichte machen.

Menüs und Kommandosprachen werden häufig gekoppelt, indem zu jedem Menüpunkt auch ein mit der Tastatur eingebbares Kommando verfügbar ist, um sowohl Anfänger als auch Fortgeschrittene anzusprechen. Zwischen Kommandosprachen und natürlichsprachlicher Eingabe gibt es einen fließenden Übergang in Gestalt pseudonatürlichsprachlicher Kommandosprachen, die eine restriktive Syntax haben, aber der natürlichen Sprache ähnlich sind. Häufig können Texteingabe und Menüs auch vorteilhaft kombiniert werden, z.B. in Masken bei denen ein Teil der Eingabe durch Auswählen und ein anderer Teil durch Texteingabe in vorgegebene Felder erfolgt. Schließlich kann man manchmal auch Masken, Menüs oder Texte mit Erwartungswerten vorbelegen, so daß man die Wahrscheinlichkeit relativ hoch ist, daß der Benutzer die Vorbelegungen nur noch wenig manipulieren muß.

15.3 Gestaltung der Interviewerkomponente

Die Interviewerkomponente dient zur Datenerfassung des Expertensystems. Die Dauer dieses Dialogs ist ein wichtiger Kostenfaktor beim Einsatz eines Expertensystems. Am attraktivsten sind daher eingebettete Systeme, die ihre Daten von anderen Computern oder direkt von Meßgeräten beziehen.

In den meisten Fällen müssen die Daten jedoch von einem Menschen eingegeben werden. Dabei kann man drei Dialogformen unterscheiden:

- Problemspezifikation mit Batch-Verarbeitung: der Benutzer spezifiziert das Problem vollständig zu Beginn der Sitzung, das das Expertensystem dann ohne Benutzerinteraktion lösen kann. Beispiele: Konstruktionssysteme wie R1 und MOLGEN und viele Simulationssysteme.
- Passiver Dialog: der Benutzer beantwortet die vom System gestellten Fragen. Beispiel: Diagnosesysteme mit Backward-Reasoning wie MYCIN.
- Dialog mit wechselseitiger Initiative: der Benutzer kann dem System auch von sich aus relevante Daten mitteilen. Beispiel: Diagnosesysteme mit Hypothesize-and-Test-Strategie wie MED2.

Günstige Dialogtechniken sind in allen Fällen Masken mit Menüs und Texteingaben, so daß der Benutzer nicht jede Frage einzeln beantworten muß, sondern möglichst

viele Fragen gleichzeitig auf dem Bildschirm sind und die Beantwortung dem
Ausfüllen eines Fragebogens entspricht. Während die Gestaltung von Fragebögen bei
der Problemspezifikation mit Batch-Verarbeitung einfach ist, wird sie durch die
Abhängigkeit der Fragen von früheren Antworten bei den anderen beiden Dialogtypen
verkompliziert. Ein Lösungsansatz ist die Zusammenfassung zusammengehöriger
Fragen zu kleinen Fragebögen (wie Frageklassen in MED2). Bei ungenügenden
Antwortzeiten kann man die Effizienz durch Parallelverarbeitung verbessern, falls die
Dialogführung teilweise unabhängig von der Auswertung der Daten ist. Ein Ansatz
dafür ist das Interviewer/Reasoner-Konzept [Gerring 82], das in ONCOCIN (s.
Kapitel 18.3.3) realisiert ist.

15.4 Gestaltung der Erklärungskomponente

Eine Erklärungskomponente besteht meist aus einer Menge von Kommandos, die dem
Benutzer Informationen über die Vorgehensweise und die Wissensbasis des Expertensystems bereitstellen. Um eine Erklärungskomponente optimal zu nutzen, müßte der
Benutzer alle Kommandos genau kennen, was jedoch für den gelegentlichen Benutzer
unwahrscheinlich ist. Eine Lösungsmöglichkeit dieses Problems besteht darin, die
Kommandos eventuell auf die wichtigsten Erklärungsoptionen zu reduzieren, diese
dem Benutzer als Menü zur Verfügung zu stellen und auf Anfrage zu erläutern. Eine
andere Möglichkeit, die besonders bei komplexeren Systemen attraktiv wird, ist die
Ermöglichung natürlichsprachlicher Anfragen, die intern mit dem Aufruf geeigneter
Kommandos beantwortet werden. Zur Reduktion des Schreibaufwandes sollten
Objekte, die auf dem Bildschirm sichtbar sind oder auf die sich frühere Anfragen
bezogen haben, einfach referenziert werden können.
    Die wichtigsten Informationen zur Erklärung sollte eine Erklärungskomponente
jedoch automatisch, d.h. ohne spezielle Anforderung, in einem eigenen Fenster auf
dem Bildschirm zur Verfügung stellen. Bei der Diagnostik gehören dazu die
etablierten Zwischendiagnosen und die aktuellen Verdachtsdiagnosen, und bei der
Planung könnte man immer den Grobplan und den aktuellen Stand der Verfeinerung
anzeigen. Eine Voraussetzung dafür ist natürlich ein hinreichend großer Bildschirm.

15.5 Gestaltung der Wissenserwerbskomponente

Die Gestaltungsmöglichkeiten der Wissenserwerbskomponente hängen natürlich
entscheidend von dem Allgemeinheitscharakter des zugehörigen Expertensystemwerkzeuges ab. Bei allgemeinen Werkzeugen ähnelt die Wissenserwerbskomponente oft
einem konventionellen Programmeditor. Dagegen braucht der Experte bei problemspezifischen Shells meist nur die Objekte des Anwendungsbereichs zu instantiieren
und ihre Beziehungen zu spezifizieren, was sehr viel besser von einer Wissenserwerbskomponente unterstützt werden kann.
    Im günstigsten Fall kann man die Objekte in Typen unterteilen (z.B. in der Diag-
nostik: Fragen, eventuell Fragegruppen, Symptominterpretationen, Diagnosen,

Therapien), deren Eigenschaften bei der Definition des Objektes von der Wissens-erwerbskomponente abgefragt oder in eine Maske eingegeben werden. Dabei wird die Syntax und teilweise auch die Semantik der Experteneingabe auf Konsistenz über-prüft. Das ist natürlich umso besser möglich, je strukturierter die Wissensrepräsenta-tion ist. Bei der Eingabe von Regeln und anderen Beziehungen zwischen Objekten ist die Referenz auf Objekte sehr aufwendig. Dazu gibt es folgende Optionen:

- Eingabe des vollen Objektnamens,
- Eingabe mittels Abkürzungen des Objektnamens:
    a) vom Experten definierte, eindeutige Abkürzungen oder
    b) die Anfangsbuchstaben des Objektnamens, was mehrdeutig sein kann.
- Eingabe des Objektnamens durch Zeigen.

Während volle Objektnamen für den Anfänger leichter zu merken sind, aber viel Schreibaufwand erfordern, ist es bei der Verwendung von definierten Abkürzungen gerade umgekehrt. Anfangsbuchstaben erfordern wegen ihrer Mehrdeutigkeit gelegentliches Nachfragen. Die eleganteste Methode ist deswegen die Eingabe durch Zeigen, was aber bei großen Wissensbasen voraussetzt, daß die Objekte so gut im Kontext strukturiert sind, daß man den gesamten relevanten Kontext auf dem begrenzten Bildschirmplatz darstellen kann. Günstig ist natürlich wieder ein großer Bildschirm und die Möglichkeit, Fenster dynamisch zu erzeugen und deren Inhalt verschieben zu können.

Eine weitere, sehr nützliche Technik zur Gestaltung der Wissenserwerbskom-ponente ist der *„Copy-and-Edit"* Ansatz, der sich zur schnellen Eingabe vieler Ob-jekte oder Regeln eignet, die sich nur geringfügig unterscheiden. Dabei wird ein bereits definiertes Objekt, das als Muster dient, auf dem Bildschirm nur modifiziert, anstatt neu eingegeben.

15.6 Zusammenfassung

Die beiden Hauptformen eines Dialogs sind Eingabe durch Auswählen und freie Eingabe (Kommandosprachen oder (pseudo-)natürlichsprachlicher Text). Eingabe durch Auswählen hat den geringsten Schreibaufwand, minimiert die Fehlermög-lichkeiten und erleichtert es dem Benutzer, ein System einzuschätzen, da er seine Optionen auf dem Bildschirm sieht. Diese Vorteile gehen bei vielen Auswahlalter-nativen zunehmend verloren, so daß bei komplexeren Sachverhalten die freie Eingabe trotz des oft großen Schreibaufwandes günstiger sein kann. Sie erfordert jedoch beim Benutzer Vorwissen über die Syntax und die Fähigkeiten des Systems. Auch natürlichsprachliche Eingabe kann Vorwissen nicht überflüssig machen, da sie nur die Syntax vereinfacht, aber nichts über die Begrenzungen eines Systems vermittelt. Das Beantworten vieler Fragen auf einem Bildschirm wird mit Masken ermöglicht, die schon mit Erwartungswerten vorbelegt sein können. Der Benutzer braucht dann nur noch die von der Norm abweichenden Einträge zu korrigieren. Eine Vorbelegung ermöglicht auch der Copy-and-Edit-Ansatz. Trotz alledem bleibt die Kommunikation mit dem Rechner im Vergleich zur gesprochenen Sprache ziemlich umständlich, was die Akzeptanz von interaktiven Expertensystemen beeinträchtigt.

16. Werkzeuge für Expertensysteme

Werkzeuge für Expertensysteme haben nicht nur eine praktische Bedeutung, indem sie deren Entwicklung beschleunigen, sondern sind auch theoretisch interessant, da sie eine Verallgemeinerung und Formalisierung bewährter Konzepte von Expertensystemen darstellen. Daher ist ein zentrales Ziel die Integration der verschiedenen, in den bisherigen fünfzehn Kapiteln beschriebenen Techniken, die umso besser möglich ist, je mehr das Werkzeug spezialisiert ist. Eine grobe Einordnung von Werkzeugen nach den Kriterien Verkürzung der Entwicklungszeit und Einsatzbreite zeigt Abb. 16.1.

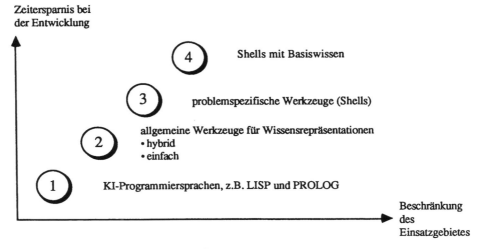

Abb. 16.1   Einteilung der Werkzeuge für Expertensysteme

Die vier Hauptgruppen sind:

1. Programmiersprachen der Künstlichen Intelligenz (z.B. LISP und PROLOG).
2. Allgemeine Werkzeuge für Wissensrepräsentationsformen, die die Programmiersprache um bewährte Grundtechniken der Wissensrepräsentation und -verarbeitung erweitern. Dazu gehören Regeln mit Vorwärts- und Rückwärtsverkettung, Frames mit Vererbung, Constraints mit lokaler Propagierung, Evidenzmodelle zum probabilistischen Schließen, Abhängigkeitsnetze zum nicht-monotonen Schließen und Zeitdatenbanken zum temporalen Schließen (s. Kapitel 3 – 9). Man unterscheidet häufig zwischen einfachen Werkzeugen, die nur eine Wissensrepräsentation (meist Regeln) unterstützen (z.B. OPS5, EMYCIN, FRL usw.), und

hybriden Werkzeugen, die mehrere Grundtechniken kombinieren (z.B. KEE, ART, Knowledge Craft, BABYLON, Gold Works, KAPPA, usw.).

3. Problemspezifische Werkzeuge (Shells), die spezifische Anforderungen eines Problemlösungstyps durch geeignete Integration von Wissensrepräsentationen und Bereitstellen typischer Problemlösungsstrategien berücksichtigen (z.B. TEST [Kahn 87] und MED2 für die Diagnostik). Wegen ihrer Spezialisierung ermöglichen Shells im Gegensatz zu allgemeinen Werkzeugen die Entwicklung eines Expertensystems ohne Kenntnisse einer Programmiersprache[1]. Die wichtigsten Problemlösungstypen sind Diagnostik, Konstruktion und Simulation (s. Kapitel 10 – 12).

4. Shells mit Basiswissen aus dem Anwendungsbereich, welches nur noch durch Spezialwissen ergänzt werden muß (z.B. SYNTEL und Financial Advisor).

Weitere Kriterien zur Einordnung von Expertensystemen sind:

- Maximale Größe der Wissensbasis: Speicherplatzgrenzen, Effizienzschwierigkeiten oder mangelnde Strukturierungsmöglichkeiten können die Größenordnung der mit einem Werkzeug entwickelbaren Expertensysteme beschränken.
- Offenheit der Architektur: offene Werkzeuge bieten Schnittstellen zu Programmiersprachen und Datenbanken; geschlossene Werkzeuge nicht.
- Einarbeitungszeit: die Einarbeitungszeit hängt von der Komplexität des Werkzeuges und von den Vorkenntnissen des Benutzers ab. Wichtig für Shells ist, ob die Einarbeitungszeit für Experten des Anwendungsgebietes akzeptabel ist.
- Gestaltungsmöglichkeiten für die Entwicklung einer attraktiven Benutzeroberfläche.
- Kommerzielle Kriterien: Hardwarevoraussetzungen, Preis, Dokumentation und Fehlerfreiheit des Werkzeuges sowie Wartung und Beratung.

Die Auswahl eines für eine Anwendung geeigneten Werkzeuges ist nicht einfach, da einerseits Hunderte von Werkzeugen auf dem Markt sind, aber andererseits kaum praktische Erfahrungsberichte über den Umgang mit Werkzeugen publiziert sind. Sehr hilfreich wäre zum Beispiel, einige repräsentative Problembereiche mit verschiedenen Werkzeugen bearbeiten zu lassen und die Erfahrungen und Ergebnisse zu veröffentlichen. Die derzeitigen Evaluationen und Marktübersichten (z.B. [Harmon 87, Anhang C; Karras 87; Harmon 89; Richer 89]) bewerten eher allgemeine Eigenschaften von Expertensystemwerkzeugen. In diesem Kapitel beschränken wir uns auf den Vergleich von drei leistungsfähigen Expertensystemwerkzeugen, dessen Schwerpunkt auf der Wissensrepräsentation und der Kontrollstrategie liegt. Die Werkzeuge sind die hybriden, allgemeinen Werkzeuge KEE (Knowledge Engineering Environment, [KEE 86]) und KC (Knowledge Craft, [KC 86]) und die Diagnostik-Shell MED2 (Meta-Ebenen-Diagnosesystem, [Puppe 87], s. auch Kapitel 10.3.2).

Die wichtigsten Komponenten von KEE und KC sind eine objektbasierte Wissensrepräsentation, ein Regelsystem, ein Fenster/Graphik-System und LISP. MED2 enthält dieselben Basiskomponenten, die aber auf Diagnostikanforderungen ausgerichtet sind. Der Vergleich zwischen allgemeinen Werkzeugen und einer Diagnostik-Shell kann natürlich keine Bewertung sein, da die Intention der Werkzeuge verschieden ist, sondern soll zur Illustration dienen, wie weit die Grundtechniken der Wissensrepräsentation in konkreten Expertensystemwerkzeugen implementiert sind. Als Leitfaden für den Vergleich dient die Checkliste im Anhang.

---

[1] Nicht alle als „Shells" bezeichneten Expertensystemwerkzeuge erfüllen dieses Kriterium.

16.1   Realisierung von Objekten

Ein prinzipieller Unterschied der Objektdarstellung in KEE/KC und MED2 besteht
darin, daß in KEE/KC Objektklassen und Instanzen definiert werden können,
während in MED2 die Objektklassen vorgegeben sind und nur Instanzen davon ange-
legt werden können.

Die Objektdarstellung in KEE, die eine Weiterentwicklung der UNITS-Reprä-
sentation [Stefik 79] ist, entspricht grob der von FRL (s. Kapitel 5.1) mit der Struktur
Frame-Slot-Facette-Wert und der Möglichkeit zur Definition von Vererbungshierarchien und zugeordneten Prozeduren. Beim Aufbau von Vererbungshierarchien
unterscheidet KEE im Gegensatz zu FRL zwischen Klassenbezeichnungen und
Instantiierungen (z.B. Klassenbezeichnung: ein Elefant ist ein Säugetier; Instantiierung: Clyde ist ein Elefant). Bei der Vererbung von Slots entlang von Klassenbezeichnungen und Instantiierungen gibt es in KEE folgende Möglichkeiten:

- Unterscheidung zwischen vererbbaren und nichtvererbbaren Slots („Member Slots"
  und „Own Slots"): manche Slots einer Klasse wie z.B. „der größte Elefant" sollen
  nicht an individuelle Elefanten weitervererbt werden und werden deswegen als
  „Own Slots" von Elefant definiert.
- Unterscheidung zwischen verschiedenen Vererbungstypen: da KEE auch multiple
  Vererbungshierarchien zuläßt, kann ein Slot Werte von mehreren Vorgängern bekommen. Zur Spezifikation des Vererbungstyps kann der Benutzer zwischen verschiedenen Alternativen wählen, z.B. Übernahme des Wertes von einem bestimmten Vorgänger oder die Vereinigung bzw. Schnittmenge der Werte aller Vorgänger.

Der Vererbungstyp wird als eine Facette eines Slots spezifiziert. Weitere Facetten
definieren den Wertebereich („Value Class", entspricht bei FRL $require) und die
Kardinalität, d.h. die minimale und maximale Anzahl von Werten. Zugeordnete
Prozeduren für einen Slot heißen aktive Werte (active values). Sie werden in einem
eigenen Frame definiert, in dem angegeben ist, für welchen Frame und welchen Slot
sie gelten sollen. Aktive Werte enthalten einen Programmcode, der durch Änderung
bzw. Abfragen des zugehörigen Slot-Wertes aktiviert wird. Wenn man in KEE mit
einem Objekt verbundenen Programmcode direkt ansprechen will (d.h. ohne Bezug
auf Slot-Werte), kann man sie als Methoden definieren. Methoden sind Slots, deren
Werte Code enthalten, der durch Nachrichten von anderen Objekten aktiviert werden
kann. Auch Methoden können vererbt werden, wobei Unterklassen oder Instanzen
den Code von übergeordneten Klassen durch Zusatzcode, der vor oder nach dem
vererbten Code eingefügt wird, ergänzen können.

Die Wissensrepräsentationssprache von Knowledge Craft, CRL, beinhaltet im
Prinzip die gleichen Möglichkeiten wie die von KEE, geht aber bei der Spezifizierung
von Vererbungshierarchien darüber hinaus. In CRL wird die Beziehung zwischen
zwei Objekten (die dort Schemata heißen) durch eine eigene Relation beschrieben, die
selbst als Objekt repräsentiert wird und deren Slots eine sehr individuelle Übertragung
von Eigenschaften zulassen:

- Selektive Vererbung: während in KEE ein Slot entweder immer vererbt (als
  „Member Slot") oder grundsätzlich nicht vererbt (als „Own Slot") wird, kann man

in KC diese Unterscheidung für jede Vererbungsrelation individuell treffen. Das ermöglicht die Fokussierung auf die in einem Kontext wichtigen Eigenschaften eines Objektes. So könnte man z.B. abbilden, daß sich ein Autofahrer und ein Kraftfahrzeugmechaniker für verschiedene Eigenschaften eines Autos interessieren: die Unterframes Auto_für_Autofahrer und Auto_für_Kraftfahrzeugmechaniker würden verschiedene Slots von ihrer Oberklasse Auto erben.

- Vererbung mit Abbildungsfunktion: dabei können sich Namen und Wertebereiche eines Slots bei der Vererbung ändern, wobei die Beziehungen zwischen den entsprechenden Slots des über- und untergeordneten Frames durch eine Abbildungsfunktion („Map-Function") definiert werden. Solche Abbildungen sind bei der Darstellung eines Objektes auf verschiedenen Ebenen nützlich, wie z.B. bei der Ableitung der Benzinsorte (Normalbenzin oder Super) eines Autos aus dem Verdichtungswertes des Motors (einer Zahl). In KEE lassen sich Slots, deren Namen oder Wertebereiche sich ändern, nicht vererben.

- Einführung neuer Slots bei einer Vererbung: die neuen Slots können mit Default-Werten vorbelegt werden.

- Vererbung von Werten von allen Vorgängern eines Frames: während in KEE ein Slot nur Werte von seinen direkten Vorgängern erben kann, dessen genaue Vererbung durch den Vererbungstyp bestimmt ist, kann in KC ein Slot prinzipiell Werte von allen Vorgängern (d.h. der transitiven Hülle) übernehmen.

In MED2 ist die Frame- und Slot-Struktur der Wissensrepräsentation vorgegeben. MED2 enthält sechs Objekttypen (Symptome, Diagnosen, Therapien, Lokalisationen und zwei Arten von Symptomgruppen: Questionsets und Explanationsets). Jeder Objekttyp enthält eine größere Menge von Slots, die der Benutzer bei der Instantiierung eines Objektes ausfüllt. Diese Slot-Einträge haben eine fest definierte Bedeutung im Problemlösungskonzept (Beispiel eines Diagnose-Frames s. Abb. 5.4). Vererbungshierarchien und zugeordnete Prozeduren, die in KEE und KC in die Framestruktur eingebaut sind, werden in MED2 teilweise aus Regeln abgeleitet:

- Hierarchische Beziehungen gibt es in MED2 für Diagnosen und Symptome. Bei der durch Regeln aufgebauten Symptomhierarchie wird der Ausschluß einer übergeordneten Frage an alle davon abhängigen Folgefragen vererbt. Bei Diagnosen gibt es keine eingebauten Vererbungshierarchien, da in MED2 nicht implizit angenommen wird, daß eine Unterdiagnose die Bewertung einer übergeordneten Diagnose übernimmt; statt dessen hat jede Diagnose eigenständige Regeln, die auch beschreiben, wie die Bewertung einer Diagnose von der Bewertung einer übergeordneten Diagnose abhängt.

- Zugeordnete Prozeduren werden meist als Regeln eingegeben und intern objektorientiert repräsentiert. Da sich in MED2 Regeln immer auf konkrete Objekte beziehen, werden alle Regeln als zugeordnete Prozeduren der Objekte, die in der Regel vorkommen, behandelt.

- Erwartungswerte für Symptome oder Diagnosen gibt es nicht. Dagegen kann eine Diagnose eine Default-Therapie besitzen, die gültig ist, wenn mit Regeln keine andere Therapie hergeleitet wurde.

Eine automatische Klassifikation neuer Objekte in die existierende Objektheterarchie aufgrund ihrer Eigenschaften wie in KL-ONE (s. Kapitel 5.4) ist in keinem System möglich.

16.2   Realisierung von Regeln/Constraints

Während Regeln in KEE, KC und MED2 eine zentrale Rolle einnehmen, fehlen explizite Constraint-Repräsentationen und Propagierungstechniken. Eine Nachbildung von einfachen Constraints kann man jedoch durch zugeordnete Prozeduren von Frames (wenn der Wert eines Parameters sich ändert, wird eine Nachricht an alle Objekte gesendet, die auf diesen Wert zugreifen können) und durch Regeln (einfache Constraints, kann man durch n Regeln umschreiben, bei denen aus $n-1$ Variablen die n-te Variable berechnet wird) erreichen. Jedoch ist eine Propagierung symbolischer Werte in Constraint-Netzen mit dieser Methode nicht möglich.

Der Regelformalismus in KEE, KC und MED2 besteht jeweils aus zwei Teilen: einer werkzeugspezifischen Regelsprache und LISP, das als Ausweichmöglichkeit dient, falls die werkzeugspezifische Regelsprache nicht ausreicht. Im folgenden beschreiben wir nur die Regelsprache.

Die Regeldarstellung von KC besteht aus zwei eigenständigen Teilsystemen, CRL-OPS5 und CRL-PROLOG, die jeweils gegenüber OPS5 und PROLOG so erweitert sind, daß man auf CRL-Objekte zugreifen kann. CRL-OPS5 dient zur Vorwärtsverkettung von Regeln und CRL-PROLOG zur Rückwärtsverkettung. Damit enthält KC zwei mächtige Regelsprachen, die auch Pattern-Matching mit Variablen zulassen. Ein Nachteil ist, daß eine Regel, die sowohl vorwärts als auch rückwärts ausgewertet werden soll, zweimal, nämlich in CRL-OPS5 und in CRL-PROLOG, eingegeben werden muß.

KEE hat ein eigenes, OPS5-ähnliches Regelsystem, bei dem Regeln zu Regelpaketen zusammengefaßt werden, die sowohl rückwärts als auch mit verschiedenen, vom Benutzer wählbaren Konfliktlösungsstrategien vorwärts ausgewertet werden können. In der Vorbedingung von Regeln können Abfragen vom Typ (Prädikat Frame Slot Wert) vorkommen, die auch Variablen enthalten dürfen. Variablen, die bei der Auswertung der Vorbedingung instantiiert sind, können im Aktionsteil benutzt werden. Diese Syntax kann außer in „normaler" Präfixnotation auch quasi-natürlichsprachlich (englisch) angegeben werden: „The Slot of Frame is Value", z.B. „The colour of CAR-1 is red".

Das Regelsystem von MED2 hat folgende Besonderheiten:

- Starke Beschränkung der Benutzung von Variablen: Regeln müssen sich auf konkrete Objekte beziehen. Variablen können nur in einigen Prädikaten (z.B. „gleichzeitig") und in arithmetischen Ausdrücken im Aktionsteil von Regeln benutzt werden.
- Automatische Zuordnung von Regeln zu Objekten: die Regeln werden in MED2 nicht vom Benutzer zu Paketen zusammengefaßt, sondern automatisch den Objekten zugeordnet, auf die sie sich beziehen. Sie können von ihren Vorbedingungen her aktiviert werden (Vorwärtsverkettung) oder von ihrer Schlußfolgerung im Aktionsteil (Rückwärtsverkettung).
- Regelstrukturierung: die Vorbedingung von Regeln ist in MED2 in Kontext, Kernbedingung und Ausnahmen strukturiert. Diese Strukturierungsmöglichkeit fehlt in KEE und KC.

16.3 Realisierung von probabilistischem, nicht-monotonem und temporalem Schließen

Es scheint so zu sein, daß allgemeine Mechanismen zum probabilistischen, nicht-monotonen und temporalen Schließen nur sehr schwer und unter erheblichem Effizienzverlust in allgemeinen Werkzeugsystemen wie KEE und KC eingebaut werden können und das daher Shells wie MED2 für ihren Problemlösungstyp mächtigere Konzepte anbieten können.

Nicht-monotones Schließen wird in MED2 durch den ITMS-Algorithmus (s. Kapitel 8.1) ermöglicht, der ein Abhängigkeitsnetz verwaltet, bei dem zirkuläre Begründungen blockiert werden. Das ITMS ist außerdem auf die Art des probabilistischen Schließens in MED2 abgestimmt, bei der eine Diagnose etabliert wird, wenn ihre aus verschiedenen Komponenten zusammengesetzte Gesamtbewertung einen absoluten Schwellwert überschreitet und hinreichend besser als die ihrer Differentialdiagnosen ist. Temporales Schließen basiert in MED2 auf der automatischen Abspeicherung einer Historie für jedes Symptom, die mit speziellen Regelprädikaten ausgewertet werden kann. Der Implementierungsaufwand für diese Konzepte ist sehr hoch, da für alle Objekte in MED2 Begründungen, Evidenzwerte und eine Historie früherer Werte verwaltet werden müssen. Die Laufzeitkosten sind dagegen verhältnismäßig gering und beeinträchtigen die Effizienz von MED2 kaum, da jeweils spezielle, auf die diagnostischen Anforderungen zugeschnittene Techniken verwendet werden.

Für allgemeine Werkzeugsysteme sind spezielle Techniken jedoch weniger geeignet, da sehr verschiedenartige Probleme behandelt werden müssen. Deswegen fehlen Mechanismen für probabilistisches und temporales Schließen in KEE und KC. Nicht-monotones Schließen ist in KEE möglich, jedoch zeigen sich dabei deutlich die Probleme einer allgemeingültigen Realisierung. Die zwei Mechanismen in KEE sind die Verwaltung direkter Begründungen von Schlußfolgerungen mit einem JTMS-Ansatz (s. Kapitel 8.1) und der Aufbau verschiedener „Welten" (s.u.) mit dem ATMS (s. Kapitel 8.2). Dafür gibt es drei Regeltypen:

- Normale Regeln (Same-World-Actions), die keinen Einfluß auf das nicht-monotone Schließen haben.
- Neue-Welt-Regeln (New-World-Actions), mit denen Zusicherungen in neuen Welten gemacht werden können. Verschiedene Welten zeichnen sich dadurch aus, daß in ihnen unterschiedliche Annahmen für einen Wert gemacht und die Schlußfolgerungen verglichen werden können.
- TMS-Regeln (Deductions), die für ihre Schlußfolgerungen eine direkte Begründung generieren, um Schlußfolgerungen zurückziehen zu können, wenn ihre Begründungen ungültig werden.

Dieses im Prinzip mächtige Konzept ist jedoch durch die Implementierung erheblich beschränkt:

- TMS-Regeln generieren Begründungen nur für ganz einfache Prämissen in ihren Regelvorbedingungen, in denen keine Variablen und kein LISP-Aufruf vorkommt.
- Begründungen werden nicht automatisch bei allen Regeln erzeugt, sondern der Benutzer muß (aus Effizienzgründen) angeben, welche Regeln als TMS-Regeln Begründungen erzeugen sollen und welche nicht.

- Begründungen gibt es nur für einfache Wertzuweisungen (neuer Wert := Regelaktion). Ein Verrechnen von Wahrscheinlichkeiten wie in MED2 (neuer Wert := Verrechnung von Regelaktion und altem Wert) wird dabei nicht unterstützt.
- In verschiedenen Welten dürfen sich nur die Werte von Objekten, nicht aber die Objekt-Strukturen unterscheiden.

Im KC wird derzeitig nicht-monotones Schließen nur begrenzt unterstützt. In KC können ebenfalls Welten, die dort Kontexte heißen, verwaltet werden, wobei die Beschränkung in KEE, daß Welten sich nur durch unterschiedliche Wertebelegungen unterscheiden, wegfällt. Einen Mechanismus zum Verwalten direkter Begründungen mit einem JTMS-Algorithmus hat KC nicht, weswegen z.B. die Repräsentation von Ausnahmen zu Regeln sehr problematisch ist.

16.4 Graphikmöglichkeiten

Graphische Darstellungen helfen wesentlich zur übersichtlichen Ausgabe von Informationen. Dank günstiger Hardware-Voraussetzungen werden sie inzwischen in den meisten Expertensystem-Werkzeugen angeboten. Die wichtigsten Formen sind:

- Graphische Editiermöglichkeiten, wie sie z.B. in OPAL (s. Kapitel 13.3.6) bereitgestellt werden. KEE, KC und MED2 stellen dazu einen Browser zur Verfügung, der hierarchische Abhängigkeiten zwischen Objekten sichtbar macht. Darüberhinaus ermöglicht das Wissenserwerbssystem von MED2, CLASSIKA (s. Kap. 13.3.3), die Eingabe von Regeln in Tabellen und von Frame-Attributen in Formularen.
- Die Darstellung von numerischen oder symbolischen Informationen in Diagrammen oder Icons, z.B. die Darstellung der Geschwindigkeit durch einen Tachometer. KEE bietet dafür einen leistungsfähigen Grafikeditor und eine große Bibliothek vorgegebener Diagramme und Icons an. Die Einbindung in den Inferenzprozeß erfolgt hauptsächlich über zugeordnete Prozeduren (Active Values). Weiterhin kann man in KEE Graphikmöglichkeiten von verschiedenen Ansichten (Viewpoints) betrachten, ein Objekt vergrößern (zoomen), den Schrifttyp und die Schriftgröße verändern, Bilder blinken lassen usw. Alle diese Mechanismen lassen sich dynamisch beim Programmablauf verändern.
- Die Illustration von verbalen Informationen durch Bilder (z.B. das typische Aussehen einer schadhaften Zündkerze als Fotographie). Das ist in KEE, KC und MED2 mit Hilfe eines Scanners zum Einlesen der Bilder möglich.

16.5   Zusammenfassung

Die derzeitigen Werkzeuge unterstützen nur einen Teil der heute bekannten Techniken zur Entwicklung von Expertensystemen (vgl. Anhang A). Vor allem Mechanismen zum probabilistischen, nicht-monotonen und temporalen Schließen fehlen in den allgemeinen Werkzeugen entweder ganz oder sind nur mit erheblichen Beschränkungen verfügbar.

Andererseits sind die Kosten für eine vielfältige Wissensrepräsentation in Form von verlängerten Einarbeitungszeiten und verringerter Effizienz nicht zu vernachlässigen. Eine lange Einarbeitungszeit bedingt, daß die Werkzeuge eher für Wissensingenieure und weniger für Experten geeignet sind. Eine daher naheliegende und zunehmend auch verfolgte Strategie ist die Entwicklung von spezialisierten Expertensystem-Shells, die teilweise auf allgemeinen Werkzeugen aufbauen. Beispiele dafür sind SIMKIT zur Erstellung von Simulationsprogrammen auf der Basis von KEE, MORE/MOLE (s. Kapitel 13.2.4) und TEST [Kahn 87] für Diagnostik auf der Basis von KC sowie SALT [Marcus 88] für Konfigurierung auf der Basis von OPS5. Dieses vom Software-Engineering-Gesichtspunkt attraktive Schichtenmodell der Werkzeugsysteme muß allerdings außer mit Effizienzproblemen vor allem mit Beschränkungen der Wissensrepräsentation des allgemeinen Werkzeugsystems in Bezug auf den jeweiligen Problemtyp kämpfen (insbesondere bei Constraints und beim probabilistischen, nicht-monotonen oder temporalen Schließen). Das Beispiel MED2 zeigt die Vorteile, auf einen Problemtyp zugeschnittene Wissensrepräsentationen und Problemlösungsstrategien direkt in einer allgemeinen Programmiersprache (LISP) zu implementieren. Um den Aufwand zur Entwicklung von Expertensystemen weiter zu senken, werden zunehmend Komponenten zum graphischen Wissenserwerb wie in MED2/CLASSIKA bereitgestellt. Ein weiterer Bereich, in dem Expertensystem-Werkzeugsysteme viel Unterstützung leisten können, sind Module zur Gestaltung einer attraktiven Dialogkomponente, wie sie z.B. in KEE verfügbar sind.

Teil V

Aspekte des betrieblichen Einsatzes

17. Rahmenbedingungen für den betrieblichen Einsatz

In diesem Kapitel werden praxisbezogene Aspekte von Expertensystemen behandelt, vor allem die Eignung von Anwendungsgebieten, die Projektplanung, die Integration des Expertensystems in die Einsatzumgebung und die Problematik einer Kosten/Nutzen-Analyse, die meist nur qualitativ möglich ist. Da über Erfolge und Mißerfolge von Expertensystemen in der Praxis bisher nur wenig bekannt ist, müssen die Aussagen vage bleiben. Etwas konkreter werden die beiden folgenden Kapitel über Expertensysteme in medizinischen und technischen Anwendungen. Obwohl die Expertensystemforschung sich zunächst auf medizinische Anwendungen konzentrierte, werden in Kliniken und Arztpraxen derzeit (Anfang 1991) im Gegensatz zu technischen Anwendungen noch so gut wie keine größeren Expertensysteme routinemäßig genutzt. Eine Übersicht über den auf niedriger Basis im Jahr 1986 beginnenden, aber rasch zunehmenden, industriellen Einsatz von Expertensystemen im deutschsprachigen Raum zeigt die umfangreiche Bestandsaufnahme in [Mertens 90] (Abb. 17.1).

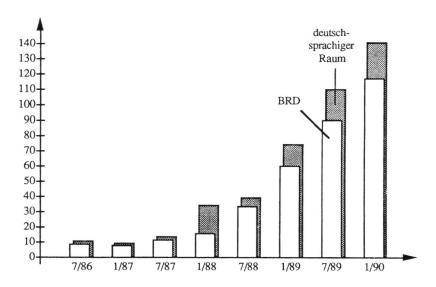

Abb. 17.1 Entwicklung von Expertensystemen im Einsatz in der (alten) BRD und im deutschsprachigen Raum nach [Mertens 90, S. 25].

I.	**Notwendige Kriterien**
10	Die Anwender des Systems erwarten einen großen Nutzen im Routinebetrieb.
10	Die Anwender haben realistische Erwartungen von Umfang und Grenzen des Systems.
10	Das Projekt wird vom Management unterstützt.
10	Das Anwendungsgebiet erfordert keine Verarbeitung natürlicher Sprache.
7	Das Anwendungsgebiet ist wissensintensiv, aber nicht zu groß.
8	Das Anwendungsgebiet ist im wesentlichen heuristischer Natur.
10	Testfälle aller Schwierigkeitsgrade sind verfügbar.
7	Das System kann inkrementell wachsen (das Anwendungsgebiet ist aufteilbar).
10	Das Anwendungsgebiet erfordert kein oder kaum Allgemeinwissen.
8	Es sind keine optimalen Problemlösungen erforderlich.
10	Das Anwendungsgebiet muß auch in absehbarer Zukunft noch relevant sein.
7	Es ist nicht entscheidend, daß das System zu einem knappen Termin fertig sein muß.
8	Das Anwendungsgebiet ist einfach, aber nicht zu einfach für ein Expertensystem.
10	Es gibt einen Experten.
10	Der Experte ist ein echter Experte.
10	Der Experte ist dem Projekt während der Projektdauer verpflichtet.
8	Der Experte ist kooperativ.
8	Der Experte kann sein Wissen formulieren.
8	Der Experte ist zuverlässig und hat allgemeine Projekterfahrung.
8	Der Experte benutzt symbolisches Wissen zur Problemlösung.
7	Es ist schwierig, aber nicht zu schwierig, das Expertenwissen zu vermitteln (z.B. zu lehren).
10	Der Experte löst das Problem mit kognitiven, nicht motorischen oder sensorischen Fähigkeiten.
10	Verschiedene Experten stimmen darin überein, was eine gute Problemlösung ist.
10	Der Experte braucht bei der Problemlösung nicht kreativ zu sein.
II.	**Wünschenswerte Kriterien**
8	Das Management wird das Projekt auch nach dem eigentlichen Projektende fördern.
4	Die Einführung in die Arbeitsumgebung erfordert keine größeren Umstellungen.
4	Der Benutzer kann mit dem System interagieren.
4	Das System kann seine Vorgehensweise dem Benutzer erklären.
4	Das System stellt nicht zu viele und keine unnötigen Fragen.
4	Das Anwendungsgebiet war bereits früher als problematisch aufgefallen.
4	Die Problemlösungen im Anwendungsgebiet sind erklärbar.
5	Das Anwendungsgebiet erfordert nicht zu kurze Antwortzeiten.
8	Es gibt erfolgreiche Expertensysteme, die dem geplanten System ähneln.
5	Das geplante System kann mehrfach eingesetzt werden.
3	Das Anwendungsgebiet ist für Menschen gefährlich oder zumindest unattraktiv.
4	Das Anwendungsgebiet enthält auch subjektives Wissen.
3	Der Experte ist in der Zukunft nicht mehr verfügbar (z.B. wegen Pensionierung).
4	Der Experte könnte sich mit dem Projekt intellektuell identifizieren.
4	Der Experte fühlt sich nicht bedroht.
2	Das Problemlösungswissen, das der Experte benutzt, ist zumindest lose strukturiert.

Abb. 17.2 Kriterienliste zur Bewertung von Expertensystemprojekten. Sie orientiert sich an [Slage 88], wo sich auch Erläuterungen finden. Die 40 Kriterien sind zwischen 0 und 10 gewichtet, in notwendige und wünschenswerte Merkmale aufgeteilt, sowie jeweils nach (1) Benutzer und Management, (2) Problemgebiet und (3) Experten strukturiert. Für ein potentielles Anwendungsgebiet wird dann das Zutreffen jedes Kriteriums mit einer Zahl zwischen 0 (trifft nicht zu) und 10 (trifft optimal zu) bewertet. Die Gesamtbewertung ergibt sich aus der gewichteten Summe aller Einzelbewertungen dividiert durch die Summe aller Gewichtungen und ist ebenfalls eine Zahl zwischen 0 und 10. Falls bei einem wichtigen Kriterium (Gewichtung > 5) eine Einzelbewertung ziemlich schlecht ist (< 4), führt dies zur globalen Abwertung. In [Slage 88] werden zwei Expertensystemprojekt-Kandidaten als Beispiele evaluiert: ein als positiv eingeschätztes Projekt mit einem gewichteten Durchschnittswert von 9,3 und ein als negativ eingeschätztes Projekt mit einem Wert von 7,0.

17.1   Eignung eines Anwendungsgebietes

Das Leistungspotential von Expertensystemen liegt zwischen dem von konventionellen Programmen und dem von Experten. Der Vorteil gegenüber konventionellen Programmen besteht in der Trennung von Problemlösungswissen und Problemlösungsstrategien, die (falls durchführbar) die Entwicklung und Wartung von komplexen Programmen vereinfacht bzw. überhaupt erst ermöglicht. Die Hauptnachteile gegenüber Experten bestehen in der mangelnden Lernfähigkeit und in dem Fehlen von Allgemein- und Hintergrundwissen, das bei unvorhergesehenen Situationen nötig wäre. Eine Kriterienliste für die Eignung eines Anwendungsgebietes zeigt Abb. 17.2.

17.2   Projektplanung

Angenommen, die Auswertung der Kriterienliste in Abb. 17.2 ergibt ein freundliches Bild für ein geplantes Expertensystemprojekt, d.h. die Anwender erwarten einen realistischen Nutzen vom System, das Projekt wird vom Management unterstützt, usw. Dann ist eine verläßliche Projektplanung wegen der schwer faßbaren Natur des Expertenwissens immer noch ein ernsthaftes Problem. Daher dominiert die Methodik der schnellen Prototyp-Entwicklung, die allen Projektbeteiligten und insbesondere den Endanwendern die Möglichkeit zur frühzeitigen Überprüfung und Beeinflussung des sich entwickelnden Systems bietet, und außerdem Sollbruchstellen zum Abbruch des Projektes mit begrenzten Verlusten bietet. Die schnelle Prototyp-Entwicklung mit häufigen Korrekturen oder sogar Neukonzeptionen setzt leistungsfähige Entwicklungsumgebungen voraus (vgl. Kap. 13.1 und 16). Wenn ein geeignetes Expertensystem-Werkzeug bereits vorhanden ist, kann die Entwicklung jedoch sehr rasch erfolgen. Wir illustrieren die charakteristischen Stufen am Zeitverlauf der Entwicklung eines mittelgroßen Diagnostik-Expertensystems (ca. 1000 Regeln) zur Unterstützung des Störstellenbetriebes in einem industriellen Rechenzentrum, das im Rahmen einer 6-monatigen Diplomarbeit auf der Basis von MED2/CLASSIKA (s. Kap. 10.3.2 und 13.3.3) bis zur Feldprototypreife entwickelt wurde [Castiglione 90].

1. Machbarkeitsprototyp: *Ziel:* Ist die Problemstellung mit heuristischen Diagnostikverfahren lösbar? *Vorgehen:* Dazu muß überprüft werden, ob die Symptome und Diagnosen benannt werden können und Regeln zur Auswertung existieren. *Durchführung:* Anhand der Analyse einiger einfacher Fallbeispiele wurde ein winziger Machbarkeitsprototyp mit wenigen Symptomen und Diagnosen erstellt und auf seine Verallgemeinbarkeit hin überprüft. *Dauer:* 2 Sitzungen á 0,5 Tage.

2. Demonstrationsprototyp: *Ziel:* In welcher Breite und Tiefe ist es sinnvoll, die Problemstellung zu formalisieren? *Vorgehen:* Dazu sollte die Problemstellung in Bereiche gegliedert und ein typischer Bereich in nicht-trivialer Weise bearbeitet werden. *Durchführung:* Für den ausgewählten Teilbereich wurde ein Demonstrationsprotyp entwickelt und Management und Endbenutzern vorgeführt. *Dauer:* ca. ein Monat.

3. Forschungsprotyp: *Ziel:* Welche Problemlösungsfähigkeit ist realistisch und welche Nutzungsformen sind sinnvoll? *Vorgehen:* Dazu soll ein halbwegs

vollständiger Forschungsprototyp entwickelt und getestet werden. *Durchführung:* Die Fragen zur Symptomerfassung wurden systematisch strukturiert und darauf aufbauend schrittweise Symptominterpretationen, Diagnosen und Regeln formalisiert. Der Forschungsprototyp wurde dann mit theoretischen und protokollierten Fallbeispielen kontinuierlich getestet und verbessert. *Dauer:* ca. 4 Monate.

4. Feldprototyp: *Ziel:* Reicht die Problemlösungsfähigkeit? *Vorgehen:* Der Prototyp wird abgerundet, eingefroren und mit den aktuell anfallenden Fällen aus dem Betrieb unter ansonsten günstigen Randbedingungen getestet. Als Nebenprodukt wird eine Fallbibliothek aufgebaut. Bei positivem Ergebnis wird der Prototyp dokumentiert. *Durchführung:* Der Entwickler des Expertensystems übernahm für eine Woche die Störstellenberatung und versuchte zunächst, alle Fälle mit seinem Expertensystem zu lösen. Die Quote erfolgreich gelöster Fälle betrug ca. 75%, was nach Expertenschätzungen einem guten Kompetenzniveau mit ein bis zwei Jahren Berufserfahrung entspricht (vgl. Abb. 21.1). *Dauer* (mit Dokumentation des Gesamtsystems): ca. 1,5 Monate.

5. Integration: *Ziel:* Welche organisatorischen Anpassungen sind zum routinemäßigen Einsatz erforderlich? *Vorgehen:* s. u.

Falls beim Testen des Feldprotyps die Problemlösungsqualität nicht ausreichend ist, sollte man bedenken, daß der zusätzliche Zeitaufwand für die Verbesserung einer bestehenden Version meist überproportional wächst: eine Leistungssteigerung auf hohem Niveau ist ungleich schwieriger als zu Beginn eines Projektes. Es ist möglich, daß ein ähnlicher Zusammenhang wie beim Vokabellernen von Fremdsprachen und dem Verstehen von Texten (mit 100 Vokabeln kann man etwa 50% eines durchschnittlichen Textes verstehen, mit 2.000 Vokabeln 80%, mit 4.000 Vokabeln 90% und mit mehr als 100.000 Vokabeln 100%) auch zwischen der Wissensmenge und Performanz eines Expertensystems besteht.

Wegen der schwierigen Projektplanung, die Überraschungen aller Art kaum vermeiden kann, kommt der Schaffung geeigneter Rahmenbedingungen wie Auswahl kooperationswilliger Experten, interessierter Endbenutzer, adäquater Werkzeuge, Vermeidung von Personalfluktuation und Sicherstellung einer kostengünstigen Wartbarkeit des Expertensystems umso mehr Bedeutung zu.

17.3 Integration in die Einsatzumgebung

Zur Integration in die Einsatzumgebung ist erforderlich, daß die Benutzer geschult werden, das Expertensystem mit anderer Soft- und Hardware gekoppelt wird, schnelle Fehlerkorrekturen gewährleistet sind und das System an Benutzerwünsche angepaßt wird. Bei eingebetteten Systemen ist oft eine Rechnerkopplung des Expertensystems mit einem Prozeßrechner zur Meßwerterfassung erforderlich. Eine einfache Form der Kopplung ist z.B. im IXMO-Projekt zur Motordiagnose auf Prüfständen (s. Kapitel 19.1) realisiert, bei der der Prozeßrechner für jeden zu diagnostizierenden Fall einen Datensatz an den Expertensystemrechner übergibt, der dann in die interne Repräsentation des Expertensystems übersetzt und verarbeitet wird. Durch redundante Meßwerterfassung können auch einfache Meßwertfehler erkannt werden. Äquivalent könnte man auch Datensätze aus einer Datenbank abrufen und transferieren. Eine Voraussetzung für die Kopplung von verschiedener Software ist, daß das Expertensystemwerkzeug Schnittstellen zur zugrundeliegenden Programmiersprache hat und von dort auch Programme aufgerufen werden können, die in anderen Programmiersprachen geschrieben sind. Dasselbe Prinzip der Softwarekopplung ist natürlich auch bei interaktiven Systemen anwendbar, die Standarddaten eines Falles aus Datenbanken abrufen oder Meßwerte übernehmen und die restlichen Daten vom Benutzer erfragen. Dadurch kann die Dauer eines Dialoges mit dem Benutzer, die neben der Qualität des Lösungsvorschlages für den Einsatz eines Systems ausschlaggebend ist, beträchtlich verringert werden.

Bei interaktiven Systemen muß durch Schulung der Benutzer weitgehend sichergestellt werden, daß die Eingabedaten korrekt sind, da Expertensysteme aufgrund ihrer vielfältigen Beschränkungen wesentlich weniger Möglichkeiten als Experten haben, die Eingabedaten auf Plausibilität zu prüfen. Das schließt nicht aus, daß das Expertensystem soweit wie möglich die Eingabe auf Konsistenz überprüft. Es kann aber z.B. keine Über- oder Untertreibungen qualitativer Werte oder verminderte Aufmerksamkeit oder Wahrnehmungsfähigkeit des Benutzers feststellen.

17.4 Evaluationsproblematik und Kosten/Nutzen-Analyse

Die Evaluation von Expertensystemen [Gaschnig 83] ist ähnlich schwierig wie die Beurteilung von Experten. Sie ist in gewisser Weise sogar schwieriger, da sich Erfahrungen bei der Beurteilung von Experten nicht auf Expertensysteme übertragen lassen. So kann man bei Menschen im allgemeinen davon ausgehen, daß, wenn sie ein paar schwierige Fälle lösen können, sie auch eine gewisse Kompetenz besitzen. Bei einem Expertensystem können diese paar schwierigen Fälle für eine Vorführung vorbereitet und die einzigen Fälle sein, die von diesem System gelöst werden können. Hier macht sich der Vorteil des Computers beim einfachen Reproduzieren bemerkbar.

Zunächst muß man bei der Evaluation von Expertensystemen verschiedene Dimensionen unterscheiden:

• Problemlösungsqualität („objektive" Leistungsfähigkeit),
• Nützlichkeit für den Endbenutzer,
• Änderungsfreundlichkeit.

Die bisherigen Studien haben sich fast ausschließlich auf die Bewertung der Problemlösungsqualität beschränkt. Ein gutes Ergebnis ist eine notwendige, jedoch keine hinreichende Bedingung für den Einsatz eines Expertensystems. Bei der Bewertung der Problemlösungsqualität treten folgende Probleme auf:

• Bestimmung eines Standards: in vielen Anwendungsbereichen läßt sich eine objektiv korrekte Lösung nicht feststellen. Und selbst wenn dies der Fall sein sollte, kann man nicht einfach die Trefferquote als Leistungsindikator werten, da manche Fehler schwerwiegender sind als andere und der Ausschluß schwerwiegender Fehler, wie z.B. bei der Pilzbestimmung die Klassifikation eines Giftpilzes als Speisepilz, eine unverzichtbare Forderung ist. Aus diesen Gründen dient als

Standard meist die Beurteilung der Problemlösung durch ein Expertengremium mit den Kategorien „optimal", „akzeptabel" und „inakzeptabel". Man sollte jedoch unbedingt die Kategorie „katastrophal" hinzunehmen. Da eine hundertprozentige Treffsicherheit unrealistisch ist, wird die Bewertungsrate des Expertensystems mit der von Fachleuten verschiedener Kompetenz verglichen. Ein Beispiel einer solchen Studie für MYCIN ist [Yu 79].

- Vorselektion von Testfällen: es liegt auf der Hand, daß die Vorselektion von Testfällen (z.B. nur solche, die das Expertensystem wenigstens prinzipiell lösen kann) das Ergebnis erheblich beeinflußt. Dieses Problem läßt sich nur durch eine klare Definition des Kompetenzbereichs eines Expertensystems lösen. Leider wird dieser Punkt oft übersehen und bewirkt z.B. bei der MYCIN-Studie zu positive Testergebnisse.

- Vermeidung von Vorurteilen: beim Vergleich der Problemlösungsqualität eines Programmes und eines Menschen kann man Vorurteile des Bewertungsgremiums nicht ausschließen. Wenn man andererseits die äußere Form der Lösungsvorschläge maskiert, können wichtige Details verloren gehen. Das gilt vor allem, wenn für die Bewertung nicht nur das Endergebnis, sondern auch die Vorgehensweise und das zugrunde liegende Wissen wichtig sind, d.h. daß die richtige Lösung wegen der richtigen Gründe gefunden werden soll.

Für den Endbenutzer sind außer der Problemlösungsqualität noch zahlreiche andere Kriterien wichtig. Dazu gehören:

- Zeitersparnis (z.B. bei der Dokumentation),
- Zeitaufwand für die Dateneingabe,
- Fehlertoleranz und Robustheit,
- Erklärungsfähigkeit,
- Verfügbarkeit,
- Erweiterung der Fähigkeiten des Benutzers.

Der Nachteil dieser Bewertung ist, daß sie hochgradig subjektiv ist, und der Vorteil, daß sie beim praktischen Einsatz des Systems automatisch gemacht wird. Für die Interpretation der Bewertung in der Einsatzumgebung ist es jedoch sehr wertvoll, wenn man zunächst eine Evaluation der Problemlösungsqualität und eventuell einen Test mit wohlwollenden Benutzern gemacht hat, um die verschiedenen Ursachen von im Einsatz auftretenden Problemen besser unterscheiden zu können. Schließlich sollte man wegen der aufwendigen Wartung auch die Änderungsfreundlichkeit eines Expertensystems bei der Gesamtbewertung mitberücksichtigen.

Die Gesamtkosten für ein Expertensystem ergeben sich aus:

- Kosten für das Werkzeug (diese machen an den Gesamtkosten meist den kleinsten Teil aus).
- Kosten für den Aufbau der Wissensbasis (Arbeitszeit des Wissensingenieurs und des Experten).
- Kosten für die Einführung des Expertensystems (Schulung der Benutzer, Reibungsverluste bei der Umstellung).
- Kosten für die Wartung (an Expertensysteme werden im allgemeinen weit mehr Anpassungsforderungen gestellt als an konventionelle Programme).

Eine zentrale Frage für die Projektführung ist, ob Expertensystemprojekte von EDV-Abteilungen oder von Fachabteilungen durchgeführt werden. Diese Entscheidung hängt auch davon ab, ob die zur Verfügung stehenden Expertensystemwerkzeuge für die Benutzung durch Experten geeignet sind und ob sich Standards herauskristallisieren. Während derzeitig noch Wissensingenieure, die eine eigene Berufsgruppe darstellen, eine entscheidende Rolle bei der Entwicklung von Expertensystemen spielen, ist die zukünftige Entwicklung schwer einschätzbar. Wegen des hohen Wartungsaufwands sollte die Entwicklung von Expertensystemen jedoch von Fachabteilungen übernommen werden.

Die vielen Unsicherheitsfaktoren bei der Bewertung von Expertensystemen und der Abschätzung der Kosten machen wie schon erwähnt eine fundierte betriebswirtschaftliche Kosten/Nutzen-Rechnung zu einer fast unlösbaren Aufgabe. Außer bei dem sehr erfolgreichen R1(XCON)-Projekt von DEC sind solche Analysen auch kaum retrospektiv publiziert worden. Es scheint so zu sein, daß das große kommerzielle Interesse an Expertensystemen mehr strategisch begründet ist, da ein großer Bedarf an Verbesserung der Wissensverarbeitung besteht und Expertensysteme die derzeitig einzige vielversprechende technische Alternative sind. Günstige Nebeneffekte eines Expertensystems können die Sicherung eines Minimalstandards und die Kontrolle von Problemlösungen, die schnellere Einarbeitung bzw. Weiterbildung von Mitarbeitern, die schnellere Verbreitung von strategischen und technischen Anweisungen im Unternehmen oder ganz allgemein die Begünstigung des Wissensaustausches und der Wissensevolution sein. Auf der anderen Seite kann ein Expertensystem auch zur Demotivierung der Mitarbeiter und einer Wissenserosion führen. Eine optimistische Bewertung von Expertensystemen findet sich in u.a. in [Feigenbaum 82, 88]; eine eher kritische Betrachtung z.B. in [Coy 89].

17.5   Zusammenfassung

Die wichtigsten Rahmenbedingungen für den betrieblichen Einsatz von Expertensystemen sind die Eignung des Anwendungsgebietes und die Berücksichtigung der meist aufwendigen Wartung und Pflege von Anfang an. Da der Implementierungsaufwand sich durch Entwicklung leistungsfähigerer Expertensystem-Werkzeuge kontinuierlich verringert, steigt tendenziell die Kosteneffektivität. Jedoch stehen quantitative betriebswirtschaftliche Untersuchungen noch immer weitgehend aus. Die Hauptmotivation für Expertensystemprojekte bleiben daher strategische Ziele – vor allem die Notwendigkeit, die Wissensverarbeitung besser zu verstehen, um sie technisch zu unterstützen, die Aus- und Weiterbildung von Mitarbeitern zu verbessern und ganz allgemein die Wissensevolution zu fördern.

18. Expertensysteme in der Medizin

Die medizinische Diagnostik und Therapie war seit der Verfügbarkeit von Computern eine Herausforderung für ihren Einsatz zur Entscheidungsunterstützung. Der potentielle Nutzen umfaßt:

- Verbesserungen in der Genauigkeit medizinischer Entscheidungen,
- Sicherung eines Minimalstandards,
- schnellere Verfügbarkeit von medizinischem Wissen für den praktischen Arzt,
- Verbesserung der Kosteneffizienz medizinischer Untersuchungen,
- Kontrolle medizinischer Leistungen.

Die ersten Ansätze zur medizinischen Entscheidungshilfe durch Computer basierten auf algorithmischen Verfahren, u.a. dem Theorem von Bayes (s. Kapitel 7.1), der mathematischen Modellierung pathophysiologischer Prozesse, klinischen Flußdiagrammen und mathematischen Entscheidungsanalysen. Eine Übersicht enthält [Shortliffe 79]. Dabei gab es in geeigneten Anwendungsgebieten durchaus Erfolge, z.B. ein Bayes-Programm zur Differentialdiagnose des akuten Bauchschmerzes [de Dombal 72], bei dem sieben Diagnosen unterschieden werden und das in einem einjährigen klinischen Test eine Trefferquote von über 90% richtiger Diagnosen hatte, während die durchschnittliche Sicherheit der Ärzte bei 65-80% lag. Allerdings stieg ihre Trefferquote während der Versuchszeit beträchtlich und sank danach wieder auf das Anfangsniveau ab. Insgesamt stellte sich jedoch heraus, daß die konventionellen Ansätze zu starr sind und nur einen kleinen Teil des verfügbaren Wissens über ein Anwendungsgebiet repräsentieren können. Deswegen eignen sie sich nur für wenige hochspezialisierte Teilbereiche der Medizin, in denen ihre Voraussetzungen gut erfüllt sind (s. Kapitel 7.1 für statistische Ansätze). Ein anderes schwerwiegendes Problem ist ihre mangelnde Erklärungsfähigkeit, da ihre Vorgehensweisen und Wissensrepräsentationen sich grundsätzlich von denen von Ärzten unterscheiden. Wegen dieser Beschränkungen wandten sich viele Forscher Anfang der siebziger Jahre den „wissensbasierten" Ansätzen zur medizinischen Entscheidungsunterstützung zu. Ein Papier, das die Motivation für diesen Umschwung gut charakterisiert, ist [Gorry 73].

Die ersten Ergebnisse zeigten sich Mitte der siebziger Jahre: die „klassischen" medizinischen Expertensysteme MYCIN, CASNET, INTERNIST und PIP (s. Kapitel 10.3.1), die gleichzeitig auch häufig zitierte Vorzeigebeispiele der Expertensystemtechnologie insgesamt waren. Das Ziel, menschliche Experten simulieren zu können, schien nach den Evaluationen von MYCIN [YU 79], CASNET [Lichter 77] und INTERNIST [Miller 82] in greifbare Nähe zu rücken, da die Programme eine beachtliche Leistungsfähigkeit erreichten.

18.1 Probleme

Trotzdem ist der Sprung in die Praxis mit Ausnahme von hochspezialisierten Systemen (s. Kapitel 18.3) wie PUFF zur Interpretation von Lungenfunktionstests, einem Elektrophorese-Interpretationssystem und ONCOCIN zur protokollgesteuerten Chemotherapie von bösartigen Tumoren bisher nicht gelungen. Gründe dafür sind:

- zu aufwendiger Dialog,
- zu hohe Spezialisierung der Systeme,
- einseitige Wissensrepräsentation,
- Trennung von Symptomerfassung und Symptominterpretation,
- Akzeptanzprobleme.

Zum Dialog: obwohl ein gutes Design der Benutzerschnittstelle den Dialog mit dem System erheblich verkürzen kann, bleibt der Dialog ein grundsätzliches Problem, da auf absehbare Zeit Computer weder hinreichend gut sehen noch gesprochene Sprache verstehen können. Daher wird ein Arzt nur dann die Zeit für die Eingabe von Symptomen und Befunden über einen Bildschirm investieren, wenn er durch andere Vorteile entschädigt wird, d.h. daß der Computer kompetente Vorschläge geben und erklären kann und vor allem auch die Dokumentation der Daten mit übernimmt. PUFF und das Elektrophoresesystem haben eine günstige Kosten/Nutzen-Relation, da sie ihre Daten direkt von Meßgeräten übernehmen und als Ausgabe eine Interpretation auf einem Formular liefern, die – falls sie richtig ist – vom Arzt nur noch abgezeichnet werden muß. Dadurch wird ihr wegen der geringen zu verarbeitenden Datenmenge begrenzter diagnostischer Nutzen kompensiert. In ONCOCIN läßt sich dagegen der Dialog mit dem Benutzer nicht umgehen. Bei der aufwendigen Gestaltung der Benutzeroberfläche wurden die Prinzipien beachtet, daß der Arzt auf dem Bildschirm genauso arbeiten kann wie mit Papier, indem dieselben Formulare angeboten werden, und daß die Notwendigkeit, freien Text einzutippen, weitgehend vermieden wird (vgl. OPAL, Kapitel 13.3.6).

Zur Spezialisierung: ein spezialisiertes Expertensystem ist zum einen beschränkt durch die Unfähigkeit, seine Inkompetenz zu erkennen (der Arzt muß die richtigen Vorentscheidungen treffen), und zum anderen kann es keine Mehrfacherkrankungen oder Komplikationen berücksichtigen, die außerhalb seines engen Kompetenzbereiches liegen. Der schroffe Performanzverlust (Kliff) außerhalb des vorgesehenen engen Anwendungsgebietes (Plateau) ist auch als *Kliff-und-Plateau-Effekt* bekannt. Bei den erwähnten Evaluationen von MYCIN, CASNET und INTERNIST wurde der Kliff-und-Plateau-Effekt durch die Vorselektion verschleiert, da nur solche Fälle zum Testen benutzt wurden, bei denen die tatsächlichen Diagnosen in der Wissensbasis vorhanden waren. Das erklärt, warum die Forschungsprototypen nicht in die Praxis übernommen wurden, da man zunächst noch nicht weiß, ob das System die korrekte Diagnose überhaupt kennt. Auch bei dem einzigen größeren System, INTERNIST, stellte sich heraus, daß trotz der großen Wissensbasis, die ca. 70-75% der Inneren Medizin abdeckt, von 42 ins Auge gefaßten Testfällen nur 19 für die Evaluationsstudie berücksichtigt werden konnten, da in den restlichen Fällen mindestens eine der durchschnittlich drei Diagnosen pro Fall nicht in der Wissensbasis enthalten war. Der Aufbau einer für praktische Zwecke ausreichend großen Wissensbasis erfordert einen so hohen Aufwand, daß er die finanziellen Möglichkeiten von einzelnen Forschungsinstituten weit übersteigt und nur durch eine größere Kooperation möglich erscheint. Ein solches Unternehmen müßte vor der eigentlichen medizinischen Aufbereitung des Wissens zwei Hürden überwinden, um auf einem sicheren Fundament zu stehen: die Einigung auf eine gemeinsame medizinische Terminologie für die Symptomerfassung und die Wahl einer geeigneten Wissensrepräsentation (s. nächster Punkt).

Zur Wissensrepräsentation: die klassischen medizinischen Expertensysteme benutzen jeweils verschiedene Wissensrepräsentationen und Inferenzstrategien mit unterschiedlichen Vorzügen und Schwächen. Ein für ein größeres Projekt taugliches Expertensystemwerkzeug müßte jedoch die wechselseitigen Stärken kombinieren. Das ist bisher nur für die heuristische Diagnostik möglich (z.B. MED2) und fehlt bei der kausalen Modellierung und vor allem bei der in Kapitel 10.5 skizzierten Kombination von heuristischer, kausaler, statistischer und fallvergleichender Diagnostik. Offene Forschungsprobleme sind vor allem die Darstellung und Auswertung von zeitlichem, funktionalem und anatomischem Wissen und die Repräsentation verschiedener Abstraktionsebenen von medizinischem Wissen. Die Bedeutung dieser Mängel zeigt die Evaluation von INTERNIST, bei der ca. 2/3 der falschen Diagnosen auf Schwächen der Wissensrepräsentation und nur 1/3 auf Fehler in der Wissensbasis zurückgeführt wurden [Miller 82, Tabelle 5].

Zur Trennung von Symptomerfassung und Symptominterpretation: Computer sind derzeitig auf eine verbalisierte Symptomeingabe angewiesen und können die Daten nur interpretieren. Obwohl in der medizinischen Ausbildung großer Wert auf eine objektive und interpretationsunabhängige Symptomerfassung (insbesondere bei der Anamnese und der körperlichen Untersuchung) gelegt wird, bleibt die Trennung ein grundsätzliches Problem, da Unsicherheiten bei der Symptomerhebung den Interpretationsprozeß beeinflussen. Die Quantifizierung der Unsicherheiten bei der Symptomerhebung durch Wahrscheinlichkeiten wie bei MYCIN löst dieses Problem nicht, da Unterschiede zwischen verschiedenen Ärzten zu groß und im Vergleich zur Bewertung der Symptome kaum objektivierbar sind. Die Bedeutung, die Ärzte dem Erreichen einer höchstmöglichen Sicherheit bei der Symptomerhebung beimessen, zeigten psychologische Studien, bei denen bis zu 50% ihrer Fragen an den Patienten auf die Validierung von subjektiven Symptomen abzielten [Kassirer 78]. Dies gilt besonders für diagnostisch entscheidende Symptome. Das Mißtrauen von Ärzten gegenüber verbalisierten Beschreibungen zeigt sich auch bei der Ablehnung einer „Telefondiagnose", über die ein Computer derzeitig nicht hinauskommen kann.

Zur Akzeptanz: das Hauptproblem für den Einsatz von Expertensystemen zur medizinischen Entscheidungsunterstützung dürfte jedoch die geringe Akzeptanz durch die medizinische Gemeinschaft sein. Sie drückt sich am klarsten in der geringen Motivation zur effektiven Mitarbeit in medizinischen Expertensystemprojekten aus. Stattdessen ist die typische Haltung passiv abwartend, was in auffälligem Gegensatz zum industriellen Interesse an Expertensystemen steht.

18.2 Einsatzmöglichkeiten

Unter Berücksichtigung der erwähnten Probleme gehören zu möglichen Einsatzfeldern medizinischer Expertensysteme:

- in der Wissenschaft: Die erstmalig experimentell überprüfbare Modellierung medi-
                          zinischer Entscheidungsfindung.
- in der Technik: „Intelligente" Meßgeräte, die ihre Daten selbst interpretieren.
- in der Ausbildung: Unterstützung des Lernens mit simulierten Beispielfällen.
- in der Praxis: – Kritik medizinischer Entscheidungen (Diagnose, Therapie,
                            Tests), sofern die Daten für Dokumentationszwecke stan-
                            dardmäßig erfaßt werden.
                          – Konsultationsmöglichkeiten in schwierigen Fällen, wobei
                            das Expertensystem eine ähnliche Funktion wie ein Buch
                            hat.
                          – Überwachung auf Intensivstationen, da hier viele Daten
                            automatisch erfaßt werden.
                          – Schutz vor Übersehen möglicher Diagnosen.

Zur Wissenschaft: Medizinische Expertensysteme sind ein gutes Beispiel für die
von vielen Forschern (s. Kapitel 20.2) vorgeschlagene Wechselwirkung zwischen
dem Studium menschlicher Problemlösungsprozesse und der Künstlichen Intelligenz.
Nicht zuletzt wegen der Bedeutung der Erklärungsfähigkeit medizinischer Expertensysteme ist eine Ähnlichkeit ihrer Wissensrepräsentation und Problemlösungsstrategien mit der von Ärzten das erklärte Ziel vieler Systementwickler (vgl. [Pauker 76]
und [Pople 82]). In neuerer Zeit wurden auch eine Reihe von Studien über die
medizinischer Entscheidungsfindung [Elstein 78, Kassirer 78, Feltovich 80, Kassirer
82] durchgeführt, bei denen Fragestellungen der computerunterstützten Diagnose und
Therapie von Anfang an mitberücksichtigt wurden. Weiterhin dienten Expertensysteme, z.B. in der Studie von Feltovich, zur experimentellen Validierung von Theorien
über die medizinische Entscheidungsfindung.
    Zur Technik: Die Interpretation automatisch erfaßter Daten ist zur Zeit das
attraktivste Einsatzgebiet von Expertensystemen. Es ist daher anzunehmen, daß der
Einsatz medizinischer Expertensysteme zur automatischen Auswertung numerischer
Daten, wie bei PUFF und dem Elektrophoresesystem, stark zunehmen wird. Der
nächste Schritt wäre die automatische Interpretation von Verlaufskurven wie dem
EKG, wofür auch schon Computerprogramme existieren, die sich aber noch nicht der
Expertensystemtechniken bedienen und durch diese verbessert werden können.
Allerdings ist der Nutzen solcher Laborsysteme begrenzt, da technische Daten für sich
genommen noch nicht sehr aussagekräftig sind. Ein verwandter, sehr großer und
attraktiver Bereich ist die noch in den Anfängen steckende Automatisierung der Auswertung von bildgebenden Verfahren, wie z.B. Röntgen, Computertomographie,
magnetische Resonanzverfahren, usw. Das Hauptproblem dabei ist jedoch weniger
die diagnostische Interpretation extrahierter Merkmale, sondern die Segmentierung
und Identifikation der Merkmale auf der Ebene der Mustererkennung.
    Zur Ausbildung: Expertensysteme haben im Vergleich zu Lehrbüchern mehrere
Vorteile für die Ausbildung: (1) die Unsicherheiten und Ausnahmen bei diagnostischen oder therapeutischen Regeln müssen sehr viel präziser angegeben werden als
es in Büchern üblich ist, (2) die Qualität des Wissens von Expertensystemen ist nach-
prüfbar und (3) das Lernen anhand von Fallstudien wird begünstigt. Wichtig ist eine
gute Strukturierung der Wissensbasis: wie [Clancey 83] am Beispiel von MYCIN
gezeigt hat, eigneten sich die ursprünglichen Regeln schlecht zum Erlernen von

Wissen, da der Student die Rechtfertigung der Regel bzw. der Regelteile nicht erkennen kann. Man sieht einer MYCIN-Regel nicht an, ob sie terminologische, heuristische oder kausale Beziehungen ausdrückt oder welche Aussagen einer Regel Kernbedingungen, Randbedingungen oder negierte Ausnahmen sind (s. Kapitel 14).

Ein vielversprechender Ansatz ist auch die direkte Kritik der vom Benutzer vorgeschlagenen Entscheidungen durch das Expertensystem, wie sie im Programm ATTENDING [Miller 83] zur Anästhesieplanung von Operationen realisiert ist.

Zur Praxis: Beim praktischen Einsatz von Expertensystemen unterscheiden wir folgende Stufen mit zunehmendem Schwierigkeitsgrad:

1. Schutz vor Fehlern durch Übersehen   (Stand der Technik)
2. Konsultationsangebot für medizinische Nicht-Spezialisten
 in Spezialgebieten   (erreichbar)
3. Kritik getroffener Entscheidungen   (erreichbar)
4. Ersatz von Experten   (nicht erreichbar)

Zu 1: Expertensysteme, die bei einer Liste von eingegebenen Symptomen eine nach Wahrscheinlichkeit geordnete Liste möglicher Diagnosen ausgeben, wurden auf der MEDINFO 1986 in Washington vorgeführt und werden derzeit intensiv getestet. Dazu gehören QMR (Quick Medical Reference [Miller 86]), das eine auf praktische Anforderungen zugeschnittene Weiterentwicklung von INTERNIST ist, und RECONSIDER [Blois 86], die beide auf dem IBM-AT verfügbar sind. Da aber die Liste der ausgegebenen Diagnosen zu groß ist, um bei der Einengung der möglichen Diagnosen nützlich zu sein, beschränkt sich ihr Wert auf die Überprüfung, ob der Arzt auch an alle relevanten Diagnosen gedacht hat.

Zu 2: Nicht-spezialisierte Ärzte könnten ihre Kompetenz erweitern, indem sie Expertensysteme für Spezialgebiete konsultieren. Damit würde der vielfach als kontraproduktiv empfundenen, immer weitergehenden Spezialisierung in der Medizin entgegengewirkt werden. So ist es z.B. das Ziel von ONCOCIN, Kliniken die Durchführung komplexerer Krebstherapien zu ermöglichen, die bisher dazu nicht in der Lage waren. Das langfristige Ziel ist die Entwicklung von Expertensystemen für Bereiche, die den Einheiten der derzeitigen Spezialisierung (z.B. Kardiologie, Gastroenterologie usw.) in der Medizin entsprechen. Damit könnten Allgemeinärzte die Häufigkeit von Facharztkonsultationen verringern.

Zu 3: Während im Konsultations-Modus die Dialogkomponente den Erfolg von Expertensystemen maßgeblich mitbeeinflussen wird, setzt die Kritik getroffener Entscheidungen eine allgemeine Dokumentation medizinischer Daten in einem klinischen Informationssystem voraus. Ein Expertensystem kann dessen Funktionalität erweitern, indem es automatisch die Symptome auswertet, seine Schlußfolgerungen mit denen des Arztes vergleicht und bei großen Abweichungen Kritik übt. Vergleichbare Arzneimittelinformationssysteme sind bereits im Einsatz, die sich melden, wenn z.B. ein Patient eine bekannte Allergie gegen ein ihm verschriebenes Medikament hat. Solche integrierten Dokumentations- und Kritiksysteme können dem Bedürfnis nach einer Objektivierung medizinischer Leistungen entgegenkommen, die auch wegen der wachsenden Anzahl gerichtlicher Verfahren über Kunstfehler immer dringender wird. Auch die Indikation aufwendiger technischer Untersuchungen würde besser überprüfbar.

Zu 4: Allerdings glauben wir, daß Expertensysteme nur einen Minimalstandard medizinischer Qualität sicherstellen können. Zu ihren prinzipiellen Beschränkungen (s. Kapitel 21 „Grenzen von Expertensystemen") gehören außer der problematischen Trennung zwischen Symptomerfassung und Symptominterpretation auch das Fehlen von Allgemeinwissen, die Unfähigkeit zur holistischen Informationsverarbeitung und die inhärente Beschränkung auf ein vorgegebenes Vokabular zur Symptombeschreibung, die im Einzelfall die Eingabe wichtiger Symptome ausschließen kann .

18.3   Fallbeispiele

In diesem Abschnitt geben wir einen kurzen Überblick über bereits im Einsatz befindliche medizinische Expertensysteme.

18.3.1   PUFF

PUFF [Aikins 83] wertet seit 1979 im Pacific Medical Center in San Fransisco Lungenfunktionstests aus. Das System enthält ca. 75 klinische Parameter (Symptome und Diagnosen) und 400 Regeln. Die Symptome werden automatisch von Meßgeräten über eine Datei eingelesen. Als Ergebnis liefert PUFF eine übersichtliche Tabelle der Meßwerte und eine verbale Interpretation, die der Arzt nur noch abzeichnen muß. Die vier Hauptdiagnosen sind „Normal Pulmonary Function", „Obstructive Airways Disease", „Restrictive Lung Disease" und „Diffusion Defect", die jeweils in verschiedene Typen und Schweregrade unterschieden sind. PUFF wurde zunächst im Shell EMYCIN implementiert und ausgetestet und dann in BASIC auf einem in der Klinik verfügbaren Rechner reimplementiert. Bei einer Studie mit 144 Fällen erreichte es eine Übereinstimmung von 96% mit dem Arzt, der die Wissensbasis aufgebaut hat, und 89% mit einem anderen Arzt, wobei beide Ärzte untereinander in 92% aller Fälle übereinstimmten [Aikins 83, Kapitel 7]. In [Dreyfus 86, S. 117] wird allerdings ein niedrigerer Wert von 75% Übereinstimmung berichtet. Der Nutzen für den Arzt liegt darin, daß er in korrekt diagnostizierten Fällen den von PUFF generierten Arztbrief nicht selber schreiben muß.

18.3.2   Elektrophoresesystem

Das Elektrophoresesystem [Weiss 81] ist ein winziges Expertensystem zur Interpretation von Meßwerten, das in den Mikroprozessor eines Laborinstrumentes eingebaut ist und mit diesem zusammen verkauft wird. Es wurde mit Hilfe des Expertensystem-Shells EXPERT entwickelt, getestet und dann automatisch in Assembler übersetzt. Es enthält sechs Symptome (fünf Proteinkonzentrationen und das Alter des Patienten), 82 Regeln und 38 Schlußfolgerungen (einschließlich Zwischenergebnissen). Als Ausgabe liefert es die Meßwerte in Form einer Tabelle und einer Graphik sowie diagnostische Interpretationen, die vom Arzt abgezeichnet werden müssen. Seine Performanz erreichte in 256 Testfällen 100% Akzeptanz durch die Experten [Weiss 81].

18.3.3 ONCOCIN

ONCOCIN [Hickam 85] ist ein relativ komplexes Expertensystem, das Ratschläge zur Durchführung einer protokollgesteuerten Chemotherapie bei bösartigen Tumoren gibt, wobei formale Protokollrichtlinien und Erfahrungswissen von Experten zur Modifikation des Protokolls in schwierigen klinischen Situationen berücksichtigt werden. ONCOCIN ist seit 1981 experimentell an der Universitätsklinik in Stanford im Einsatz. In einer Blindstudie konnten vier Experten keine signifikanten Unterschiede zwischen den tatsächlichen Therapien von Ärzten und den Ratschlägen von ONCOCIN feststellen. Das Ziel des ONCOCIN-Projektes, der Einsatz an anderen Kliniken, ist jedoch noch nicht erreicht.

ONCOCIN bekommt ca. 30 Daten pro Patientenvisite als Eingabe, die manuell über ein Bildschirmformular eingegeben werden, und liefert als Ausgabe einen Vorschlag zur Fortsetzung der Therapie. Die Auswertung geschieht in zwei Phasen: in der Datenvorverarbeitung werden aus den Eingabedaten klinisch relevante Parameter durch Regeln hergeleitet. Sie dienen dann zur Steuerung der Schleifen und Verzweigungen in den Flußdiagrammen, die die klinischen Protokolle repräsentieren. Die Wissenseingabe der Regeln und Flußdiagramme erfolgt mit einer anwendungsspezifischen, für die Benutzung durch Experten entworfenen Wissenserwerbskomponente (OPAL; s. Kapitel 13.3.6).

18.4 Zusammenfassung

Die Entwicklung von Expertensystemen in der Medizin stellte sich als weit schwieriger heraus, als ursprünglich angenommen wurde. Dies spiegelt sich auch in Übersichtsartikeln des „New England Journal of Medicine" wider: während in einem Artikel von Schwartz [70] große Hoffnungen mit der Einführung von Computern zur medizinischen Entscheidungsunterstützung verbunden wurden, die sich in der raschen Entwicklung eindrucksvoller Forschungsprototypen Mitte der siebziger Jahre zu bestätigen schienen, zog Barnett [82] eine nüchternere Zwischenbilanz, wobei er das fast völlige Ausbleiben von Expertensystemen in der klinischen Praxis auf das Fehlen von „Weisheit und Allgemeinheit" zurückführt. Ein neuer Artikel von Schwartz et al. [87] bezieht wieder eine vorsichtig optimistische Stellung, die wir teilen:

„1970 prophezeite ein Artikel im New England Journal of Medicine [der oben zitierte Artikel von Schwartz 70], daß Computer im Jahre 2000 eine völlig neue Rolle in der Medizin spielen und die intellektuellen Möglichkeiten des Arztes beträchtlich erweitern können. Wie realistisch erscheint diese Vorhersage zur Halbzeit?

Es ist klar, daß das Verständnis der Entscheidungsfindung und die Implementierung experimenteller Programme, die zumindest Teile menschlichen Expertenwissens enthalten, weit vorangeschritten sind. Auf der anderen Seite ist es zunehmend offensichtlich geworden, daß größere wissenschaftliche und technische Probleme gelöst werden müssen, bevor wirklich zuverlässige Beratungsprogramme entwickelt werden können. Trotzdem ist es unter der Annahme kontinuierlicher Forschung immer noch möglich, daß im Jahr 2000 eine Fülle von Programmen verfügbar ist, die den Arzt wesentlich unterstützen. Es erscheint sehr unwahrscheinlich, daß dieses Ziel viel früher erreicht werden kann." [Schwartz 87, S. 688, Übers. d. Verf.].

19. Expertensysteme in der Technik

Technische Anwendungsgebiete unterscheiden sich von medizinischen grundlegend dadurch, daß von Menschen konstruierte statt von der Natur vorgegebene Systeme behandelt werden. Technische Bereiche sind daher im allgemeinen überschaubarer, vom Allgemeinwissen besser abgrenzbar und im Prinzip vollständig verstanden, was den Einsatz von Expertensystemen erheblich begünstigt. Auch die Datenerfassung ist weniger aufwendig als in der Medizin, da viele, oft sogar alle Basisdaten automatisch von Meßgeräten, Dateien oder Datenbanken eingelesen werden können.

Eine weitere vorteilhafte Rahmenbedingung ist die meist weit fortgeschrittene Arbeitsteilung mit wohldefinierten Schnittstellen. Das gilt nicht nur für die Planung und Produktion, sondern auch für die Diagnose. Wenn beispielsweise eine Rechenanlage ausfällt, wird eine Reihe von Beratungsstellen (vom Benutzer über das Rechenzentrum und den lokalen Kundendienst des Herstellers bis zum Entwicklungszentrum) aktiviert, wobei der Fall an die nächst höhere Stelle nur weitergegeben wird, wenn die niedrigere Instanz den Fehler nicht selbst beheben kann. Es ist leicht vorstellbar, daß ein Expertensystem, das vom Entwicklungszentrum gewartet wird, den Handlungsspielraum einer niedrigeren Beratungsstelle beträchtlich erweitern kann.

Die Existenz von Computern in vielen technischen Bereichen fördert ebenfalls den Einsatz von Expertensystemen, da ein beträchtlicher Teil der benötigten Infrastruktur schon vorhanden ist, und eine Kopplung verschiedener Programme meist einen überproportionalen Nutzeffekt hat. Allerdings ist es oft schwierig, dieses Potential wegen Kompatibilitätsproblemen der verschiedenen Hard- und Software auszuschöpfen.

Die wichtigsten Einsatzfelder technischer Expertensysteme sind derzeitig die heuristische Diagnostik und die Konfigurierung. Die Konfigurierung umfaßt vor allem das Zusammensetzen von komplexen Geräten aus Komponenten (z.B. Computer, Bildverarbeitungsgeräte oder Fertigungsanlagen). Zur Diagnostik gehören die Wartung und Reparaturdiagnostik von komplexen technischen Geräten im Einsatz (z.B. von Autos, Computern oder Kraftwerken), die Qualitätskontrolle während der Produktion (z.B. bei Motoren und Getrieben) und die Prozeßdiagnose und –überwachung von Fertigungsanlagen (z.B. bei der Herstellung von Kunststoffen, in Lackieranlagen oder bei der Leiterplattenfertigung). Die Anforderungen an geeignete Anwendungsgebiete zeigt Abb. 17.2. Wir erwähnen nochmal drei kritische Punkte:

- Einfache Symptomerfassung bei der Diagnostik bzw. feste (nicht aufhebbare) Anforderungen bei der Konfigurierung.
- Routinemäßige Lösbarkeit der Probleme durch Experten.
- Keine zu schnelle Wissensfluktuation (z.B. durch häufige Einführung neuer Modelle).

19.1   Fallbeispiele

Während es vor einigen Jahren noch sehr schwierig war, Literatur über Expertensysteme im Einsatz zu finden, hat sich die Situation inzwischen erheblich verbessert. Seit der ersten großen Konferenz über „Innovative Applications of Artificial Intelligence" [IAAI 89], in der dreißig ausgewählte, laufende Expertensysteme vorgestellt wurden, gibt es inzwischen häufiger Literatur über Expertensysteme im Einsatz, z.B. [Mertens 90], [Zarri 91]. Trotzdem würde man sich noch mehr Berichte und detailliertere Kosten-Nutzen-Abschätzungen wünschen. Vorbildlich in dieser Hinsicht sind die Publikationen über R1 (XCON), das das Vorzeigesystem für kommerziell erfolgreiche Expertensysteme ist. R1 ist in Kapitel 11.2 beschrieben. Die hier skizzierten Fallbeispiele beziehen sich auf Systeme im Einsatz, an denen wir beteiligt waren:

- SIUX (Siemens): Tuning von Datenbankanwendungen.
- IXMO (Mercedes Benz): Motorendiagnostik auf Prüfständen der Serienproduktion.
- DAX (Mercedes Benz): Getriebediagnostik in der Serienproduktion.
- EFFEKT (Merkel, Hamburg): Prozeßdiagnose bei der Fertigung von Elastomeren.

Während SIUX und IXMO seit ca. fünf Jahren routinemäßig eingesetzt werden, befindet sich DAX seit ca. einem Jahr im Einsatz und EFFEKT in fortgeschrittener Erprobung. IXMO und SIUX wurden mit der Diagnostik-Shell MED1 [Puppe 85] und DAX und EFFEKT mit MED2 (s. Kapitel 10.3.2) erstellt. Während die Wissensbasen von SIUX und IXMO durch einen fachfremden Wissensingenieur mit Hilfe von Experten aufgebaut wurden, wurden DAX und EFFEKT durch einen fachkundigen Wissensingenieur in Zusammenarbeit mit Experten entwickelt und sollen vom Fachpersonal selbst gewartet werden.

Da die zugrundeliegende Problemlösungsstrategie der Diagnostik in Kapitel 10 beschrieben ist, beschränken wir uns hier auf anwendungsbezogene Aspekte.

19.1.1   SIUX: Datenbanktuning

SIUX [Puppe 85, Dickmann 86, Nebendahl 87, Kap.8] hilft bei der Ursachenfindung zu langer Laufzeiten von Anwendungen der Datenbank UDS. Die Symptome sind allgemeine Angaben über den Kontext (z.B. Anlagetyp und Besonderheiten der Anwendung) und hauptsächlich Kenngrößen der Datenbankanwendung, die der UDS-Monitor liefert. Letztere werden automatisch eingelesen. Die Diagnosen bezeichnen Ursachen des schlechten Laufzeitverhaltens und gegebenenfalls Empfehlungen zur Verbesserung. Sie sind in drei Klassen aufgeteilt: Optimierung der Einstellung von Datenbankparametern, allgemeine Überlastung der Rechenanlage durch Fremdprogramme und Hinweise auf schlechtes Design der Datenbankanwendung. Obwohl SIUX auch von den Anwendern direkt genutzt werden kann, unterstützt es hauptsächlich UDS-Experten, die die Ergebnisse von SIUX in konkrete Empfehlungen für die Anwender umsetzen. Die Vorteile für die UDS-Experten sind eine Entlastung von Routinearbeit und eine Konservierung ihres Wissens, da sie viele Datenbankkonfigurationen betreuen müssen und die Erfahrungswerte bei selteneren Konfigurationen nicht immer präsent haben. Daher ist die Erklärungskomponente zur Plausibilitätskontrolle der Diagnosen besonders wichtig. Ein weiterer Einsatzmodus von SIUX ist die Ausbildung und Schulung. Da in diesem Fall die Kennwerte manuell eingegeben werden müssen, wurde SIUX um Konsistenzregeln erweitert, die unplausible Kombinationen von Eingabewerten abfangen.

Die Wissensbasis umfaßt 17 Diagnosen, ca. 40 Symptome und ca. 200 Regeln. Die diagnostische Vorgehensweise erfolgt in zwei Schritten: zunächst werden aus den Kenngrößen des Datenbankmonitors mittels arithmetischer Verknüpfungen diagnostisch aussagekräftige Parameter hergeleitet, und dann werden diese Parameter mit Erfahrungswissen bewertet. Ein Beispiel für den ersten Schritt der Datenvorverarbeitung ist die Berechnung des Verhältnisses von logischen zu physikalischen Lesezugriffen; ein Beispiel für den zweiten Schritt der diagnostischen Auswertung ist die Regel: wenn das obengenannte Verhältnis ungünstig ist, keine speziellen Verarbeitungsroutinen aktiv sind, die Paging-Rate kleiner als ein für die Rechenanlage spezifischer Wert ist und der Pufferparameter kleiner als der Maximalwert ist, dann soll die Diagnose „Puffer-Parameter unzureichend" etabliert werden.

SIUX wurde in dem für Expertensystemprojekte typischen Stil des Rapid Prototyping entwickelt. Die in wenigen Monaten erstellte erste Version wurde dann schrittweise im Rahmen der Verfügbarkeit des Expertenwissens ausgebaut. Das resultierte häufig in einer Verfeinerung von Regeln, z.B. wurden in die Regel „wenn die Anzahl DML pro Transaktion größer als ein Sollwert ist, dann existiert eine Langläufer-Transaktion" Fallunterscheidungen bezüglich spezieller Verarbeitungsroutinen eingebaut, für die unterschiedliche Sollwerte relevant sind. Die kontinuierliche Verfeinerung der Wissensbasis wurde durch die für Expertensysteme charakteristische und durch die von der Shell vorgegebene strikte Trennung von Problemlösungsstrategie und Wissensbasis wesentlich vereinfacht.

19.1.2   IXMO: Motorendiagnose

IXMO [Puppe 85, Ernst 88, 89] stellt Reparaturdiagnosen für fehlerhafte Motoren auf dem Prüfstand während der Serienproduktion. Die Symptome sind automatisch erhobene Meßwerte (z.B. Öldruck in verschiedenen Leistungsstufen der Motoren) und vom Prüfer erkannte subjektive Symptome (z.B. Geräusche oder Farbe der Abgase). Die Enddiagnosen sind defekte Bauteilgruppen oder Bauteile. Die von IXMO gestellten Diagnosen werden mit ihrer Begründung auf einem Reparaturformular für die räumlich vom Prüfstand getrennten Nacharbeiter ausgedruckt, die den Motor reparieren. Ziel des Einsatzes von IXMO ist die Verkürzung der Nacharbeitungszeit durch Stellen präziserer Diagnosen als bisher.

In IXMO sind sowohl Symptome als auch Diagnosen in einer strikten Verfeinerungshierarchie angeordnet. Je nach Genauigkeit der Symptome können entsprechend genaue Diagnosen gestellt werden, z.B. kommt beim allgemeinen Symptom „Laufeigenschaft nicht in Ordnung" die Funktionsgruppe „Verbrennung" als Diagnose in Betracht. Wenn die Laufeigenschaft als „Motor setzt aus" bzw. als „Motor setzt beim Beschleunigen aus" präzisiert werden kann, kann auch der Diagnoseverdacht auf die „Einspritzanlage" bzw. die „Einspritzpumpe" konkretisiert werden. IXMO enthält ca. 100 Symptome mit jeweils mehreren Ausprägungen und etwa 1200 Regeln.

Wichtig für den Einsatz von IXMO war eine einfache und kostengünstige Eingabe der gelegentlich auftretenden subjektiven Symptome im Prüfstand. Da nur ein einzeiliger Bildschirm als Eingabemedium zur Verfügung stand und daher Menü-Techniken nicht anwendbar waren, wurde ein numerischer Fehlercode für die Symptomeingabe entwickelt. Der Fehlercode reflektiert die Verfeinerungshierarchie der Symptome (und auch der Diagnosen und Befunde), indem allgemeine Konzepte nur durch die Anfangsstellen des Fehlercodes und Verfeinerungen durch Angabe zusätzlicher Stellen dargestellt werden (z.B. Verbrennung = 6, Einspritzanlage = 64, Einspritzpumpe = 642). Hierbei zeigte sich ein nützlicher Nebeneffekt der Einführung von Expertensystemen, nämlich die systematische Aufarbeitung der Terminologie des Anwendungsbereiches.

19.1.3   DAX: Echtzeit-Getriebediagnose

DAX [Mertens 88, Puppe 91] ist ein u.a. durch die Erfolge von IXMO (s.o.) inspiriertes Expertensystemprojekt, das die Qualitätskontrolle von Automatikgetrieben in der Serienproduktion unterstützt. Die Funktionsfähigkeit von Automatikgetrieben wird mit ca. 500 Drucktests der Getriebeplatte in verschiedenen Ventilstellungen und variierenden Druckvorgaben überprüft. Von den erlaubten Toleranzen abweichende Druckwerte können durch verschiedenartige Fehler bei jedem der ca. 220 Teile (Kolben, Ventile, Federn, Dichtungen, usw.) verursacht werden.

Die Eingabe für DAX sind automatisch erhobene Meßwerte, die über eine Prozeßrechnerkopplung übertragen werden, so daß kein Benutzerdialog erforderlich ist. Die Ausgabe zerfällt in drei Kategorien:

1. *In Ordnung*: Bei mimimalen Toleranzabweichungen kann das Getriebe trotzdem in Ordnung sein, da die vorgegebenen Toleranzen sehr eng sind. Als weitere Voraussetzung für diese Diagnose müssen gewisse Konstellationen von Meßwerten überprüft und ausgeschlossen werden.
2. *Nicht in Ordnung mit detaillierten Hinweisen auf die möglichen Ursachen*: Außer Diagnosen bezüglich des betroffenen Teils gibt DAX auch Hinweise auf die Art des Fehlers, z.B. in welcher Position ein Kolben sich verklemmt hat. Insgesamt unterscheidet es zwischen ca. 800 verschiedenen Ursachen.
3. *Nicht in Ordnung ohne weitere Hinweise*: Wenn DAX keine Diagnose der ersten oder zweiten Kategorie stellen kann, informiert es den Benutzer darüber mittels einer Nachricht, die einer Default-Diagnose zugeordnet ist, welche durch Etablierung einer beliebigen anderen Diagnose ausgeschlossen wird.

Für die Integration von DAX in die Einsatzumgebung war neben der Rechnerkopplung auch eine Zeitgrenze von ca. 30 Sekunden Verarbeitungszeit pro Fall vorgegeben, was bei einer Wissensbasis von ca. 3500 Regeln nicht einfach zu erreichen ist, zumal keine Spezialhardware, sondern ein Standard-PC eingesetzt werden sollte. Dazu wurden zum einen nicht alle, sondern nur die außerhalb der Toleranz liegenden Meßwerte an das Expertensystem übertragen (pro Fall sind das etwa 1 - 20 Meßwerte; wenn alle Meßwerte in Ordnung sind, wird DAX gar nicht konsultiert). Zum zweiten ist die zugrundeliegende Shell MED2 auf Diagnose-Probleme hin optimiert und überprüft nicht alle Regelvorbedingungen, sondern aufgrund der hypothetisch-deduktiven Kontrollstruktur und der Regelindexierung nur die für den Fall relevanten Regeln. Schließlich half der Effizienzgewinn einer neuen Prozessorgeneration der Hardware (von 80286 auf 80386) zur erforderlichen Performanz, die nun bei ca. 10 bis 15 Sekunden pro Fall liegt.

Um die Wartung von DAX zu vereinfachen, werden alle Fälle automatisch abgespeichert und Trefferstatistiken über auftretende Symptome, etablierte Diagnosen, gefeuerten Regeln und auch die Korrektheit der Ausgaben von DAX geführt, wobei letzteres erfordert, daß der Benutzer nach erfolgreicher Reparatur die tatsächliche Diagnose eingibt.

19.1.4   EFFEKT: Kunststoff-Prozeßdiagnose

EFFEKT [Nedeß 88, Plog 90] macht Vorschläge zur Behebung von Fehlern bei der Formgebung von Elastomeren (z.B. Gummidichtungen), vor allem beim Spritzgießen. Die Fertigungsfolge bei der Herstellung von Elastomeren gliedert sich in vier Phasen: die Mischungsherstellung aus Roh- oder Naturkautschuk und anderen Komponenten, die Rohlingsfertigung, die Formgebung durch Vulkanisieren und die Endbearbeitung. Die Formgebung ist dabei der komplexeste, aber auch am weitesten automatisierte Vorgang. Fehler bei der Formgebung sind leicht optisch zu erkennen, können aber vielfältige Ursachen haben, die sowohl in dem Spritzgießprozeß selbst als auch in vorgelagerten Prozessen liegen können. Die Behebung solcher Fehler erfordert häufig ein Ausprobieren verschiedener Korrekturmöglichkeiten. Das Expertensystem soll vor allem bei Abwesenheit von Experten, z.B. während der Nachtschicht, dem Bedienungspersonal ermöglichen, Korrekturmaßnahmen selbständig vorzunehmen, um ein Abschalten des Fertigungsprozesses zu vermeiden. Der Zweck liegt jedoch auch darin, dem Spritzgießexperten eine Gedächtnisstütze zu bieten, um das Übersehen von Kleinigkeiten zu verhindern.

Eine Besonderheit des Anwendungsgebietes ist das weitgehende Fehlen von Grundlagenwissen, da eine realitätsgetreue physikalische und chemische Beschreibung der Formgebung mit ihren verschiedenen ineinandergreifenden Teilphasen nicht möglich ist. Auch das Erfahrungswissen ist bisher kaum strukturiert. Daher bedeutet die Entwicklung eines Expertensystems gleichzeitig eine erste Aufbereitung des Wissens über das Anwendungsgebiet, weswegen die Erklärungsfähigkeit und die Änderungsfreundlichkeit des Expertensystemwerkzeuges besonders wichtige Voraussetzungen zur iterativen Entwicklung und zum Testen der Wissensbasis sind.

Die Eingabedaten von EFFEKT sind ca. 80 optisch erkennbare Symptome, die vom Bedienpersonal eingegeben werden, und Arbeitsplaninformationen wie Prozeßdaten (z.B. Drücke, Temperaturen), Fertigteildaten (mechanische und geometrische Eigenschaften) und Mischungs- und Werkzeugnummern, mit denen sich die allgemeinen Eigenschaften der Mischung bzw. des Werkzeugs aus einer Datenbank abrufen lassen. Die Enddiagnosen sind Vorschläge zur Fehlerbehebung, die sich auf die Maschine beziehen können (z.B. Werkzeugtemperatur oder Spritzgeschwindigkeit senken) oder auf schwerer korrigierbare Komponenten hindeuten (z.B. Mischung modifizieren). Zur Realisierung des Testens verschiedener Therapievorschläge muß das Expertensystem auch Folgesitzungen erfassen und die Änderung von Symptomen unter dem Einfluß von Therapiemaßnahmen bewerten.

Im Vergleich etwa zur Motorendiagnostik ist das Gebiet weit komplexer, da die Zuordnung von beobachtbaren Fehlern zu Ursachen vieldeutiger ist und deshalb anstelle einer hierarchischen Strukturierung des diagnostischen Mittelbaus eine echte Netzwerkstruktur erfordert.

19.2   Probleme

Obwohl der industrielle Einsatz von Expertensystemen für heuristische Diagnostik und Konfigurierung vom Stand der Technik her in breitem Umfang möglich wäre, sind die praktischen Schwierigkeiten bei der Einführung nicht zu unterschätzen.

Zu den Hauptproblemen technischer Expertensysteme gehört der schnelle Produktwechsel und die Typenvielfalt technischer Geräte und Prozesse: z.B. gibt es in dem Anwendungsgebiet von IXMO über fünfzig Motortypen, von denen bisher nur sehr wenige in der Wissensbasis berücksichtigt werden, die allerdings die Hälfte der Produktion ausmachen. Dadurch wird das ohnehin schon sehr schwierige Problem der Wartung und Pflege von Software weiter verschärft. So sind von den wenigen Expertensystemen, die in der BRD 1986 im Einsatz waren (s. Abb. 17.1), einige schon nach zwei Jahren wegen zu hoher Wartungskosten deaktiviert worden. Technische Ansätze zur Verbesserung kommen (1) von problemspezifischen, möglichst graphischen Wissenserwerbswerkzeugen zum direkten Wissenserwerb durch die Wissensträger, (2) von Wissenstransformationswerkzeugen, die aus kausalem Wissen und Wissen aus Falldatenbanken mit Hilfe der Wissensträger heuristisches Wissen generieren oder überprüfen, und (3) von fallvergleichenden und kausalen Problemlösungsstrategien, deren Wissen wesentlich leichter wartbar wäre. Auf der organisatorischen Seite müssen schon bei der Projektplanung dem Pflege- und Wartungsproblem viel mehr Aufmerksamkeit gewidmet und insbesondere klare Verantwortlichkeiten definiert werden. So könnten z.B. ein oder zwei Fachleute, die durch das Expertensystem entlastet werden sollen, zur Pflege und Wartung des Expertensystems geschult und in erforderlichem Umfang freigestellt werden.

Eine andere Schwierigkeit ist die Integration der Expertensystem-Hard- und Software in die im Unternehmen existierende Umgebung. Dieses Problem verringert sich allerdings mit zunehmender Verbreitung von Expertensystemen. Während noch vor wenigen Jahren Expertensystemwerkzeuge nur für spezielle Hard- und Software verfügbar und damit von anderen Programmen isoliert waren, laufen die heutigen Werkzeuge auf „normaler" Hardware und auch auf kleineren Rechnern (PCs). Entsprechend sind Expertensystemwerkzeuge für alle gängigen Programmierumgebungen verfügbar, und haben vor allem meist offene Schnittstellen, so daß auch Programmkopplungen mit vertretbarem Aufwand zu bewerkstelligen sind.

Ein von der Industrie oft geforderter Standard bei Expertensystemwerkzeugen wird sich jedoch in naher Zukunft kaum realisieren lassen, da sich die Technologie noch zu schnell weiterentwickelt.

19.3   Zusammenfassung

Expertensysteme sind in geeigneten technischen Gebieten einsetzbar, vor allem für heuristische Diagnostik und Konfigurierung. Günstige Rahmenbedingungen sind eine automatische Datenerfassung und eine routinemäßige Lösbarkeit der Probleme durch Experten. Das Hauptproblem ist die im Vergleich zur konventionellen Software sehr aufwendige Wartung und die Notwendigkeit der ständigen Anpassung der Wissensbasis an neue Anforderungen (z.B. Änderungen des Produktes oder des Produktangebotes).

Teil VI

Kritik und Ausblick

20. Wechselwirkungen mit anderen Bereichen

Die Faszination, die von Expertensystemen ausgeht, ist wohl auch auf ihre Vielfältigkeit und ihre fruchtbaren Wechselwirkungen mit anderen Disziplinen zurückzuführen: ein erfolgreiches Expertensystem integriert Wissen aus dem Anwendungsbereich, der kognitiven Psychologie, fast allen Bereichen der künstlichen Intelligenz und vielen anderen Teilgebieten der Informatik. Man kann die Expertensystemtechnologie („Knowledge Engineering") auch als eine Erweiterung von Datenbanken („Data Engineering") um Inferenzmöglichkeiten und von „Software Engineering" um die Behandlung schlecht spezifizierbarer Probleme betrachten.

20.1 Künstliche Intelligenz

Expertensysteme sind derzeitig der bedeutendste Anwendungsbereich der künstlichen Intelligenz. Ihre Attraktivität läßt sich jedoch durch Kopplung mit anderen Anwendungsbereichen der künstlichen Intelligenz wesentlich steigern.

• Zu der *Verarbeitung natürlicher Sprache* bestehen Beziehungen auf drei Ebenen:
  (1) Die Funktionalität von Expertensystemen kann durch eine natürlichsprachliche Dialogschnittstelle verbessert werden, wobei jedoch die in Kapitel 15 angegebenen Vorbehalte wie eine Verlangsamung der Eingabegeschwindigkeit berücksichtigt werden sollten. Die Realisierung guter textverstehender Systeme ist außerdem sehr aufwendig, da sie meist wesentlich mehr Allgemeinwissen als Expertensysteme benötigen. Am attraktivsten ist daher eine natürlichsprachliche Ausgabe von Erklärungen und Ergebnisprotokollen, wie sie in einigen Expertensystemen (z.B. MYCIN, ABEL) zumindest teilweise realisiert ist.
  (2) Da sowohl Expertensysteme als auch sprachverstehende Systeme viel anwendungsspezifisches Wissen benötigen, sind die Basiswissensrepräsentationen (Kapitel 3 – 9) für beide Bereiche relevant. Insbesondere framebasierte Formalismen wie KL-ONE sind in der Sprachverarbeitung weit verbreitet. Die Themen Partnermodellierung zum Anpassen von Erklärungen an das Vorwissen des Benutzers (Kapitel 14) und die Kombination von Texteingabe und Zeigen (Kapitel 15) sind Schwerpunkte der Forschung über natürlichsprachliche Systeme. Auch lassen sich Techniken zur Verwaltung größerer System übertragen, wie die Blackboard-Architektur [Hayes-Roth 85] zur Koordination verschiedener Wissensquellen, die sich in dem gesprochene Sprache verstehenden System HEARSAY II [Erman 80] und in anderen Expertensystemen (z.B. HASP/SIAP [Nii 82]) bewährt hat.

(3) Schließlich kann man die natürliche Sprache auch direkt als Wissensrepräsentation in Expertensystemen verwenden. Ein Beispiel ist das Expertensystemwerkzeug ROSIE (in [Barstow 83]), dessen Regeln in einer stilisierten natürlichsprachlichen Form dargestellt sind. Allerdings ist die Entwicklung einer allgemeinen Inferenzkomponente für die natürliche Sprache derzeit utopisch.

- Auch *bildverarbeitende Systeme* können die Funktionalität von Expertensystemen verbessern, da die Unfähigkeit zu sehen und die daraus resultierende Notwendigkeit einer langwierigen verbalen Eingabe bildhafter Informationen das Einsatzspektrum vieler Expertensysteme erheblich beschränkt. Perspektiven böten die Auswertung bildgebender Verfahren in der Medizin und Technik, z.B. Röntgen, Computertomographie, Kernspinnresonanzverfahren, usw. Umgekehrt könnten Expertensysteme, z.B. Diagnostiksysteme, zur Objekterkennung bei der Bildinterpretation benutzt werden.

- In der *Robotik* können Expertensysteme für viele Teilaufgaben, z.B. Diagnose und Planung, eingesetzt werden.

- Wie nützlich allgemeine Techniken von *Deduktionssystemen* für Expertensysteme sind, ist noch unklar. Während Expertensysteme typischerweise in Anwendungsbereichen mit viel vagem und redundantem Wissen operieren und die Inferenzketten relativ kurz sind, liegt dem typischen Anwendungsgebiet von Deduktionssystemen, dem Theorembeweisen, wenig, aber exaktes und nicht-redundantes Wissen zugrunde, das in langen und komplizierten Ableitungen ausgewertet werden muß. So spielen z.B. die beim Theorembeweisen zentralen Techniken der Resolution und Unifikation in Expertensystemen kaum eine Rolle. Eine wichtige Ausnahme sind allgemeine Planungsprobleme, bei denen man den Zielzustand als zu beweisendes Theorem betrachten kann. Umgekehrt können Expertensystemtechniken helfen, die Vorgehensweise beim Beweisen zu steuern, z.B. Diagnosetechniken zur Auswahl von relevanten Axiomen für einen Beweis oder heuristische Konstruktionstechniken wie das Skelett-Konstruieren zur Grobstrukturierung des Beweises.

20.2 Kognitive Psychologie

Psychologische Studien können eine wichtige Orientierungshilfe bei der Entwicklung von Problemlösungsprogrammen für komplexe Aufgaben sein [Ringle 83]. Psychologische Erkenntnisse können zum einen beitragen, Sackgassen wie z.B. die Entwicklung von nicht ausbaufähigen Problemlösungsansätzen zu vermeiden, und zum anderen bei der Evaluation helfen, indem das Verhalten des Expertensystems schrittweise mit dem Problemlösungsverhalten von Menschen verglichen wird. Eine Ähnlichkeit der jeweiligen Problemlösungsmethoden begünstigt darüber hinaus den Wissenserwerb und die Transparenz des Programmes. Beispiele für fruchtbare Wechselwirkungen sind die Benutzung von Produktionsregeln zur kognitiven Modellierung [Newell 72] und die Berücksichtigung von Studien des medizinischen Problemlösens bei der Entwicklung von Diagnostik-Expertensystemen [Kassirer 82].

20.3   Datenbanken

Während Expertensysteme sich bisher durch komplexe Wissensrepräsentationen, umfassende Inferenzmöglichkeiten und relativ kleine Wissensbasen (maximale Größenordnung einige Megabyte) auszeichnen, haben Datenbanken gerade umgekehrte Eigenschaften, nämlich große Datenbestände bis zu mehreren Gigabyte, einfache Datentypen und geringe Inferenzmöglichkeiten. Die Kopplung der attraktiven Eigenschaften von Datenbanken – wie z.B. effiziente Sekundärspeicherverwaltung, Datensicherheit, Mehrbenutzerbetrieb und Zugriff auf existierende Datenbestände – mit den Möglichkeiten, die Expertensysteme bieten, ist daher ein vielbeachtetes neues Forschungsgebiet unter den Schlagwörtern Expert Data Base Systems oder Knowledge Base Management Systems [Vassiliou 85, Schmidt 88, Mylopoulus 89]. Die wichtigsten Ansätze sind:

- Erweiterung von Datenbanken um Inferenzmöglichkeiten zu sog. deduktiven bzw. objektorientierten Datenbanken (z.B. [Wiederhold 84, Stonebraker 86, Mattos 89, Atkinson 89]). Solche "Non-Standard-Datenbanken" wie GEMSTONE, GOM bzw. KRISYS haben letztlich die Funktionalität von alllgemeinen Programmierumgebungen bzw. Expertensystemwerkzeugen. Aber auch für die konventionelle Nutzung von Datenbanken ergeben sich Vorteile durch begrenzte Inferenzmöglichkeiten: So kann man z.B. vermeiden, Daten redundant zu speichern, was bei den Vererbungshierarchien von Frames und bei der Datenvorverarbeitung der Diagnostik illustriert wird. Weiterhin kann man kürzere Antworten auf Datenbankanfragen durch Abstraktion generieren: so könnte die Frage nach Angestellten mit einem Gehalt > 100.000 DM anstatt durch eine Liste von 100 Namen auch durch „alle Abteilungsleiter" beantwortet werden. Ebenfalls kann man durch zusätzliches Wissen die Bearbeitung von Datenbankanfragen optimieren, indem eine Anfrage in eine semantisch äquivalente, jedoch effizienter bearbeitbare Anfrage umgewandelt wird.
- Verwaltung der Wissens- und Datenbasis eines Expertensystems oder eines PROLOG-Programms in einer Datenbank (z.B. [Appelrath 85, Härder 86). Damit sollen vor allem die Hauptspeicheranforderungen von Expertensystemen gesenkt werden. Da wegen der Fortschritte in der Hardwaretechnologie ein großer Kernspeicher von vier Megabyte und mehr mit effizienter Adressierung sehr billig zu bekommen ist, besteht ein echter Bedarf nach einer Auslagerung erst bei einer Wissensbasis, die größer als der Kernspeicher ist. Sie sollte dann so strukturiert sein, daß stark vernetzte Teile vom Hauptspeicher als Ganzes ein- und ausgelagert werden können. Das gilt insbesondere, wenn große Teile der Wissensbasis aus einfachem Faktenwissen bestehen (wie z.B. bei R1), welches auch aus Gründen einer strukturierten Wissensrepräsentation von dem inferentiellen Teil der Wissensbasis getrennt werden sollte.

20.4 Software Engineering

Das Ziel des Software Engineering [Hesse 81] ist ebenso wie bei Expertensystemen die strukturierte Entwicklung von Programmen. Es scheint jedoch so zu sein (vgl. [Partridge 86]), daß komplexe Expertensystementwicklungen einem anderen Paradigma als dem des klassischen Software Engineering [Dijkstra 76, Gries 81] unterliegen. Letzteres basiert auf dem Vorhandensein einer präzisen Spezifikation des zu lösenden Problems, mit der die Implementierung validiert und zumindest im Prinzip ihre Korrektheit bewiesen werden kann. Schlecht spezifizierbare Probleme sollen solange nicht bearbeitet werden, bis eine klare Spezifikation existiert. Die Anwendungsbereiche von Expertensystemen, wie übrigens auch von komplexen konventionellen Programmen, zeichnen sich jedoch gerade durch das Fehlen einer knappen Spezifikation aus (Beispiel: Wie kann man für ein Diagnostik-Expertensystem den Zusammenhang zwischen Symptomen und Diagnosen außer durch den Aufbau einer Wissensbasis spezifizieren?). Darüberhinaus ändern sich die Anforderungen häufig während der Entwicklung und Wartung von Expertensystemen. Korrektheit muß daher durch mehr oder weniger vage Minimalanforderungen ersetzt werden (das Expertensystem darf keine groben Fehler machen) und durch Flexibilität ergänzt werden (ein Expertensystem muß änderungsfreundlich sein). Aber auch diese Konzepte lassen sich oft kaum formal beschreiben, z.B. kann man bei vielen Diagnostik-Expertensystemen auch Minimalanforderungen nicht exakt spezifizieren.

Darüberhinaus ist die Validierung eines Programms im Hinblick auf seine Spezifikation nur sinnvoll, wenn die Programmiersprache implementationsspezifische Details enthält, die auf der abstrakten Ebene der Spezifikation unnötig sind, da ansonsten Spezifikation und Programm identisch wären. Durch die Benutzung höherer, problemnäherer Programmiersprachen (von ASSEMBLER über FORTRAN und PASCAL zu LISP und PROLOG) wird jedoch diese Differenz immer geringer. Mit der Entwicklung von Expertensystem-Shells, die man als sehr problemnahe Programmiersprachen betrachten kann, wird der Unterschied zwischen Spezifikation und Implementierung sogar weitgehend aufgehoben: gute Shells passen sich an die Fachterminologie des Anwendungsbereichs an und erfordern kaum noch die Angabe implementationsspezifischer Details in der Wissensbasis. Das heißt natürlich nicht, daß Kontrollwissen fehlt, sondern daß es deklarativ repräsentiert wird, da bei Problemen mit exponentieller Komplexität das Kontrollwissen ebenso wie das Fachwissen notwendiger Bestandteil einer Lösung ist. Natürlich ist es auch möglich, daß zunächst diffus erscheinende Problembereiche durch die Erfahrungen mit schnellen Prototypen präzisiert und knapp spezifiziert werden können, so daß ein Übergang zu Methoden des Software Engineering möglich wird.

Den unterschiedlichen Ansatz von Software-Engineering- und Expertensystemen-Methoden verdeutlicht Abb. 20.1. Während Software-Engineering-Methoden versuchen, das Wissen des Programmierers (z.B. über die Implementierung eines Stacks als Array mit Zeiger, über die Umwandlung der Endrekursion in Iteration, usw.) zu modellieren, versuchen problembezogene Expertensystem-Werkzeuge, das Wissen des System-Analytikers (z.B. über Problemlösungsstrategien und Wissensrepräsentationskonzepte) in ihrem Bereich abzubilden.

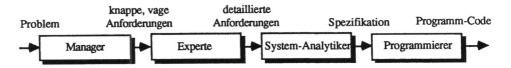

Abb. 20.1   An der Entwicklung eines Programms beteiligte Gruppen (nach [Rich 87, Abb. 2]).
Während Software-Engineering-Methoden das Wissen des Programmieres formalisieren, modellieren
problemorientierte Expertensystemwerkzeuge das Wissen des System-Analytikers.

20.5   Anwendungsbereiche

Den größten Einfluß haben Expertensysteme auf sog. diffuse Anwendungsbereiche,
die sich mit den bisherigen, meist mathematischen Formalisierungsmethoden schlecht
beschreiben lassen. Gegenüber Lehrbüchern haben Expertensysteme den großen
Vorteil, daß das Wissen empirisch getestet werden kann, was eine theoretische Durch-
dringung sehr begünstigt. Beispielprojekte, bei denen bekannte Experten ihres Fach-
gebietes Expertensysteme als Beschreibungsmittel ihres Wissens benutzt haben, sind
INTERNIST, das Wissen des Internisten Prof. Myers enthält, und MOLGEN, dessen
Wissensbasis von den Molekularbiologie-Experten der Stanford University Kedes,
Brutlag und Sninsky aufgebaut wurde. In beiden Fällen haben die Experten ihr Wissen direkt in den Computer eingegeben, so wie sie beim Schreiben von Büchern
wahrscheinlich mit einem Textsystem gearbeitet hätten. Selbst wenn man berücksichtigt, daß sich Teile des Fachwissens ebensowenig in Expertensystemen wie in
Büchern formalisieren lassen (s. Kapitel 21), dürften Expertensysteme die
theoretische Ausbildung in diffusen Bereichen signifikant verbessern, da das
formalisierte Wissen einer weit besseren Kritik unterzogen werden kann, als es bei
Büchern möglich ist.

Umgekehrt ist die Entwicklung von Expertensystemen ohne engen Kontakt mit
Anwendungen kaum denkbar. Es ist daher kein Zufall, daß die erste Hochburg der
Expertensystementwicklung, die Stanford University, besonders gute räumliche und
personelle Voraussetzungen für Wechselwirkungen zwischen der Informatik und den
Anwendungsbereichen bietet.

21. Grenzen von Expertensystemen

Da eine realistische Einschätzung von Expertensystemen sehr schwierig ist, werden ihre Möglichkeiten sowohl erheblich unter- als auch überbewertet. Während sich die untere Grenze durch das Studium der im Einsatz befindlichen Systeme abschätzen läßt (vgl. Kapitel 18.3 und 19.1), versucht dieses Kapitel eine Abschätzung der oberen Grenze. Es beruht hauptsächlich auf den kritischen Analysen der Künstlichen Intelligenz von den Brüdern Dreyfus [86] und Winograd & Flores [Winograd 86].

Die zentrale Argumentation von Dreyfus & Dreyfus besteht aus folgenden Schritten:

1. Zur Expertise gehört sowohl Wissen („Know-That") als auch Können („Know-How").
2. Es gibt einen prinzipiellen Unterschied in der Darstellung von Wissen und Können.
3. Mit derzeitigen Expertensystemen kann nur Wissen repräsentiert werden.
4. Deswegen können derzeitige Expertensysteme prinzipiell nicht die Problemlösungsfähigkeiten von Experten simulieren.

Die Gegenposition besteht in der Annahme, daß Können unbewußtes Wissen ist und mit den gleichen Techniken repräsentiert werden kann. Mit dem derzeitigen Wissensstand läßt sich keine der beiden Positionen beweisen, sondern nur durch plausible Argumente stützen. Gegen Dreyfus & Dreyfus wird eingewendet:

1. Es gibt bereits Expertensysteme, die in Evaluationen gezeigt haben, daß ihre Problemlösungsfähigkeit mit der von menschlichen Experten gleichwertig ist.
2. Es gibt keine Alternativen zu der Annahme, daß die Fähigkeiten von Experten auf bewußtem oder unbewußtem symbolischem Wissen beruhen, das mit derzeitigen Expertensystemen zumindest im Prinzip simuliert werden kann.

Das erste Argument ist nicht haltbar, wenn man eine für menschliche Experten typische Breite des Anwendungsgebietes für relevant hält. Es ist bekannt, daß Computer in beliebig kleinen Teilgebieten bessere Leistungen als Menschen erbringen können, was auch schon vor dem Einsatz von Expertensystemen in der Praxis klar war: ein Beispiel ist das auf dem Theorem von Bayes beruhende hochspezialisierte Programm zur Differentialdiagnose akuter Bauchschmerzen von de Dombal (s. Kapitel 18.1). Die häufig als Argument angeführte Evaluation von MYCIN bezieht sich ebenfalls auf eine so hochspezialisierte Anwendung, daß sie in der Praxis keinen Nutzen hat (s. Kapitel 18.1). Auch die Problemlösungsfähigkeit anderer bekannter Expertensysteme wie DENDRAL, R1, PROSPECTOR, INTERNIST und PUFF läßt sich nicht mit der von Experten vergleichen [Dreyfus 86, Kapitel 4].

Zur Entkräftung der zweiten Gegenthese der fehlenden Alternativen führen Dreyfus &
Dreyfus folgende Argumente an:

1. Menschen entwickeln sich vom Anfänger zum Experten, indem sie zunächst die
   gelernten Regeln befolgen, aber mit zunehmender Erfahrung „holistisch" Probleme
   lösen und behandeln.
2. Es gibt „holistische" Modelle der Informationsverarbeitung (z.B. auf der Basis
   von Hologrammen), die – auch wenn ihre Funktionsweise noch nicht verstanden
   wird – zumindest prinzipiell zeigen, daß Problemlösen ohne symbolische
   Wissensverarbeitung möglich ist.
3. Experten sind oft unfähig, ihr Wissen zu beschreiben. Diese Beobachtung läßt sich
   sehr einfach dadurch erklären, daß Experten Probleme oft holistisch ohne Benutzung von symbolischem Wissen lösen. Bei der Annahme einer symbolischen Wissensverarbeitung ist die Erklärung viel komplizierter: man postuliert, daß die
   Experten ihre Regeln „kompiliert" hätten und sie sich nicht mehr bewußt machen
   können.

In den folgenden Unterkapiteln werden die Entwicklung vom Anfänger zum Experten,
die holistische Informationsverarbeitung, das Problem des Allgemeinwissens und die
philosophische Basis der Grundannahmen der Künstlichen Intelligenz diskutiert.

21.1 5-Stufen-Modell vom Anfänger zum Experten

Nach dem Modell in [Dreyfus 86, Kapitel 1] durchlaufen Anfänger mindestens fünf
charakteristische Stadien auf dem Weg zum Experten, wenn sie mit gelehrtem oder
gelesenem „Schulbuchwissen" anfangen. Während Dreyfus & Dreyfus zahlreiche
Beispiele aus verschiedenen Gebieten zur Illustration ihres Modells verwenden,
beschränken wir uns hier auf die Beispiele Schachspielen und Autofahren.

Stufe 1:   Der Anfänger startet mit kontextfreien Merkmalen und Regeln für
                 sein Verhalten, z.B. der Punktebewertung von Schachfiguren und
                 Regeln wie „beim Figurentausch darf der Punktwert der eigenen
                 verlorenen Figuren nicht größer sein als der vom Gegner". Eine
                 entsprechende Regel beim Autofahren ist: „Schalte bei 20, 40 bzw.
                 60 km/h in den jeweils nächsten Gang."

Stufe 2:   Der fortgeschrittene Anfänger operiert gleichfalls mit solchen
                 kontextfreien Regeln, kann aber jetzt auch auf situationsabhängige
                 Merkmale Bezug nehmen, die er aufgrund seiner Erfahrung
                 wiedererkennt. Beim Schach wären das z.B. eine schwache
                 Königsstellung, ein schlechter Läufer oder starke bzw. schwache
                 Felder und beim Autofahren z.B. die Motorengeräusche, bei denen
                 ein neuer Gang eingelegt werden sollte.

Stufe 3:   Die nächste Stufe – das Kompetenzniveau – wird notwendig, wenn
                 die Anzahl der Merkmale und zugehörigen Regeln überwältigend
                 groß und teilweise auch widersprüchlich wird und deswegen
                 strukturiert werden muß. Dazu werden globale Ziele ausgewählt

und überwiegend nur die Merkmale und Regeln berücksichtigt, die zur Erreichung der Ziele dienen. Ein kompetenter Schachspieler kann sich dafür entscheiden, daß er einen Königsangriff führen, ein Endspiel „Springer gegen schlechten Läufer" anstreben oder ein für ihn starkes Feld mit einer Figur besetzen will. Er macht sich dann einen Plan zur Erreichung des gewählten Zieles und ignoriert Regeln und Merkmale, die für die Erreichung anderer Ziele relevant wären. Ein Autofahrer, der es sehr eilig hat, wählt seine Fahrstrecke nach minimaler Verkehrsdichte und Entfernung unter Vernachlässigung der Schönheit der Landschaft und ignoriert bei seinem Fahrstil möglicherweise früher gelernte Regeln.

Stufe 4 und 5: Die nächsten beiden Stufen des Meisters und Experten zeichnen sich durch ein „intuitives", ganzheitliches Verständnis anstelle eines analytischen, bewußten Vorgehens auf dem Kompetenzniveau aus. Ein Schachmeister z.B. „sieht" den richtigen Zug, ohne daß er die Stellung analysieren muß.

Das ganzheitliche Verstehen und Handeln des Experten entspricht dem Erkennen situationsabhängiger Merkmale beim fortgeschrittenen Anfänger, bezieht sich jetzt aber auf die ganze Situation anstatt auf einzelne Merkmale. Es setzt genügend Erfahrung früherer Situationen voraus, d.h. der Experte muß zu einer neuen Situation hinreichend viele ähnliche Situationen kennen. Evidenz für die Hypothese einer ganzheitlichen holistischen Informationsverarbeitung ist z.B. die Tatsache, daß die Spielstärke sehr guter Schachspieler beim Blitzschach (Begrenzung auf fünf Minuten Bedenkzeit pro Spieler für die ganze Partie) kaum schlechter ist als beim normalen Spiel. Dreyfus & Dreyfus berichten von einem Experiment, bei dem sie einen internationalen Schachmeister während solcher Blitzschachpartien ständig Zahlen addieren ließen, um sein Bewußtsein abzulenken, und auch dieses zusätzliche Handicap hat seine Spielstärke kaum beeinflußt. Die Ergebnisse erscheinen weniger verwunderlich, wenn man sie mit der menschlichen Fähigkeit vergleicht, Gesichter mühelos wiederzuerkennen. Die Anzahl der Stellungstypen, die ein Schachgroßmeister kennt, wird auf etwa 50.000 geschätzt. Ähnliches gilt wahrscheinlich für den Politiker beim Erkennen von Personen und für den erfahrenen Autofahrer. Letzterer kann beim Fahren mit seinem Autos so vertraut werden wie ein Mensch mit seinem Körper.

Während Meister und Experte Situationen ganzheitlich verstehen, unterscheiden sich die beiden Stufen dadurch, daß der Experte auch intuitiv handelt, während der Meister seine Handlungen durch bewußtes Überlegen plant.

Wenn dieses Modell zutrifft, ergeben sich zwei Konsequenzen für die derzeitige Expertensystemtechnologie:

1. Expertensysteme können über das Kompetenzniveau nicht hinauskommen.
2. Experten müssen auf ihre früher durchlaufenen Stufen zurückfallen, wenn sie ihr Wissen für das Expertensystem (oder für Ausbildungs- und Lehrzwecke) formalisieren.

Eine Zusammenfassung des 5-Stufen-Modells zeigt Abb. 21.1.

Stufe	Komponenten	Verständnis der Situation	Art der Entscheidungsfindung	innere Einstellung
Anfänger	kontextfrei	keines	analytisch	distanziert
fortgeschrittener Anfänger	kontextfrei und situationsbezogen	keines	analytisch	distanziert
Kompetenzniveau	kontextfrei und situationsbezogen	analytisch, bewußt gewählt	analytisch	distanziertes Verstehen und Entscheiden, involviert im Ergebnis
Meister	kontextfrei und situationsbezogen	aus Erfahrung	analytisch	distanziert im Entscheiden, involviert im Verstehen
Experte	kontextfrei und situationsbezogen	aus Erfahrung	intuitiv	involviert

Abb. 21.1   5-Stufen-Modell des Wissenserwerbs (nach [Dreyfus 86, Tabelle 1.1])

21.2   Holistische Informationsverarbeitung

Das 5-Stufen-Modell deutet darauf hin, *daß* es eine sehr leistungsfähige holistische Informationsverarbeitung bei Experten gibt, ohne anzudeuten, *wie* diese funktionieren könnte, was noch völlig unbekannt ist. In [Dreyfus 86, Kapitel 2] werden jedoch interessante Phänomene bei Hologrammen beschrieben, die Hinweise für eine holistische Informationsverarbeitung geben könnten. Ein normales Hologramm einer Szene wird durch zwei Laserstrahlen erzeugt, wovon der eine von der Szene reflektiert wird und der andere direkt auf den Film gerichtet wird. Das Ergebnis ist ein verschwommenes Interferenzmuster auf einer Platte. Wenn jedoch ein Laserstrahl darauf gerichtet wird, erscheint die Szene dreidimensional, so daß der Betrachter von verschiedenen Standpunkten verschiedene Aspekte der Szene sehen kann. Eigenschaften von Hologrammen sind:

- Hologramme sind holistisch in dem Sinne, daß jedes Teil eines Hologramms die vollständige Szene enthält. Je kleiner das Teil, desto verschwommener ist die Szene, aber es fehlt kein Aspekt.
- Hologramme können als Assoziativspeicher benutzt werden. Wenn auf einem Hologramm zwei Szenen überlagert werden, erscheint bei Beleuchtung des Hologramms mit Licht der einen Szene ein Bild der anderen Szene.
- Hologramme ermöglichen eine einfache Feststellung von Ähnlichkeiten ohne Benutzung einer symbolischen Repräsentation. Wenn man das Licht von zwei Hologrammen überlagert, wovon das eine Hologramm eine Szene, z.B. diese Buchseite, und das andere Hologramm ein Merkmal, z.B. den Buchstaben F, enthält, ist das Ergebnis ein schwarzes Feld mit hellen Punkten an allen Stellen, wo das Merkmal in der Szene vorkommt, also bei allen Buchstaben F auf dieser Seite. Dieses Verfahren würde auch bei handschriftlichen Texten funktionieren, wobei der Grad der Helligkeit von der Ähnlichkeit des Merkmals mit den entsprechenden Teilen der Szene abhängt.

Obwohl Aussagen darüber, ob das menschliche Gehirn holographisch funktioniert, reine Spekulationen sind, sind die Parallelen auffällig. Insbesondere das holographische Erkennen von Ähnlichkeiten gibt einen Hinweis, wie Meister und Experten holistisch Situationen vergleichen können, ohne sie bewußt oder unbewußt analysieren zu müssen.

21.3 Allgemeinwissen

Nach der Argumentation von Dreyfus & Dreyfus stellt die Unfähigkeit zur holistischen Informationsverarbeitung eine Grenze von Expertensystemen dar, die über Kompetenzniveau nicht hinauskommen können und auch dabei auf die Eingabe situationsbezogener Merkmale durch den Menschen angewiesen ist. Eine andere Grenze ist das Fehlen von Allgemeinwissen. Bei dem Problem, das Allgemeinwissen von Menschen zu erwerben und effizient auszuwerten, hat die Künstliche Intelligenz nach [Dreyfus 86, Kapitel 3] bisher noch keine nennenswerten Fortschritte erzielt, sondern nach den frühen Phasen der „kognitiven Simulation" (1960-1965), der „semantischen Informationsverarbeitung" (1965-1970) und der nicht erweiterbaren „Spielzeug-Welten" (1970-1975) gerade erst dessen Bedeutung erkannt. Obwohl sich Expertensysteme dadurch auszeichnen, daß sie Allgemeinwissen durch Beschränkung auf ein Spezialgebiet ausklammern, wird ihre Nützlichkeit durch den daraus resultierenden Kliff-und-Plateau-Effekt wesentlich beeinträchtigt. Ausgereifte Expertensysteme können zwar Probleme in ihrem Kernbereich gut lösen, ihre Leistungsfähigkeit fällt jedoch in Randgebieten schroff ab, was für menschliche Experten nicht zutrifft. Der Unterschied besteht darin, daß Experten auf viele Schichten von zunehmend allgemeinerem Wissen und Erfahrungen zurückgreifen können, wenn ihr Spezialwissen nicht ausreicht, wozu Expertensysteme eben nicht in der Lage sind.

Obwohl der Kliff-und-Plateau-Effekt z.B. durch das in Kapitel 10.5 vorgeschlagene
Modell der Integration verschiedener Wissensarten für die Diagnostik gemildert werden kann, bleibt das grundsätzliche Problem bestehen, da es nicht primär in der
Verwendung verschiedener Problemlösungsstrategien und Wissensrepräsentationen
besteht, sondern in der riesigen Menge des notwendigen Wissens.

21.4   Philosophischer Hintergrund

Während Dreyfus & Dreyfus eher praktische Grenzen von Expertensystemen und der
Künstlichen Intelligenz aufzeigen, beschäftigen sich Winograd & Flores [86] primär
mit den philosophischen Grundlagen. Insbesondere betonen sie die Bedeutung von
Hintergrundwissen (Vorverständnis), ohne das ein Verstehen der Welt unmöglich ist.
Dieses Hintergrundwissen entspricht nicht dem „Wissen" der Künstlichen Intelligenz,
sondern entspringt dem Dasein des Menschen in der Welt und den damit verbundenen
Bedürfnissen, Erfahrungen und Fertigkeiten. Alle Modelle, die sich Menschen von
der Welt machen, sind ohne Hintergrundwissen bedeutungslos. Damit stellen
Winograd & Flores der „rationalistischen Orientierung", die der Künstlichen Intelli-
genz zugrundeliegt, eine „antirationalistische Orientierung" (Abb. 21.2) gegenüber.

rationalistische Orientierung	antirationalistische Orientierung
Es gibt eine objektive Welt von Objekten, Eigenschaften und Beziehungen untereinander.	Wir können nicht über eine objektiveWelt reden, sondern sind immer mit Interpretationen vor dem Hintergrund unseres Vorverständnisses beschäftigt.
Kognitive Wesen sammeln Informationen über die Objekte und bilden ein mentales Modell, das teils korrekt, teils inkorrekt ist.	Wir beziehen uns auf die Welt nicht primär mittels einer formalen Repräsentation, sondern durch praktischen Gebrauch. Wissen liegt im Dasein in der Welt
Wissen ist ein Warenlager von Einzelkennt- nissen das beim Schlußfolgern benutzt wird und das in Sprache übersetzt werden kann.	Objekte tauchen aus Zusammenbrüchen (break-downs) auf, wenn etwas nicht so wie vorgesehen funktioniert. Erst dann bilden wir ein mentales Modell, das nicht objektiv gültig ist, sondern sich aus dem Vorverständnis und aus der Art des Zusammenbruches ergibt.

Abb. 21.2   Grundlagen der rationalistischen und antirationalistischen Orientierung

Aus der antirationalistischen Orientierung folgt u.a., daß die Begrenzung von Programmen durch den vom Programmierer festgelegten Weltausschnitt von Objekten,
Eigenschaften und Beziehungen untereinander sehr schwerwiegend ist. Während der

Programmierer auf nicht vorhergesehene Zusammenbrüche wegen seines Hinter-
grundwissens flexibel reagieren kann, beinhaltet das Programm die mit einer Festlegung verbundene Blindheit.

Da Winograd und Flores von vielen als selbstverständlich betrachtete Grundannahmen in Frage stellen, ist es in mehr als dem üblichen Maß unmöglich, ihre Gedanken adäquat zu motivieren, zu beschreiben und die vielfältigen Konsequenzen aufzu-
zeigen. Der interessierte Leser sei deshalb außer auf das Buch von Winograd und
Flores auch auf vier Buchbesprechungen im [AI-Journal 87] verwiesen.

21.5   Zusammenfassung

In den fundierten Kritiken der Künstlichen Intelligenz in [Dreyfus 86] und [Winograd
86] werden u.a. zwei prinzipielle Grenzen derzeitiger Programme aufgezeigt: die
Unfähigkeit, Informationen holistisch zu verarbeiten, und das Unvermögen, auf vom
Programmierer nicht vorhergesehene Probleme angemessen reagieren zu können. Da
diese Kritiken die Grundannahmen der rationalistischen Orientierung, die keinen
prinzipiellen Unterschied der Problemlösungsfähigkeit von Experten und Expertensystemen voraussagen, in Frage stellen, sind sie keineswegs allgemein akzeptiert.

22. Entwicklungstrends

Das zentrale Anliegen von Expertensystemen ist die maschinelle Nutzbarmachung von Expertenwissen. Da das Expertenwissen aus sehr unterschiedlichen Bereichen kommt, ist die Einheit des Gebietes nicht selbstverständlich. Es ist durchaus möglich, daß sich die Expertensysteme in relativ disjunkte Anwendungsbereiche wie Expertensysteme in der Medizin, in der Chemie, in der Automobilindustrie, im VLSI-Design usw. aufspalten. Eine andere Möglichkeit wäre die Trennung nach Problemlösungstypen wie Diagnostik, Konstruktion und Simulation. Eine dritte Art der Zergliederung bestände in der Einteilung nach dem Umgang mit Wissen: Wissensrepräsentation, Wissensmanipulation und Wissenserwerb. Alle diese Einteilungen werden bereits auf Kongressen praktiziert; so gab es z.B. auf der vorletzten Weltkonferenz über Künstliche Intelligenz (IJCAI-87) keine Sektion „Expert Systems" mehr, sondern dafür die Sektionen „Knowledge Representation", „Reasoning" und „Knowledge Acquisition"; auf der letzten Konferenz (IJCAI-89) war die Aufteilung noch zerstreuter. Andererseits etablieren sich auch neue Konferenzen, z.B. der erste "World Congress on Expert Systems" 1991 in Florida.

Auch die Begriffsbildung ist noch nicht abgeschlossen: in der amerikanischen Literatur wird statt „Expert Systems" häufig der Begriff „Knowledge-Based Systems" benutzt. Die deutsche Übersetzung „wissensbasierte Systeme" wird jedoch meist in einem breiteren Sinn gebraucht, der außer Expertensystemen auch bild- und sprachverarbeitende Systeme umfaßt. Im folgenden werden wir den Begriff Expertensysteme beibehalten.

Die Weiterentwicklung von Expertensystemen wird in starkem Maße von den Bedürfnissen der Anwender bestimmt. Dazu gehören vor allem:

- Unterstützung des Wissenserwerbs,
- Entwicklung integrierter Werkzeuge und
- Evaluationstechniken für Expertensysteme.

Beim Wissenserwerb geht der Trend von dem derzeit überwiegenden indirekten Wissenserwerb, bei dem der Experte sein Wissen einem Wissensingenieur mitteilt, der es dann formalisiert, zum direkten Wissenserwerb, bei dem der Experte sein Wissen weitgehend selbständig mit einer komfortablen Wissenserwerbskomponente eines problemspezifischen Shells formalisiert und testet.

Langfristig wird der Wissenserwerb durch Lernmethoden zur Optimierung der Wissensbasis unterstützt werden. Da in der Industrie ein großes Bedürfnis nach der Integration von Einzelprogrammen besteht, werden Expertensysteme zunehmend mit anderen Expertensystemen und konventionellen Programmen gekoppelt werden. Zur Vereinfachung solcher Kopplungen werden integrierte Entwicklungsumgebungen entstehen, in denen konventionelle Programmiersprachen, Datenbanken, KI-Programmiersprachen, hybride Werkzeuge für allgemeine Wissensrepräsentation, problemspezifische Shells für die Hauptproblemtypen und Basiswissen aus wichtigen Anwendungsbereichen flexibel gekoppelt sind. Die Architektur einer solchen Entwicklungsumgebung wird z.B. in ABE [Erman 86] vorgeschlagen.

Schließlich wird wegen des starken industriellen Bedarfs nach einer Kosten/Nutzen-Analyse die Evaluation von Expertensystemen eine zunehmend größere Rolle spielen.

Diese Trends sind eine lineare Weiterentwicklung der Technologie zur Überwindung von konkreten Problemen bei der Anwendung. Im folgenden werden zunehmend spekulative Perspektiven vorgestellt und diskutiert, die grundsätzliche Schwierigkeiten zu überwinden versuchen:

- Die Repräsentation von „Tiefenwissen",
- die Entwicklung einer „funktionalen Architektur für Intelligenz" mittels generischer Problemlösungstypen,
- die Kodierung von Allgemeinwissen,
- neuronale Netze bzw. konnektionistische Modelle.

22.1 Tiefenwissen

Anfang der achtziger Jahre erschien eine Reihe von Papieren [Michie 82, Hart 81, Davis 82], die die Schwächen von Expertensystemen auf die Beschränkung der Wissensrepräsentation auf „Oberflächenwissen", d.h. empirisches Wissen, zurückführten und einen Durchbruch in der Kodierung von „Tiefenwissen", d.h. kausaler Modelle, vorhersagten. Diese Erwartung prägte das Schlagwort „Expertensysteme der zweiten Generation" [Steels 85]. Das Tiefenwissen soll eine breitere Verwendbarkeit des Wissens, eine bessere Erklärungsfähigkeit und eine Vermeidung des Kliff-und-Plateau-Effektes derzeitiger Expertensysteme ermöglichen. Da diese These von Anfang an viel Beachtung gefunden hat und seitdem ca. zehn Jahre vergangen sind, ist das Ausbleiben leistungsfähiger Systeme mit „Tiefenwissen" enttäuschend. Die Gründe dafür sind:

- Die Einführung kausaler Modelle hilft bei Konfigurierungssystemen wenig, da hierfür meist keine kausalen Modelle existieren, und die Simulation basiert ohnehin auf kausalen Modellen. Nur für die Diagnostik und manche Planungsaufgaben, bei denen sowohl empirisches als auch kausales Wissen verfügbar sein kann, ist sie hilfreich.
- Diagnostik- oder Planungssysteme, die ausschließlich mit kausalen Modellen arbeiten, sind meist zu ineffizient und benötigen zu viele Eingabedaten.
- Einfache kausale Modelle haben gegenüber empirischem Wissen kaum Vorteile, da sich viele der Schwächen, die mit kausalen Modellen behoben werden sollen, auch durch eine bessere Strukturierung von empirischem Wissen reduzieren lassen (z.B. mit „strukturierten Regeln", s. Kapitel 4.4). Die Erstellung detaillierterer Modelle erfordert jedoch einen sehr hohen Aufwand und fehlt bisher für breitere Anwendungsbereiche.

- Die erhoffte vielseitige Verwendbarkeit von Tiefenwissen ist bei hochspezialisierten Systemen nicht demonstrierbar.

Während kausale Modelle als alleinige Wissensart für die Entwicklung leistungsfähiger Expertensysteme kaum ausreichen, erscheint die Kombination mit anderen Wissensarten (wie in Kapitel 10.6 angedeutet) sehr attraktiv.

22.2   Generische Problemlösungstypen

Die Idee der generischen Problemlösungstypen besteht darin, Expertensysteme wie Fertighäuser aus Komponenten zusammenzusetzen, die Werkzeuge für generische Problemlösungstypen darstellen. Sie ist die Basis für Arbeiten über Expertensysteme an der Ohio State University und ist in [Chandrasekaran 87] zusammengefaßt. Beispiele von dort entwickelten Werkzeugen für generische Problemlösungstypen sind:

CSRL:	hierarchische Klassifikation
DSPL:	Skelett-Planen
IDABLE:	Datenvorverarbeitung
HYPER:	probabilistische Diagnosebewertung
PEIRCE:	kausale Diagnosebewertung mittels Mengenüberdeckung
WWHI:	einfache Vorhersage der Auswirkungen von Zustandsänderungen

Jedes Werkzeug hat eine für die Aufgabe geeignete Wissensrepräsentation und Inferenzstrategie, kann aber mit anderen Werkzeugen gekoppelt werden.

Die Nützlichkeit dieses Ansatzes resuliert aus der Möglichkeit, mit einer begrenzten Anzahl von generischen Problemtypen ein breites Spektrum abzudecken. Wenn dies gelingt, wären generische Problemlösungstypen die primitiven Elemente einer universellen Sprache zur Entwicklung beliebiger Expertensysteme. Von großer Bedeutung ist die Genauigkeit der Sprache. Die in den Kapiteln 10 bis 12 vorgenommene Einteilung von Expertensystemtypen in Diagnostik, Konstruktion und Simulation und die Entwicklung von entsprechenden Shells wäre eine grobe Realisierung der Idee generischer Problemlösungstypen. Die Tatsache, daß in allen drei Problemlösungstypen die Datenvorverarbeitung wichtig ist, deutet auf die Möglichkeit einer feineren Unterteilung hin. Es kann sich aber auch herausstellen, daß eine Teilaufgabe in verschiedenen Kontexten verschieden behandelt werden muß und daher verschiedene Werkzeuge erfordert. Darauf deuten z.B. die unterschiedlichen Formen des Umgangs mit Unsicherheiten in der medizinischen Diagnostik, bei der Kreditvergabe oder bei der Bilderkennung hin. In jedem Fall ist die Idee der generischen Problemlösungstypen und deren Implementierung als Menge von kombinierbaren Werkzeugen ein zentrales Thema der Expertensystemforschung.

22.3 Kodierung von Allgemeinwissen

Ein typisches Merkmal von Expertensystemen ist das Fehlen von Allgemeinwissen, das die tiefere Ursache für den Kliff-und-Plateau-Effekt ist. Ein allmählicher Leistungsabfall ist nur möglich, wenn viele, zunehmend allgemeinere Schichten von Wissen existieren, auf die der Problemlöser bei fehlendem Spezialwissen zurückgreifen kann. Die Einführung einer solchen Schicht ist das Ziel der Integration von kausalem Wissen in der Diagnostik. Jedoch scheinen weniger die Feinheiten der Repräsentation als die ungeheure Menge des Wissens das Hauptproblem zu sein. Eine andere von Menschen praktizierte Methode, Probleme ohne Spezialwissen zu lösen, ist die Herstellung von Analogien zu strukturell ähnlichen Problemen aus ganz anderen Bereichen, für die schon Erfahrungen existieren.

Während die derzeitige Expertensystemforschung das Fehlen von Allgemeinwissen akzeptiert und durch anwendungsspezifische „Tricks" zu umgehen versucht, gibt es ein sehr ehrgeiziges Projekt, das die Kodierung von Allgemeinwissen als Ziel hat: das CYC-Projekt [Lenat 86, 87; Guha 90]. In CYC wird das Wissen einer Enzyklopädie Satz für Satz kodiert und solches Wissen hinzugefügt, das zum Verständnis eines Satzes erforderlich ist. Im Gegensatz zur Repräsentation von „Tiefenwissen" wird jedoch nur soviel Wissen über Konzepte kodiert, wie zum Alltagsverständnis notwendig ist.

Nach der extrem aufwendigen Kodierung der ersten Artikel der Enzyklopädie erwarten Lenat et al., daß später in zunehmendem Maße auf bereits existierendes Wissen zurückgegriffen und die Kodierung eines neuen Konzeptes durch Kopieren und Editieren von ähnlichen Konzepten vereinfacht werden kann.

Die Verfügbarkeit von Allgemeinwissen wäre ein Durchbruch in der Künstlichen Intelligenz. Allerdings ist die Erfolgswahrscheinlichkeit dieses Mammutprojektes ungewiß. Wenn das Paradigma der symbolischen Informationsverarbeitung der Künstlichen Intelligenz richtig ist, müßten die Ziele des CYC-Projektes erreichbar sein. Wenn jedoch die These von Winograd und Flores zutrifft, daß das explizite Wissen nur vor dem Hintergrund des Daseins in der Welt und daraus resultierenden „Zusammenbrüchen" existiert, dann sind nur sehr bescheidene Erfolge möglich.

22.4 Neuronale Netze

Die Idee der neuronalen Netze bzw. des Konnektionismus ist die Simulation des Nervensystems durch massive Parallelverarbeitung mit vielen primitiven Prozessoren (Neuronen) auf subsymbolischer Ebene [Feldman 82, Lippmann 87, Müller 90, Ritter 90]. Ein einzelner Prozessor ist mit vielen anderen Prozessoren über Verbindungen (Synapsen) verknüpft. Da Synapsen nicht wie die Slots eines Frames typisiert sind, liegt die Bedeutung in einem neuronalen Netzwerk nur in der Existenz und der relativen Stärke der Synapsen. Einzelne Neuronen übertragen keine symbolischen Informationen, sondern sehr einfache Nachrichten wie die Stärke eines Reizes. Schlußfolgerungen basieren auf den richtigen Verbindungen eines Neurons zu einer großen Zahl von anderen Neuronen. Feldman & Ballard geben dazu folgendes

Beispiel [Feldman 82, S. 208f]: Wenn man einen Apfel sieht und „wurmstichiger
Apfel" sagt, muß Information vom visuellen zum sprachverarbeitenden System
übertragen werden. Sie kann entweder aus einer Sequenz von Symbolen mit der
Bedeutung „wurmstichiger Apfel" bestehen, die über *den Kommunikationspfad*
zwischen dem visuellen und sprachverarbeitenden System gesendet wird, oder aus
individuellen Verbindungen zwischen den jeweiligen visuellen und sprachverarbeitenden Neuronen, die für „wurmstichigen Apfel" stehen. Im ersten Fall ist eine
Kodierung der Symbole durch das visuelle System und eine Dekodierung durch das
sprachverarbeitende System notwendig, welches den angemessenen Sprechakt
initiiert. Im zweiten Fall sind nur die richtigen Verbindungen zwischen den beteiligten
Neuronen notwendig, ohne daß eine symbolische Informationsübertragung stattfindet.
Wegen einer höheren Speicherökonomie geht man davon aus, daß Konzepte nicht
durch ein einzelnes Neuron, sondern durch ein Aktivierungsmuster einer Gruppe von
Neuronen repräsentiert werden.

Experimente mit neuronalen Netzen sind erst seit relativ kurzer Zeit mit massiv-
parallelverarbeitenden Maschinen möglich, so daß noch keine praxisrelevanten Erfolge
möglich waren. In [Gallant 88] ist beschrieben, wie eine dem Theorem von Bayes
ähnliche Wissensrepräsentation für Diagnostik-Probleme in einem direkten
konnektionistischen Netzwerk ohne Rückkopplung und bei Beschränkung auf
arithmetische Berechnungen angebildet werden kann.

Für Expertensysteme bieten neuronale Netze das Potential einer holistischen
Informationsverarbeitung im Sinne von Dreyfus, bei der komplexe Muster (z.B.
Bilder, Geräusche und komplexe Situationsmerkmale) ohne Zerlegung in Symbole
wiedererkannt werden können. Damit stellen sie die Überwindung des Kompetenz-
Niveaus zum Meister und Experten in dem Fünf-Stufen-Modell von Dreyfus in
Aussicht. Allerdings ist die Erfolgswahrscheinlichkeit sehr ungewiß. Ein inhärentes
Problem neuronaler Netze ist ihre mangelnde Transparenz, weswegen sie sich im
Gegensatz zu symbolischen Expertensystemen kaum als Wissensmedium eignen.

22.5   Zusammenfassung

Die „konventionellen" Entwicklungstrends der Expertensystemforschung sind (1) die
Entwicklung spezialisierter und integrierter Werkzeuge, die auch Basiswissen über
einen Anwendungsbereich bereitstellen, (2) die Entwicklung methodischer Vorgehensweisen zum Wissenserwerb, die durch leistungsfähige Wissenserwerbssysteme
unterstützt werden, und (3) die Entwicklung von Techniken zur Evaluation von
Expertensystemen. Weitergehende Trends sind (4) die Repräsentation und Integration
verschiedener Wissensarten und Problemlösungsstrategien in einem Anwendungsgebiet, (5) die Suche nach generischen Problemlösungstypen und die Entwicklung
eines darauf basierenden Baukastensystems von kleinen Expertensystemwerkzeugen,
(6) die Kodierung von Allgemeinwissen in symbolischer Form und (7) die
subsymbolische Informationsverarbeitung mit massiv-parallelverarbeitenden Rechnern. Die Aktivitäten in den beiden letztgenannten Bereichen sind besonders interessant, da sie im Erfolgsfall Grenzen der Wissensverarbeitung, die von vielen als prinzipiell angesehen werden, verschieben würden.

Anhang: Checkliste für Wissensrepräsentationsformalismen

Wir fassen hier wichtige Aspekte der Basiswissensrepräsentationen stichwortartig zusammen, die auch als Checkliste benutzt werden können, um die Mächtigkeit eines allgemeinen Expertensystemwerkzeuges zu bewerten. Erläuterungen zu den Aspekten finden sich in Kap. 4 – 9 und in Kap. 16.

1. Regeln (s. Kapitel 4)

* Ausdrucksstärke:
    – Nachschauen in der Wissensbasis
    – Nachschauen und Rechnen
    – Pattern Matching (und Rechnen)
    – Unifikation
    – Aufruf von programmiersprachlichen Funktionen
* Strukturierung:
    – in der Vorbedingung: Kern, Kontext, Ausnahmen
    – Typisierung der Aktionen
* Abarbeitung:
    – Vorwärtsverkettung
    – Rückwärtsverkettung
    – Art der Konfliktlösungsstrategie
* Aktivierung der Regeln
    – über assoziierte Objekte
    – als Regelpakete ohne direkten Objektbezug

2. Objekte/Frames (s. Kapitel 5)

* Vererbungsmechanismus
    – einfache Vererbung
    – multiple Vererbung
    – Selektivität der Vererbung
    – Abbildungsfunktion bei Vererbung
* zugeordnete Prozeduren
* Methoden/Message-Passing
* Erwartungswerte
* automatische Klassifikation

3. Constraints (s. Kapitel 6)

- Repräsentation der Constraints
  - Regeln
  - Tabellen
  - programmiersprachliche Funktionen
- Propagierungsalgorithmus
  - Werte
  - Wertemengen
  - Terme mit Variablen
- Fähigkeit zum Generieren und Zurückziehen plausibler Annahmen
- Gewichtung und Aufhebbarkeit der Constraints und Einteilung in Prioritätsklassen

4. Probabilistisches Schließen (s. Kapitel 7)

- Repräsentation
  - Granularität der Evidenzmaße
  - Aufspaltung der Bewertung:

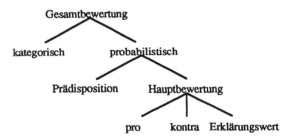

- Verrechnungsmechanismus
  - Theorem von Bayes
  - Dempster-Shafer-Theorie
  - MYCIN-Modell
  - INTERNIST-Modell
  - MED1-Modell
  - ...
- Entscheidungskriterium
  - Schwellwerte
  - Differentialdiagnostik

5. Rücknahme von Schlußfolgerungen (s. Kapitel 8)

- Grundlage
  - JTMS mit direkten Begründungen
  - ATMS mit Basisannahmen als Begründungen
- Welten (Vergleich von Schlußfolgerungen, die auf verschiedenen Annahmen basieren)

* Behandlung von Begründungsschleifen
* Behandlung von Ausnahmen
* Effizienz und Allgemeinheit
  – Werden alle Inferenzmechanismen unterstützt?
  – Sind zusätzliche Informationen für den Rücknahmealgorithmus erforderlich?

6. Zeitdatenbanken und temporales Schließen (s. Kapitel 9)

* Basisrepräsentation:
  – punktbasiert
  – intervallbasiert
* Genauigkeit:
  – exakt
  – qualitativ
  – quantitativ ungenau
* Bezug:
  – Zeitskala
  – einfache Referenzereignisse
  – mehrfache Referenzereignisse
* Werden Zeiteinheiten repräsentiert?
* Prädikate und Funktionen zur Auswertung:
  – Gültigkeit eines Faktes während eines Zeitintervalls
  – Zeitliche Relation zwischen Fakten
  – Zeitverläufe

Literaturverzeichnis

Kapitel 1:   Charakterisierung, Nutzen und Geschichte

Barr, A. und Feigenbaum, E.: *The Handbook of Artificial Intelligence*, Band 1, Morgan Kaufmann, 1981.

Duda, R. und Shortliffe, E.: *Expert Systems Research*, Science 220, 261-263, 1983.

Feigenbaum, E., Mc Corduck, P. und Nii, P.: *The Rise of the Expert Company*, Times Book, 1988.

Newell, A. und Simon, H.: *GPS, a Program that Simulates Human Thought*, abgedruckt in Feigenbaum, E. und Feldmann, J.: Computers and Thought, McGraw-Hill, 279-293, 1972 (1963).

Nilsson, N.: *Principles of Artificial Intelligence*, Springer, 1982.

Kapitel 2:   Methodik und Architektur

Clancey, W.: *Heuristic Classification*, AI-Journal 20, 215-251, 1985.

Newell, A.: *The Knowledge Level*, AI-Journal 18, 86-127, 1982.

Puppe, F.: *Problemlösungsmethoden in Expertensystemen*, Springer, 1990.

Stefik, M. et al.: *The Organisation of Expert Systems - a Tutorial*, AI-Journal 18, 135-173, 1982, auch in Hayes-Roth, F., Waterman, D. und Lenat, D. (eds.): Building Expert Systems, Kapitel 3.2 und 4, Addison-Wesley, 1983.

Kapitel 3:   Logik

Bibel, W.: *Automated Theorem Proving*, Vieweg, 1983/1987.

Biundo, S. et al.: *The Markgraf Karl Refutation Procedure*, Memo-Seki-MK-84-01, Universität Kaiserslautern/Karlsruhe, 1984.

Bläsius, K. und Bürckert, H.-J. (Hrsg.): *Deduktionssysteme*, Oldenbourg, 1987.

Charniak, E. und McDermott, D.: *Introduction to Artifical Intelligence*, Addison-Wesley, 1985.

Clocksin, W. und Mellish, C.: *Programming in PROLOG*, Springer, 1981.

Genesereth, M. und Nilsson, N.: *Logical Foundations of Artifical Intelligence*, Morgan Kaufmann, 1987.

Lloyd, J.: *Foundations of Logic Programming*, 2. Auflage, Springer, 1987.

Minsky, M.: *A Framework for Representing Knowledge*, in Winston, P. (eds.): The Psychology of Computer Vision, McGraw-Hill, 1975.

Nilsson, N.: *Principles of Artificial Intelligence*, Springer, 1982.

Robinson, J.: *A Machine-Oriented Logic Based on the Resolution Principle*, JACM 12, 23-41, 1965.

Schöning, U.: *Logik für Informatiker,* BI, 1987.

Siekmann, J.: *Unification Theory,* Journal of Symbolic Computation, 1987.

Walker, A., McCord, M., Sowa, J. und Wilson, W.: *Knowledge Systems and PROLOG,* Addison-Wesley, 1987.

Kapitel 4:   Regeln

Barker, V. und O'Connor, D.: *Expert Systems for Configuration at Digital: XCON and Beyond,* CACM 32, No. 3, 298-317, 1989.

Brownston, L. et al.: *Programming Expert Systems in OPS5: An Introduction to Rule-Based Programming,* Addison-Wesley, 1985.

Buchanan, B. und Shortliffe, E.: *Rule Based Expert Systems - the MYCIN Experiments,* Addison-Wesley, 1984.

Clancey, W.: *The Epistemology of a Rule-Based Expert System - a Framework-For Explanation,* AI-Journal 20, 215-293, 1983.

Clocksin, W. und Mellish, C.: *Programming in PROLOG,* Springer, 1981.

Davis, R. und King, J.: *An Overview on Production Systems,* Machine Intelligence 8, 300-322, 1978.

Forgy, C.: *OPS5 User`s Manual,* Carnegie Mellon University, 1981.

Newell A. und Simon, H.: *Human Problem Solving,* Prentice-Hall, 1972.

Nilsson, N.: *Principles of Artificial Intelligence,* Springer, 1982.

Post, E.: *Formal Reductions of the General Combinatorial Decision Problem,* American Journal of Mathematics 65, 197-268, 1943.

Puppe, F.: *Diagnostisches Problemlösen mit Expertensystemen,* Kapitel 4.4, *Grundzüge der Implementierung,* Springer Informatik Fachberichte 148, 1987.

Shortliffe, E.: *Computer-Based Medical Consultations: MYCIN,* American Elsevier, 1976.

Van Melle, W.: *System Aids in Constructing Consultation Programs,* UMI Research Press, 1981.

Kapitel 5:   Objekte/Frames

Atkinson, M., Bancilhon, F., DeWitt, D., Dittrich, K., Maier, D., und Zdonik, S.: *The Object-oriented Database System Manifesto,* in: Proc. of the DOOD Conference, 40-47, Kyoto, 1989.

Aho, A., Hopcroft, J. und Ullmann, J.: *Data Structure and Algorithms,* Addison-Wesley, 1983.

Brachman, R., Fickes, R. und Levesque, H.: *KRYPTON: A Functional Approach to Knowledge Representation,* IEEE Computation 16 (10), 67-73, 1983.

Brachman, R.: *I lied about Tries, Defaults and Definitions in Knowledge Representation,* AI-Magazine 6, Nr. 3, 80-93, 1985.

Leveque, H. und Brachman, R.: *A Fundamental Tradeoff in Knowledge Representation and Reasoning,* in Brachman, R. und Leveque, H. (eds.): *Readings in Knowledge Representation,* Chapter 4, Morgan Kaufmann, 1985.

Brachman, R. und Schmolze, J.: *An Overview of the KL-ONE Knowledge Representation System,* Cognitive Science 9, 171-216, 1985 (b).

Goldberg, A. und Robson, D.: *Smalltalk-80 – The Language and Its Implementation,* Addison-Wesley, 1983.

Haimowitz, I.: *Using NIKL in a Large Medical Knowledge Base,* MIT/LCS/TM-348, MIT, Cambridge, 1988.

Meyer, B.: *Object Oriented Software Construction,* Prentice Hall, 1988.

Minsky, M.: *A Framework for Representing Knowledge,* in Winston, P. (eds.): The Psychology of Computer Vision, McGraw-Hill, 1975.

Nebel, B.: *Terminological Reasoning is Inherently Intractable,* IWBS-Report 82, IBM Deutschland, Wissenschaftliches Zentrum Stuttgart, 1989.

Nilsson, N.: *Principles of Artificial Intelligence,* Springer, 1982.

Roberts, B. und Goldstein, I.: *The FRL-Primer,* AI-Memo 408, MIT, 1977.

Stonebraker, M. und Rowe, L.: *The Design of POSTGRES,* Proc. of the ACM SIGMOD Conference on Management of Data, Washington, 340-355, 1986.

von Luck, K. und Owsnicki-Klewe, B.: *KI-ONE - eine Einführung,* in: Struß, P.: Wissensrepräsentation, Oldenbourg, 1991.

Kapitel 6:   Constraints

Güsgen, H.-W.: *CONSAT: A System for Constraint Satisfaction,* Pitman, 1989

Hentenryck, P.: *Constraint Satisfaction in Logic Programming,* MIT-Press, 1989.

Stallman, R. und Sussman, G.: *Forward Reasoning and Dependency Directed Backtracking in a System for Computer-Aided Circuit Analysis,* AI-Journal 9, 135-196, 1977.

Sussman, G. und Steele, G.: *Constraints – a Language for Expressing Almost-Hierarchical Descriptions,* AI-Journal 14, 1-39, 1980.

Voss, A. und Voss, H.: *A Uniform View on Local Constraint Propagation Methods,* in: Tagungsband der KIFS-87, Springer, Informatik-Fachberichte 202, 1989.

Waltz, D.: *Understanding Line Drawings of Scenes with Shadows,* in Winston (eds.): The Psychlogy of Computer Vision, McGraw-Hill, 19-91, 1975.

Kapitel 7:   Probabilistisches Schließen

Charniak, E. und McDermott, D.: *Introduction to Artifical Intelligence,* Chapter 8.2: *Statistics in Abduction,* Addison-Wesley, 1985.

Doyle, J.: *Methodical Simplicity in Expert System Construction: the Case of Judgements and Reasoned Assumptions,* AI-Magazine 4, Nr. 2, 39-43, 1983.

Genesereth, M. und Nilsson, N.: *Logical Foundations of Artifical Intelligence,* Chapter 8: *Reasoning with Uncertain Beliefs,* Morgan Kaufmann, 1987.

Gordon, J. und Shortliffe, E.: *A Method for Managing Evidential Reasoning in a Hierarchical Hypotheses Space,* AI-Journal 26, 323-357, 1985.

Miller, R., Pople, H. und Myers, J.: *INTERNIST1, an Experimental Computer-Based Diagnostic Consultant for General Internal Medicine,* New England Journal of Medicine 307, 468-476, 1982.

Puppe, F.: *MED1: Ein heuristisches Diagnosesystem mit effizienter Kontrollstruktur,* Kapitel 3.2.6: *Umgang mit Unsicherheiten/Evidenzverstärkung,* Universität Kaiserslautern, Interner Bericht 71/83, 1983.

Puppe, F.: *Hybride Diagnosebewertung,* GWAI-86, Informatik-Fachberichte 124, Springer, 332-342, 1986.

Shortliffe, E. und Buchanan, B.: *A Model of Inexact Reasoning in Medicine,* Math. Bioscience 23, 351-379, 1975.

Szolovits, P. und Pauker, S.: *Categorical and Probabilistic Reasoning in Medical Diagnosis*, AI-Journal 11, 115-144, 1978.

Zadeh, L.: *Fuzzy Logic and Approximate Reasoning*, Synthese 30, 407-428, 1975.

Kapitel 8:   Nicht-monotones Schließen

Bobrow, D.: *Managing Reentrant Structures Using Reference Counts*, ACM Transactions on Programming Languages and Systems 2, 269-273, 1980.

Brewka, G.: *Non Monotonic Logics: an Introductionary Overview*, in: Tagungsband der KIFS-87, Springer, Informatik Fachberichte 202, 1989.

de Kleer, J.: *Choices Without Backtracking;* AAAI-84, 79-85, 1984.

de Kleer, J.: *An Assumption Based TMS*, AI-Journal 28, 127-162, 1986.

Doyle, J.: *A Truth Maintenance System*, AI-Journal 12, 231-272, 1979.

Genesereth, M. und Nilsson, N.: *Logical Foundations of Artificial Intelligence*, Chapter 6: *Non-Monotonic Reasoning*, Morgan Kaufmann, 1987.

Goodwin, J.: *An Improved Algorithm for Non-Monotonic Dependency Net Update*, LITH-MAT-R-82-23, Linköping University, 1982.

McAllister, D.: *An Outlook on Truth Maintenance Systems*, AI-MEMO-551, MIT, 1980.

Puppe, F.: *Belief Revision in Diagnosis*, GWAI-87, Informatik-Fachberichte 152, Springer, 175-184, 1987.

Kapitel 9:   Temporales Schließen

Allen, J.: *Maintaining Knowledge about Temporal Intervals*, CACM 26, Nr. 11, 832-843, 1983.

Charniak, E. und McDermott, D.: *Introduction to Artificial Intelligence*, Chapter 7.4: *Reasoning Involving Time*, Addison-Wesley, 1985.

Dean, T. und McDermott, D.: *Temporal Data Base Management*, AI-Journal 32, 1-57, 1987.

Fagan, L., Kunz, J., Feigenbaum, E. und Osborn, J.: *Extensions to the Rule-Based Formalism for a Monitoring Task*, in Buchanan, B. und Shortliffe, E. (eds.): Rule-Based Expert Systems, Chapter 22, Addison-Wesley, 1984.

Puppe, F.: *Diagnostisches Problemlösen mit Expertensystemen*, Kapitel 4.2.10: *Auswertung von Folgesitzungen*, Springer, Informatik-Fachberichte 148, 1987.

Vilain, M.: *A System for Reasoning about Time*, AAAI-82, 197-201, 1982.

Kapitel 10:   Diagnostik

Buchanan, B. und Shortliffe, E.: *Rule Based Expert Systems - the MYCIN Experiments*, Addison-Wesley, 1984.

Bylander, T. und Mittal, S.: *CSRL: a Language for Classification Problem Solving and Uncertainty Handling*, AI-Magazine 7, 66-77, 1986.

Chandrasekaran, B. und Mittal, S.: *Deep Versus Compiled Knowledge Approaches to Diagnostic Problem Solving*, AAAI-82, 349-354, 1982.

Chandrasekaran, B. und Mittal, S.: *Conceptual Representation of Medical Knowledge for Diagnosis by Computer: MDX and Related Systems*, Advances in Computers 22, 217-293, 1983.

Clancey, W.: *Classification Problem Solving*, AAAI-84, 49-55, 1984.

Clancey, W.: *Heuristic Classification*, AI-Journal 20, 215-251, 1985.

Davis, R.: *Diagnostic Reasoning Based on Structure and Function*, AI-Journal 24, 347-411,1984.

de Dombal, F., Leaper, D., Horrocks, J., Staniland, J. und McCann, A.: *Computer-Aided Diagnosis of Acute Abdominal Pain*, British Med. Journal 2, 9-13,1972.

Gaschnig, J.: *PROSPECTOR: an Expert System for Mineral Exploration*, in Michie, D. (eds.): Introductionary Readings in Expert Systems, Gordon and Beach, 1982.

Hamscher, W. und Davis, R.: *Issues in Modal Based Troubleshooting*, MIT, AI-Memo 893, 1987.

Kulikowski, C. und Weiss, S.: *Representation of Expert Knowledge for Consultation: the CASNET and EXPERT Projects*, in Szolovits, P. (eds.): Artifical Intelligence in Medicine, AAAS Selected Symposium 51, Westview Press, 1982.

Miller, R., Pople, H. und Myers, J.: *INTERNIST1, an Experimental Computer-Based Diagnostic Consultant for General Internal Medicine*, New England Journal of Medicine 307, 468-476, 1982.

Patil, R., Szolovits, P. und Schwartz, W.: *Modeling Knowledge of the Patient in Acid-Base and Electrolyte Disorders*, in Szolovits, P. (eds.): Artifical Intelligence in Medicine, AAAS Selected Symposium 51, Westview Press, 1982.

Pauker, S., Gorry, G., Kassirer, J. und Schwartz, W.: *Towards the Simulation of Clinical Cognition: Taking the Present Illness by Computer*, American Journal of Medicine 60, 981-996, 1976.

Pople, H.: *Heuristic Methods for Imposing Structure on Ill-Structured Problems*, in Szolovits, P. (eds.): Artifical Intelligence in Medicine, AAAS Selected Symposium 51, Westview Press, 1982.

Puppe, B. und Puppe, F.: *Standardized Forward and Hypothetico-Deduktive Reasoning in Medical Diagnosis*, MEDINFO-86, 199-203, 1986.

Puppe, F.: *Diagnostisches Problemlösen mit Expertensystemen*, Informatik-Fachberichte 148, Springer, 1987 (a).

Puppe, F.: *Requirements for a Classification Expert System Shell and their Realization in MED2*, Applied Artificial Intelligence 1, 163-171, 1987 (b).

Puppe, F.: *Problemlösungsmethoden in Expertensystemen*, Springer, 1990.

Reggia, J., Nau, D. und Wang, P.: *A New Inference Method for Frame-Based Expert Systems*, AAAI-83, 333-337, 1983.

Reiter, R.: *A Theory of Diagnosis from First Principles*, AI-Journal 32, 57-96, 1987.

Schwartz, W., Patil, R. und Szolovits, P.: *Artificial Intelligence in Medicine: Where Do We Stand?*, New England Journal of Medicine 316, 685-688, 1987.

Shortliffe, E.: *Computer-Based Medical Consultatons: MYCIN*, American Elsevier, 1976.

Simmons, R. und Davis, R.: *Generate, Test, Debug: Combining Associational Rules and Causal Models*, IJCAI-87, 1071-1078, 1987.

Steels, L.: *Second Generation Expert Systems*, Future Generation Computing Systems 1, 213-221, 1985, auch in Expertensysteme-87, Berichte des German Chapter of the ACM 28, Teubner, 475-483, 1987.

Weiss, S. und Kulikowski, C.: *A Practical Guide to Designing Expert Systems*, Rowman & Allanheld, 1984.

Kapitel 11:   Konstruktion

Bachand, J.: *RIME: Preliminiary Work Toward a Knowledge-Acquisition Tool*, in Marcus, S. (ed.): Automating Knowledge Acquisition for Expert Systems, Kluwer Academic Publishers, Chapter 7, 1988

Barker, V. und O'Connor, D.: *Expert Systems for Configuration at Digital: XCON and Beyond*, CACM 32, No. 3, 298-317, 1989.

Cohen, P. und Feigenbaum, E.: *The Handbook of Artificial Intelligence*, Vol. 3, Chapter XV: *Planning and Problem Solving*, 1982.

Cunis, R., Günter, A., Strecker, H. (Hrsg.): *Das PLAKON-Buch: Ein Expertensystemkern für Planungs- und Konfigurierungsaufgaben in technischen Domänen*, Informatik-Fachberichte 266, Springer, 1991.

Friedland, P.: *Knowledge-Based Experiment Design in Molecular Genetics*, Stanford Univ., MEMO HPP-79-29, Dissertation, 1979.

Friedland, P. und Iwasaki, Y.: *The Concept and Implementation of Skeletal Plans*, Journal of Automated Reasoning 1, 161-208, 1985.

Hayes-Roth, B.: *Human Planning Processes*, Report No. R-2670-ONR, Rand Corp. Santa Monica, California, 1980.

Hertzberg, J.: *Planerstellungsmethoden der Künstlichen Intelligenz*, Informatik-Spektrum 9, 149-161, 1986.

Hertzberg, J.: *Planen. Einführung in die Planerstellungsmethoden der Künstlichen Intelligenz*, BI, 1989.

McDermott, J.: *R1: A Rule-Based Configurer of Computer Systems*, AI-Journal 19, 39-88, 1982.

McDermott, J. und Bachant, J.: *R1 Revisited: Four Years in the Trenches*, AI-Journal 5, 21-32, Fall 1984.

Neumann, B., Cunis, R., Günter, A. und Syska, I.: *Wissensbasierte Planung und Konfigurierung*, in: Proc. GI-Kongreß "Wissensbasierte Systeme", Springer, Informatik-Fachberichte 155, 1987.

Poeck, K.: *COKE: An Expert System Shell for Assignment Problems*, erscheint in Proc. des 5. Workshops Planen und Konfigurieren, Hamburg, 1991.

Puppe, F.: *Problemlösungsmethoden in Expertensystemen*, Springer, 1990.

Stefik, M.: *Planning with Constraints*, MOLGEN Part 1; *Planning and Meta-Planning*, MOLGEN Part 2, AI-Journal 16, 111-169, 1981.

Kapitel 12:   Simulation

Bredeweg, B. und Wielinga, B.: *Integrating Qualitative Reasoning Approaches*, ECAI-88, 195-201, 1988.

Charniak, E. und McDermott, D.: *Introduction to Artificial Intelligence*, Kapitel 7.4.2: Temporal System Analysis, Addison-Wesley, 1985.

de Kleer, J.: *How Circuits Work*, AI-Journal 24, 205-280, 1984.

Forbus, K.: *Qualitative Process Theory*, AI-Journal 24, 85-168, 1984.

Kuipers, B.: *Commonsense Reasoning about Causality: Deriving Behaviour from Structure*, AI-Journal 24, 169-203, 1984.

Kuipers, B. und Chin, C.: *Taming Intractible Branching in Qualitative Simulation*, IJCAI-87, 1079-1085, 1987.

Long, W., Naimi, S., Criscitiello, M. und Kurzrok, S.: *Reasoning about Therapy from a Physiological Model,* MEDINFO-86, 756-760, 1986.

Manson, S.: *Feedback Theory – Further Properties of Signal Graphs,* IRE 44, 920-926, 1956.

Puppe, F.: *Problemlösungsmethoden in Expertensystemen,* Springer, 1990.

Struß, P.: *Qualitative Reasoning,* in Proc. KIFS-89, Springer, Informatik-Fachberichte 203, 224-259, 1989.

Iwasaki, Y.: *Qualitative Physics,* in Barr, A., Cohen, P. und Feigenbaum, E. (eds.): Handbook of Artificial Intelligence, Vol. IV, Chapter XXI, 323-414, Addison-Wesley, 1989.

Kapitel 13: Wissenserwerb

Blum, R.: *Discovery, Confirmation and Incorperation of Causal Relationships from a Large Time-Oriented Clinical Data Base: The RX Project,* Computers and Biomedical Research 15, 164-187, 1982, auch in Clancey, W. und Shortliffe, E. (eds.): Readings in Medical Artifical Intelligence: the First Decade, Chapter 17, Addison-Wesley, 1984.

Boose, J.: *Personal Construct Theory and the Transfer of Human Expertise,* AAAI-84, 27-33, 1984.

Boose, J. und Bradshaw, J.: *Expertise Transfer and Complex Problems: Using AQUINAS as a Knowledge-Acquisition Workbench for Knowledge-Based Systems,* International Journal of Man-Machine Studies 26, 3-28, 1987.

Buchanan, B. et al.: *Constructing an Expert System,* in Hayes-Roth, F., Waterman, D. und Lenat, D. (eds.): *Building Expert Systems,* Kap. 5, Addison-Wesley, 1983.

Davis, R.: *Interactive Transfer of Expertise: Acquisition of New Inference Rules,* AI-Journal 12, 121-157, 1979.

de Greef, P. und Breuker, J.: *A Case Study in Structured Knowledge Acquisition,* IJCAI-85, 390-392, 1985.

de Jong, G. (ed.): *Explanation Based Learning: An Alternative View,* Machine Learning, Volume 1, No. 2, 145-176, 1986.

Eshelman, L. und McDermott, J.: *MOLE: A Knowledge Acquisition Tool that Uses its Head,* AAAI-86, 950-955, 1986.

Eshelman, L.: *MOLE: A Knowledge-Acquisition Tool for Cover-and-Differentiate Systems,* in [Marcus 88b], 1988.

Gappa, U.: *CLASSIKA: A Knowledge Acquisition Tool for Use by Experts,* Proceedings of the AAAI-Workshop on Knowledge Acquisition, Banff, Kanada, 1989.

Hoffman, R.: *The Problem of Extracting the Knowledge of Experts,* AI-Magazine 8, Nr. 2, 53-68, 1987.

Kahn, G., Nowlan, S. und McDermott, J.: *MORE: An Intelligent Knowledge Acquisition Tool,* IJCAI-85, 581-584, 1985.

Kahn, G. et al.: *A Mixed-Initiative Workbench for Knowledge Acquisition,* International Journal of Man-Machine Studies 26, 167-180, 1987.

Kahn, G.: *MORE: From Observing Knowledge Engineers to Automating Knowledge Acquisition,* in [Marcus 88b], 1988.

Karbach, W. und Linster, M.: *Wissensakquisition für Expertensysteme: Techniken Modelle und Softwarewerkzeuge*, Hanser, 1990.

Kelly, G.: *The Psychology of Personal Constructs*, New York: Norton, 1955.

Marcus, S.: *SALT: A Knowledge Acquisition Tool for Propose-and-Revise Systems*, in: [Marcus 88b], 1988 (a).

Marcus, S. (ed.): *Automating Knowledge Acquisition for Expert Systems*, Kluwer Academic Publishers, 1988 (b).

Michalski, R. und Chilausky, R.: *Learning by Being Told and Learning from Examples: an Experimental Comparison of two Methods of Knowledge Acquisition in the Context of Developing an Expert System for Soybean Disease Diagnosis*, Policy Anal. and Inf. Systems 4, No. 2, 125-160, 1980.

Musen, M. et al.: *OPAL: Use of a Domain Model to Drive an Interactive Knowledge-Editing Tool*, International Journal of Man-Machine Studies 26, 105-121, 1987.

Musen, M.: *Automated Generation of Model-Based Knowledge Acquisition Methodologies*, Pitman, 1989.

Politakis, P. und Weiss, S.: *A System for Empirical Experimentation with Expert Knowledge*, reprinted in Clancey, W. und Shortliffe, E. (eds.): Readings in Medical Artificial Intelligence: the First Decade, Chapter 18, Addison-Wesley, 1984.

Samuel, A.: *Some Studies in Machine Learning Using the Game of Checkers*, reprinted in Feigenbaum, E. und Feldman, J. (eds.): Computers and Thought, 71-105, McGraw-Hill, 1972 (1959).

Walker, M. und Blum, R.: *Towards Automated Discovery from Clinical Data Bases: the RADIX-Project*, MEDINFO-86, 32-36, 1986.

Wielinga, B. und Breuker, J.: *Interpretation of Verbal Data for Knowledge Acquisition*, ECAI-84, 41-50, 1984.

Wielinga, B. und Breuker, J.: *Models of Expertise*, ECAI-86, 306-318, 1986.

Kapitel 14: Erklärungsfähigkeit

Clancey, W.: *The Epistemology of a Rule-Based Expert System - a Framework for Explanation*, AI-Journal 20, 215-251, 1983.

Davis, R.: *Meta-Rules: Reasoning about Control*, AI-Journal 15, 179-222, 1980.

Meinl, A.: *HyperXPert: Entwicklung und Implementierung eines Hypertext-Werkzeuges und sein Einsatz zur Erstellung von Handbuch- und Erklärungskomponenten für die Expertensystem-Shell D3*, Diplomarbeit, Universität Karlsruhe, Fakultät für Informatik, 1990.

Neches, R., Swartout, W. und Moore, J.: *Explainable (and Maintainable) Expert Systems*, IJCAI-85, 382-389, 1985.

Swartout, W.: *XPLAIN: A System for Creating and Explaining Expert Systems*, AI-Journal 21, 285-325, 1983.

Wenger, E.: *Artificial Intellgence and Tutoring Systems*, Morgan Kaufman, 1987.

Kapitel 15: Dialogschnittstellen

Apple Computer Inc.: *Human Interface Guidelines*, Addison-Wesley, 1987.

Gerring, P., Shortliffe, E. und van Melle, W.: *The Interviewer/Reasoner Model: an Approach to Improving System Responsiveness in Interactive AI-Systems*, AI-Magazine 3, Nr. 4, 1982.

Shneiderman, B.: *Designing the User Interface: Strategies for Effective Human-Computer Interaction*, Addison-Wesley, 1987.

Kapitel 16: Werkzeuge für Expertensysteme

Harmon, P. und King, D.: *Artifical Intelligence in Business*, John Wiley & Sons, 1985, deutsche Übersetzung: *Expertensysteme in der Praxis*, Anhang C: Marktübersicht Shells, Oldenbourg, 1987.

Harmon, P., Maus, R. und Morrissey, W.: *Expert Systems: Tools & Applications*, John Wiley & Sons, 1988, deutsche Übersetzung 1989.

Kahn, G., Kepner, A. und Pepper, J.: *TEST: a Model-Driven Application Shell*, AAAI-87, 1987.

Karras, D., Kredel, L. und Pape, U.: *Entwicklungsumgebungen für Expertensysteme*, de Gruyter, 1987.

KEE Software Development User's Manual, Intellicorp, Mountain View, California, 1986.

Knowledge Craft Overview, Carnegie Group, Pittsburgh, Pennsylvania, 1986.

Marcus, S.: *SALT: A Knowledge Acquisition Tool for Propose-and-Revise Systems*, in: Marcus, S. (ed.): Automating Knowledge Acquisition for Expert Systems, Kluwer Academic Publishers, 1988.

Puppe, F.: *Diagnostisches Problemlösen mit Expertensystemen*, Springer, Informatik-Fachberichte 148, 1987.

Richer, M.: *AI Tools and Techniques*, Ablex Publishing, 1989.

Stefik, M.: *An Examination of a Frame-Structured Representation System*, IJCAI-79, 845-852, 1979.

Kapitel 17: Rahmenbedingungen für den betrieblichen Einsatz

Castiglione, L.: *Entwicklung und Evaluation eines Diagnostik-Expertensystems zur Unterstützung des Störstellenbetriebes in einem Rechenzentrum*, Diplomarbeit, Universität Karlsruhe, Fakultät für Informatik, 1990.

Coy, W. und Bonsiepen, L.: *Erfahrung und Berechnung: Kritik der Expertensystemtechnik*, Informatik-Fachberichte 229, Springer, 1989.

Feigenbaum, E. und McCorduck, P.: *The Fifth Generation*, Addison-Wesley, 1982.

Feigenbaum, E., Mc Corduck, P. und Nii, P.: *The Rise of the Expert Company*, Times Book, 1988.

Gaschnig, J. et al.: *Evaluation of Expert Systems: Issues and Case Studies*, in Hayes-Roth, F., Waterman, D. und Lenat, D. (eds.): Building Expert Systems, Chapter 8, Addison-Wesley, 1983.

Mertens, P. Borkowski, V. und Geis, W.: *Betriebliche Expertensystem-Anwendungen*, Springer, 2. Auflage, 1990.

Slage, J. und Wick, M.: *A Method for Evaluating Candidate Expert System Applications*, AI Magazine, 9, No. 4, 44-53, 1988.

Yu, V., Buchanan, B., Shortliffe, E., Wraith, E., Davis, S., Scott, R. und Cohen, A.: *Evaluating the Performance of a Computer-Based Consultant*, Computer Programs in Biomedicine 9, 95-102, 1979.

Kapitel 18: Expertensysteme in der Medizin

Aikins, J., Kunz, J., Shortliffe, E. und Fallat, R.: *PUFF: An Expert System for Interpretation of Pulmonary Function Data,* Computers in Biomedical Research 16, 199-208, 1983, auch in Clancey, W. und Shortliffe, E. (eds.): *Readings in Medical Artificial Intelligence,* Chapter 19, Addison-Wesley, 1984.

Barnett, G.: *The Computer and Clinical Judgement,* New England Journal of Medicine 307, 493-494,1982.

Blois, M., Tuttle, M. und Cole, W.: *RECONSIDER: a Diagnostic Prompting Aid,* MEDINFO-86, 1138, 1986.

Clancey, W.: *The Epistemology of a Rule-Based Expert System - a Framework for Explanation,* AI-Journal 20, 215-251, 1983.

de Dombal, F., Leaper, D., Horrocks, J., Staniland, J. und McCann, A.: *Computer-Aided Diagnosis of Acute Abdominal Pain,* British Med. Journal 2, 9-13, 1972.

Dreyfus, H. und Dreyfus, S.: *Mind over Machine,* Free Press, 1986. Deutsche Übersetzung: *Künstliche Intelligenz: von den Grenzen der Denkmaschine und dem Wert der Intuition,* Rororo 8144, 1987.

Elstein, A., Shulman, L. und Sprafka, S.: *Medical Problem Solving,* Harvard Univ. Press, 1978.

Feltovich, P., Johnson P., Moller, J. und Swanson, D.: *LCS: the Role and Development of Medical Knowledge in Diagnostic Reasoning,* in Clancey, W. und Shortliffe, E.(eds.): Readings in Medical Artificial Intelligence, Addison-Wesley, 1984 (1980).

Gorry, G.: *Computer Assisted Clinical Decision Making,* in Clancey, W. und Shortliffe, E.(eds.): Readings in Medical Artificial Intelligence, Chap. 2, Addison-Wesley, 1984 (1973).

Hickam, D. et al.: *The Treatment Advice of a Computer-Based Cancer Chemotherapy Protocol Advisor,* Annals of Internal Medicine 103, 928-936, 1985.

Kassirer, J., Kuipers, B. und Gorry, G.: *Towards a Theory of Clinical Expertise,* American Journal of Medicine 73, 251-259, 1982.

Kassirer, J. und Gorry, G.: *Clinical Problem Solving: a Behavioral Analysis,* Annals of Int. Med. 89, 245-255, 1978.

Lichter, P. und Anderson, D.: *Discussions on Glaucoma,* Grune & Stratton, 1977.

Miller, P.: *Medical Plan Analysis: the ATTENDING System,* IJCAI-83, 239-241, 1983.

Miller, R., Pople, H. und Myers, J.: *INTERNIST1, an Experimental Computer-Based Diagnostic Consultant for General Internal Medicine,* New England Journal of Medicine 307, Nr. 8, 468-476, 1982.

Miller, R., McNeil, M., Challinaor, S., Masari, F. und Myers, J.: *The INTERNIST1 / Quick Medical Reference Project - a Status Report,* West. J. Med. 145, 816-822, 1986.

Pauker, S., Gorry, G., Kassirer, J. und Schwartz, W.: *Towards the Simulation of Clinical Cognition: Taking the Present Illness by Computer,* Amer. Journal of Med. 60, 981-996, 1976.

Pople, H.: *Heuristic Methods for Imposing Structure on Ill-Structured Problems,* in Szolovits (eds.): Artificial Intelligence in Medicine, AAAS Selected Symposium 51, Westview Press, 1982.

Schwartz, W., Patil, R. und Szolovits, P.: *Artificial Intelligence in Medicine: Where do We Stand?*, New Engl. Journal of Medicine 316, 685-688, 1987.

Schwartz,W.: *Medicine and the Computer: the Promise and Problems of Change*, New Engl. Journal of Medicine 283, 1257-1264, 1970.

Shortliffe, E., Buchanan, B. und Feigenbaum, E.: *Knowledge Engineering for Medical Decision Making: a Review of Computer Based Clinical Decision Aids*, in Clancey, W. und Shortliffe, E. (eds.): *Readings Artifical Intelligence*, Chapter 3, Addison-Wesley, 1984 (1979).

Weiss, S., Kulikowski, C. und Galen, R.: *Developing Microprocessor-Based Expert Models for Instrument Interpretation*, IJCAI-81, 853-855, 1981.

Yu, V., Buchanan, B., Shortliffe, E., Wraith, E., Davis, S., Scott, R. und Cohen, A.: *Evaluating the Performance of a Computer-Based Consultant*, Computer Programs in Biomedicine 9, 95-102, 1979.

Kapitel 19: Expertensysteme in der Technik

Dickmann, H.-J.: *Tuning von DB-Anwendungen*, Praxis der Informationsverarbeitung und Kommunikation 9, No. 4, 122-126, Carl Hanser Verlag, 1986.

Ernst, G.: *Expertensysteme im Motorprüffeld - Anwendungsbericht*, in Bläsing, J. (ed.): Praxishandbuch Qualitätssicherung, Band 4, Baustein F2, GMFT, 1988.

Ernst, G.: *Expertensysteme in der Produktion: Pilotprojekt IXMO - die Initialzündung für neue Aufgabenstellungen*, 3. GI-Kongreß Wissensbasierte Systeme, Informatik-Fachberichte 227, 43-52, 1989.

IAAI-89: Proceedings of the first conference on *"Innovative Applications in Artificial Intelligence"*, AAAI, 1989.

Mertens, P., Legleitner, T. und Ernst, G.: *DAX, ein Echtzeit-Diagnose-Expertensystem als Integrationskomponente in einem Prüffeld*, VDI-Z 130, Nr. 5, 53-56, 1988.

Mertens, P., Borkowski, V. und Geis, W.: *Betriebliche Expertensystem-Anwendungen - eine Materialsammlung*, Springer, 2. Auflage, 1990.

Nebendahl, D.: *Expertensysteme: Einführung in die Technik und Anwendungen*, Siemens-Verlag, 1987.

Nedeß, C. und Plog, J.: *EFFEKT - Diagnose-Expertensystem für die Spritzgießfertigung von Elastomeren*, in: Kunststoffe 78, Nr. 12, 1988.

Plog, J.: Expertensystem-unterstützte Qualitätssicherung bei der Fertigung von Elastomerteilchen, Fortschrittsberichte VDI, Reihe 2: Fertigungstechnik, Nr. 200, VDI-Verlag, 1990.

Puppe, F.: *Erfahrungen aus drei Anwendungsprojekten mit MED1*, GI-Kongreß Wissensbasierte Systeme, Informatik-Fachberichte 112, 234-245, Springer, 1985.

Puppe, F., Legleitner, T. und Huber, K.: *DAX/MED2 - A Diagnostic Expert System for Quality Assurance of an Automatic Transmission Control Unit*, in [Zarri 91], 1991.

Zarri, G. (ed.): *Operational Expert Systems in Europe*, to appear, Pergamon Press, 1991.

Kapitel 20: Wechselwirkungen mit anderen Bereichen

Appelrath, H-J.: *Von Datenbanken zu Expertensystemen*, Informatik-Fachberichte 102, Springer, 1985.

Atkinson, M., Bancilhon, F., DeWitt, D., Dittrich, K., Maier, D., und Zdonik, S.: *The Object-oriented Database System Manifesto*, in: Proc. of the DOOD Conference, 40-47, Kyoto, 1989.

Barstow, D. et al.: *Languages and Tools for Knowledge Engineering*, in: Hayes-Roth, F., Waterman, D. und Lenat, D. (eds.): Building Expert Systems, Chap. 9, Addison-Wesley, 1983.

Dijkstra, E.: *A Discipline of Programming*, Prentice-Hall, 1976.

Erman, L., Hayes-Roth, F., Lesser, V. und Reddy, D.: *The HEARSAY II Speech Understanding System: Integrating Knowledge to Resolve Uncertainty*, Computing Surveys 12, 213-253, 1980.

Gries, D.: *The Science of Programming*, Springer, 1981.

Härder, T., Nelson, M. und Puppe, F.: *Zur Kopplung von Datenbanken und Expertensystemen*, State of the Art 3, 1987.

Hayes-Roth, B.: *A Blackboard Architecture for Control*, AI-Journal 26, 251-321, 1985.

Hesse, W.: *Methoden und Werkzeuge zur Software-Entwicklung: Einordung und Überblick*, in GI-Tagung Werkzeuge der Programmiertechnik, Informatik-Fachberichte 43, Springer, 113-153, 1981.

Kassirer, J., Kuipers, B. und Gorry, G.: *Towards a Theory of Clinical Expertise*, The American Journal of Medicine 73, 251-259, 1982.

Mattos, N.: *An Approach to Knowledge Base Management*, Dissertation, Universität Kaiserslautern, 1989.

Mylopoulus, J. und Brodie, M.: *Readings in Artificial Intelligence & Databases*, Morgan Kaufman, 1989.

Newell A. und Simon, H.: *Human Problem Solving*, Prentice-Hall, 1972.

Nii, P., Feigenbaum, E., Anton, J. und Rockmore, A.: *Signal-to-Symbol Transformation: HASP/SIAP Case Study*, AI-Magazine 3, No. 2, 23-35, 1982.

Partridge, D. und Wilks, Y.: *Does AI have a Methodology which is Different from Software Engineering?*, Artificial Intelligence Review 1, 111-120, 1987.

Rich, C. und Waters, R.: *Artifical Intelligence and Software Engineering*, in Grimson, E. und Patil, R. (eds.): AI in the 1980s and Beyond, 109-154, MIT Press, 1987.

Ringle, M.: *Psychological Studies and AI*, AI-Magazine 4, No. 1, 37-43, 1983.

Schmidt, T. (ed.): *Foundations of Knowledge Base Management*, Springer, 1988.

Stonebraker, M. und Rowe, L.: *The Design of POSTGRES*, Proc. of the ACM SIGMOD Conference on Management of Data, Washington, 340-355, 1986.

Vassiliou, Y.: *Integrating Database Management and Expert Systems*, Proc. Datenbanksysteme für Büro, Technik und Wissenschaft, Informatik-Fachberichte 94, 147-160, Springer, 1985.

Kapitel 21: Grenzen von Expertensystemen

AI-Journal-87, *Four Reviews by Vellino, A., Stefik, M. and Bobrow, D., Suchman, L., Clancey, W. and a Response by Winograd, T. and Flores, F.*, AI-Journal 31, 213-262, 1987.

Dreyfus, H. und Dreyfus, S.: *Mind over Machine*, Free Press, 1986. Deutsche Übersetzung: *Künstliche Intelligenz: von den Grenzen der Denkmaschine und dem Wert der Intuition*, Rororo 8144, 1987.

Winograd, T. und Flores, F.: *Understanding Computers and Cognition*, Ablex Publishing, New Jersey, 1986.

Kapitel 22: Entwicklungstrends

Chandrasekaran, B.: *Towards a Functional Architecture for Intelligence Based on Generic Information Processing Tasks*, IJCAI-87, 1183-1192, 1987

Davis, R.: *Expert Systems: Where are we? and Where do we go from Here?*, AI-Magazine 3, 3-22, 1982.

Erman, L., Lark, J. und Hayes-Roth, F.: *Engineering Intelligent Systems: Progress Report on ABE*, Interner Bericht TTR-ISE-86-102 von Teknowledge, 1986.

Feldmann, J. und Ballard, D.: *Connectionist Models and Their Properties*, Cognitive Science 6, 205-254, 1982.

Gallant, S.: *Connectionist Expert Systems*, CACM 31, 152-169, 1988.

Guha, R. und Lenat, D.: *CYC: A Mid Term Report*, AI-Magazine 11, Nr. 3, 32-59, 1990.

Hart, P.: *Directions for AI in the Eighties*, SIGART 79, 11-16, 1982.

Lenat, D., Prakasch, M. und Shepherd, M.: *CYC: Using Common Sense Knowledge to Overcome Brittleness and Knowledge Acquisition Bottlenecks*, AI-Magazine 6, No. 4, 65-85, 1986.

Lenat, D. und Feigenbaum, E.: *On the Thresholds of Knowledge*, IJCAI-87, 1173-1182, 1987.

Lippmann, R.: *An Introduction to Computing with Neural Nets*, IEEE, 36-54, 1987.

Michie, D.: *High-Road and Low-Road Programs*, AI-Magazine 3, No. 1, 21-22, 1982.

Müller, B. und Reinhardt, J.: *Neural Networks - an Introduction*, Springer, 1990.

Ritter, H., Martinez, T. und Schulten, K.: *Neuronale Netze*, Addison Wesley, 1990.

Steels, L.: *Second Generation Expert Systems*, Future Generation Computing Systems 1, 213-221, 1985, auch in Expertensysteme-87, Berichte des German Chapter of the ACM 28, Teubner, 475-483, 1987.

Systemverzeichnis

Sachverzeichnis

Studienreihe Informatik

Herausgegeben von W. Brauer und G. Goos

R. Marty: **Methodik der Programmierung in Pascal.** 3. Auflage. IX, 201 S., 33 vollständige Programmbeispiele. *1986.*

W. Reisig: **Petrinetze – Eine Einführung.** 2., überarbeitete und erweiterte Auflage. IX, 196 S., 111 Abb. *1986.*

J. Nievergelt, K. Hinrichs: **Programmierung und Datenstrukturen – Eine Einführung anhand von Beispielen.** XI, 149 S. *1986.*

G. Blaschek, G. Pomberger, F. Ritzinger: **Einführung in die Programmierung mit Modula-2.** 2., korrigierte Auflage. VII, 279 S., 26 Abb. *1987.*

E. Jessen, R. Valk: **Rechensysteme – Grundlagen der Modellbildung.** XVI, 562 S., 269 Abb. *1987.*

F. Stetter: **Grundbegriffe der Theoretischen Informatik.** VIII. 236 S., 39 Abb. *1988.*

H. Stoyan: **Programmiermethoden der Künstlichen Intelligenz.** Bd. 1. XV, 343 S. *1988.*

W. Heise, P. Quattrocchi: **Informations- und Codierungstheorie – Mathematische Grundlagen der Daten-Kompression und -Sicherung in diskreten Kommunikationssystemen.** 2., neubearbeitete Auflage. XII, 392 S., 114 Abb. *1989*

E. Fehr: **Semantik von Programmiersprachen.** IX, 202 S., *1989*

R. G. Herrtwich, G. Hommel: **Kooperation und Konkurrenz – Nebenläufige, verteilte und echtzeitabhängige Programmsysteme.** XVII, 463 S., 89 Abb. und 28 Kapitelillustrationen. *1989.*

K. Echtle: **Fehlertoleranzverfahren.** XII, 322 S., 180 Abb. *1990.*

F. Puppe: **Problemlösungsmethoden in Expertensystemen.** XI, 257 S., 89 Abb. *1990.*

H. Stoyan: **Programmiermethoden der Künstlichen Intelligenz.** Bd. 2. XV, 428 S., 25 Abb. *1991*

F. Puppe: **Einführung in Expertensysteme.** 2. Auflage. X, 255 S., 86 Abb. *1991*

Printed in Poland
by Amazon Fulfillment
Poland Sp. z o.o., Wrocław